Dr. Helgard Reichholf-Riehm

Insekten

mit Anhang Spinnentiere

Herausgegeben von Gunter Steinbach
Illustriert von Ruth Kühbandner
und Fritz Wendler

Beratung von Dr. Ernst Josef Fittkau
Zoologische Staatssammlung München

Beratung des Libellenteils
von Prof. Dr. Gerhard Jurzitza, Karlsruhe

Die Schmetterlinge
wurden in einem eigenen Band
dargestellt

Mosaik Verlag

Abkürzungen im Bestimmungsteil

∅	Bedrohte Art	Vb	Verbreitung
♂	Männchen	H	Häufigkeit
♀	Weibchen	Fp	Fortpflanzung
M	Merkmale	Ng	Nahrung
Lr	Lebensraum	Allg	Allgemeines

Der Mosaik Verlag ist ein Unternehmen
der Verlagsgruppe Bertelsmann

Neue, bearbeitete Sonderausgabe

Druck und Bindung: Graphischer Großbetrieb Pößneck GmbH
Printed in Germany · ISBN 3-576-10562-X

Inhalt

Frisch geschlüpfte Bergzikade

Zum Buch

Angesichts der vielen in Europa lebenden Insektenarten – es sind Tausende gegenüber rund 170 Säugetierarten des gleichen Raums – bringt unsere Darstellung eine Auswahl. Der Leser wird die allgemein bekannten, gleichsam volkstümlichen Arten verhältnismäßig vollständig finden und anhand der bewährten Gegenüberstellung von Text und Bild auch bestimmen können. Von Arten dagegen, die nur der Fachmann gegeneinander abzugrenzen vermag, wurden typische Beispiele der jeweiligen Gruppe aufgenommen. Als Kriterien legte die Autorin neben Häufigkeit, Bekanntheitsgrad, Eigenart und wirtschaftlicher Bedeutung auch die wünschenswerte Vollständigkeit wenigstens der wichtigsten heimischen Insekten-Familien zugrunde.

Gerade ein so übersichtlicher Band wie der vorliegende leistet dem Naturfreund beste Dienste beim Zuordnen gesehener Insekten, zumal sich Merkmale und Lebensweise vieler weiterer Arten einer Gattung oder Familie oft nur durch Feinheiten voneinander unterscheiden.

Wie wenig sich die Natur menschlichen Systematisierungsversuchen fügt, zeigt die Übersicht der verwendeten Gruppensymbole. Sie enthält Familien mit nur je einer hier zu berücksichtigenden Art, andere mit einer Vielzahl von Arten, die ihrerseits nur Beispiele für weit artenreichere Gruppen darstellen. Dennoch bildet unsere Gliederung nach 44 Bildsymbolen eine dem ersten Bestimmen hilfreiche Formenübersicht, die zudem auf wissenschaftlicher Systematik fußt und dem Buchbenutzer als Brücke zu weiterführender Fachliteratur dienen kann.

Vervielfältigt werden die Bestimmungsprobleme der Insekten durch ihren Gestaltwandel, die Metamorphose, von der Larve zur Puppe bis zum meist flugfähigen Vollkerf. Auch hier müssen Bildbeispiele für den kaum vorstellbaren Formenreichtum dieser Tierklasse stehen. Schließlich wirft die Unterschiedlichkeit der Körpergrößen bei Insekten Darstellungsprobleme auf. Sie konnte nur in der Weise gelöst werden, daß jede behandelte Art unabhängig von ihrer wirklichen Größe so abgebildet wurde, daß ihre Merkmale auf gegebenem Raum möglichst gut erkennbar sind. Da wir, wie bei allen Bänden dieser Reihe, großen Wert auf Fotos von lebenden Tieren in ihrer natürlichen Umgebung legten, sind die Größenverhältnisse ähnlicher Arten auch innerhalb einer Seite nicht vergleichsfähig; hierfür sei auf die Größenangaben unter »Merkmale« verwiesen.

Abhängig vom Format einer Buchseite und ihren Unterteilungen war es unumgänglich, eine Reihe von Fotos aus ihrer Aufnahmestellung herauszudrehen, um die Bildfläche zugunsten der Detailgenauigkeit voll zu nutzen. Nur bei 14 von über 500 Farbbildern griffen wir auf Präparate zurück, für deren freundliche Bereitstellung ich der Zoologischen Staatssammlung München unter ihrem Leiter Dr. Ernst Josef Fittkau herzlich danke.

Leider dokumentieren nicht wenige Bilder selten gewordene Arten. Die drastische Abnahme und örtliche Ausrottung vieler Insekten – nicht nur der Schmetterlinge – und das Ausufern zahlreicher Arten zu schwer bekämpfbaren Massenschädlingen stehen in ursächlichem Zusammenhang. Naturschutz kann dauerhaft nur auf Naturverständnis aufbauen. Unser Band möchte dafür einen Beitrag leisten. G. S.

Übersicht der Bildsymbole

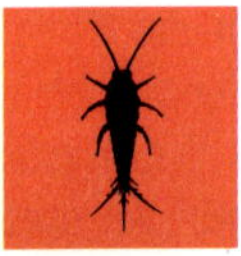

Urinsekten
Seite 21

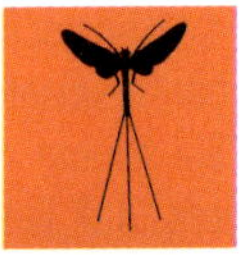

Eintagsfliegen
Seite 23

Libellen
Seite 25–47

Steinfliegen
Seite 49

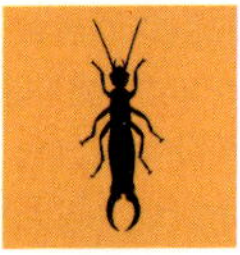

Ohrwürmer
Seite 49

Fangschrecken
Seite 51

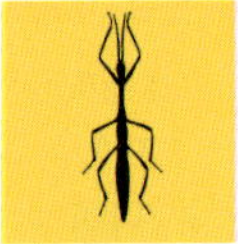

Gespenstschrecken
Seite 51

Schaben
Seite 53

Termiten
Seite 55

Grillen
Seite 55

Laubheuschrecken
Seite 59

Feldheuschrecken
Seite 63

Blattläuse
Seite 69

Schildläuse, Blattflöhe
Seite 71

Wanzen
Seite 73

Zikaden
Seite 91

Schlammfliegen
Seite 97

Kamelhalsfliegen
Seite 97

Netzflügler
Seite 99

Laufkäufer
Seite 105

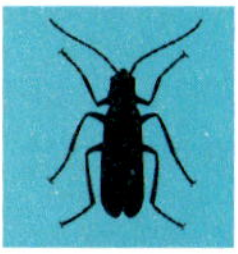

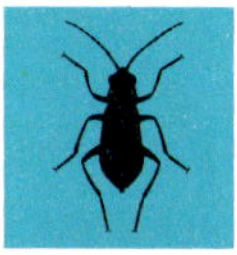

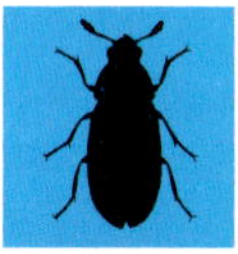

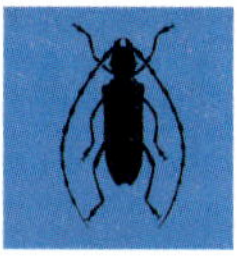

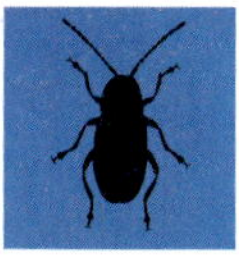

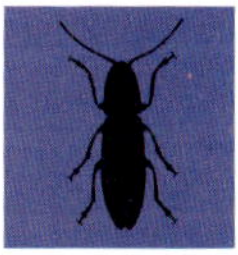

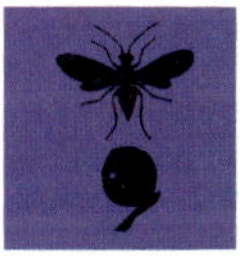

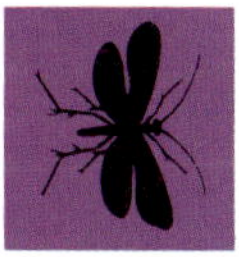

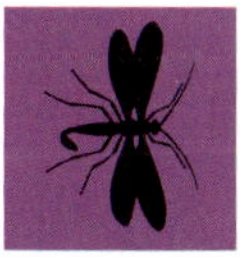

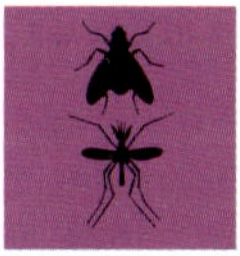

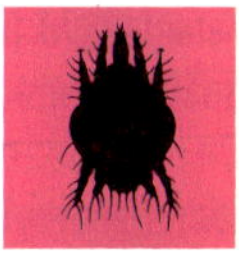

Die Insekten

Die Insekten bilden die artenreichste Tiergruppe. Es gibt wohl niemand, der alle Insektenarten Deutschlands kennt. Selbst hochgradigen Spezialisten gelingt es nur in einzelnen Insektengruppen, einen vollständigen Überblick über die Artenfülle zu erlangen. Zu groß ist die Vielfalt. Allein im Gebiet der Bundesrepublik Deutschland leben über 30 000 verschiedene Arten von Insekten. Weltweit gesehen, gehen die Schätzungen stark auseinander: von 2–3 Millionen bis über 30 Millionen Arten!

Es gibt daher auch kein handliches Bestimmungsbuch, in welchem man einfach alle in Deutschland nachgewiesenen Insektenarten nachschlagen und durch Vergleich mit Abbildungen sicher erkennen könnte. Alle gängigen Bestimmungsbücher beschränken sich auf eine mehr oder minder umfangreiche Auswahl aus dem Artenspektrum. Die genaue Bestimmung einer Insektenart bedarf in den meisten Fällen der jeweiligen Spezialisten oder der Hilfe wissenschaftlicher Veröffentlichungen des betroffenen Fachgebiets. Diese exakte Arbeit kann und will das vorliegende Buch nicht ersetzen. Es soll vielmehr einen Überblick über die wichtigsten Gruppierungen der Insekten, die Ordnungen und Familien, vermitteln und in Wort und Bild Interessantes zur Lebensweise der bekannten oder wirtschaftlich wichtigen Arten zugänglich machen.

Die Artenauswahl folgte daher nicht etwa anteilsmäßig dem tatsächlichen Artenreichtum der betreffenden Gruppe, sondern dem Bekanntheitsgrad der Art oder ihrer Häufigkeit, mit der sie etwa einem interessierten Laien in Mitteleuropa und den angrenzenden Gebieten begegnen wird. Einen wesentlichen Teil davon machen die Schmetterlinge aus. Sie wurden in einem eigenen Band behandelt. Die übrigen Gruppen der Insekten lassen sich anhand oftmals recht augenfälliger Eigenschaften oder Merkmale in unterschiedliche Verwandtschaftsgruppen zusammenfassen.

Dies in der biologisch zutreffenden Weise zu tun ist die zentrale Aufgabe der biologischen Systematik.

Systematik

Ordnung erschließt die Vielfalt. Jeder Mensch ordnet unbewußt, wenn er versucht, eine Fülle von Objekten für ihn überschaubar zu machen. Dabei läßt sich auf ganz verschiedene Weise Ordnung schaffen. Etwa nach Größe, nach Farbe oder nach anderen augenfälligen Eigenschaften. Bei leblosen Objekten, die untereinander keinerlei Beziehungen aufweisen, kann man willkürlich die jeweils zweckmäßigste Einteilung zugrunde legen. Bei Organismen ist das anders. Da sie alle im Lauf der vielen Jahrmillionen Erdgeschichte aus gemeinsamen Vorfahren hervorgegangen sind, bestehen zwischen ihnen unterschiedlich enge oder weite verwandtschaftliche Beziehungen. Diese Verwandtschaft verbirgt sich mitunter hinter späteren Anpassungen an besondere Lebensumstände. So können die Larven mancher Käfer recht wurmartig aussehen; dennoch bleiben sie Käfer und sind nicht etwa »Würmer«, auch wenn sie der Volksmund als »Drahtwurm« (die Larven der Schnellkäfer) bezeichnet.

Ameisen und Termiten zeichnen sich unter anderem durch hochentwickelte Staatensysteme aus, die einander in vielen Eigenschaften recht ähnlich sein können. Den-

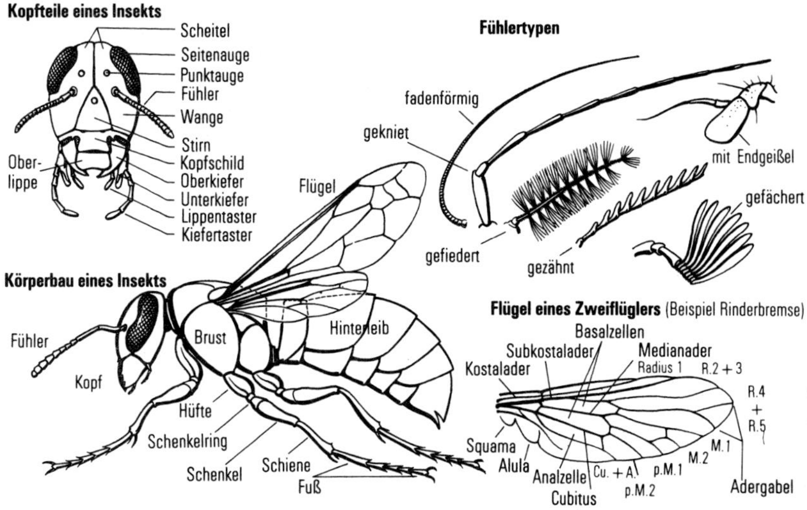

noch gehören die Ameisen zu den Hautflüglern und damit zu einer ganz anderen Verwandtschaftsgruppe von Insekten als die Termiten.

Meist sind es Eigentümlichkeiten des Körperbaus der Vollkerfe, die eine Zuordnung zu dieser oder jener Gruppe von Insekten ermöglichen. Sie für jede der zahlreichen hier abgehandelten Familien (und das sind längst nicht alle in Europa vorkommenden!) ausführen zu wollen würde den Rahmen des Bandes sprengen. Selbst bei den einzelnen typischen Vertretern im Artteil fehlt in der Regel der Platz, um die wirklich kennzeichnenden Merkmale der Gruppe zu erläutern. Doch dafür sprechen die Bilder oft für sich! Sie stellen zumeist typische Vertreter einer Gattung, Familie oder Ordnung dar. Was sie aber nur beispielhaft bieten können, sind Stadien der Entwicklung, wie sie für verschiedene Gruppen in ganz unterschiedlicher Weise auftreten.

Vollständige und Unvollständige Verwandlung

Insekten wachsen anders als Wirbeltiere oder Weichtiere. Ihr harter Außenpanzer kann sich nur kurze Zeit nach der Bildung noch etwas strecken, dann verhärtet er und wird zur starren Hülle. Nimmt ein Insekt an Größe zu, muß es diesen Panzer von Zeit zu Zeit sprengen, den neuen, den es darunter angelegt hat, dehnen und strecken, um auf diese Weise schließlich das Endstadium der Entwicklung, das Vollinsekt (Vollkerf), zu erreichen. Bei einem einfach gebauten Körper erscheint dies nicht schwierig. Bei komplizierten äußeren Organen, wie etwa den Flügeln, wird dies sehr problematisch. Die Entwicklungsstadien der Insekten sind daher in der Regel viel einfacher gebaut als das Endstadium. Je nachdem, ob vor dem Erreichen des Endstadiums noch ein eigenes Zwischenstadium, eine Puppe, eingeschaltet ist, die in äußerer Ruhe innerlich die großen Umbildungsprozesse durchläuft, die zur Ausbildung des fertigen Geschlechtstieres

 Hirschkäfer ♂ (S. 142)

Maikäfer ♂ (S. 146)

Fangmaske einer Libellenlarve

Prachtlibelle (S. 25)

Sumpfschrecke (S. 66)

Rinderbremse (S. 230)

Deutsche Wespe (S. 200)

notwendig sind, oder nicht, unterscheidet man zwei Großgruppen der Insektenentwicklung: die Vollständige Verwandlung (*Holometabolie*) und die Unvollständige Verwandlung (*Hemimetabolie*). Beispiele für Vollständige Verwandlung sind die Schmetterlinge und die Käfer, während etwa die Libellen und die Heuschrecken zu den Gruppen mit Unvollständiger Verwandlung gehören.

Bei den Käfern schlüpfen aus den abgelegten Eiern kleine Larven mit ganz unterschiedlichem Aussehen. Die große Kopfkapsel trägt nur die kräftigen Mundwerkzeuge und einige, meist winzige Punktaugen. Die Brustabschnitte besitzen drei Paar kurze, mehr oder minder kräftige Beine, und dahinter folgt der madenartige, in einzelne Segmente gegliederte Hinterleib. Das Larvenstadium, bestens vorgestellt von den »Engerlingen« der Maikäfer, stellt das eigentliche Freßstadium des Käfers dar. Ist die Larve nach einer Anzahl von Häutungen erwachsen, so verwandelt sie sich in eine Puppe, die schon äußerlich viel von den wichtigen Körperanhängen des fertigen Käfers erkennen läßt. Nach einer Phase der Puppenruhe schlüpft dann der fertige Käfer, der sich nun nicht mehr häuten kann und der deswegen auch nicht mehr in der Lage ist zu wachsen. Jeder Käfer, den man findet, ist ein ausgewachsenes, voll entwickeltes Insekt, und sei er auch noch so klein!

Ganz anders verläuft die Entwicklung bei den Insektengruppen mit Unvollständiger Verwandlung. Aus den Eiern der Heuschrecken schlüpfen kleine Larven, die dem späteren Vollinsekt schon recht ähneln. Sie besitzen die gleiche Gliederung des Körpers, aber noch keine Anlagen für die Flügel, die erst nach und nach hervorkommen. Mit jeder Häutung werden sie größer, bis schließlich nach der letzten Häutung voll funktionstüchtige Flügel das Ende der Entwicklung anzeigen. Die Heuschrecken sind nun auch fähig zur Fortpflanzung. Ein Puppenstadium fehlt.

Doch nicht alle Insektengruppen mit Unvollständiger Verwandlung zeigen diesen unmittelbaren Ablauf von der Larve zum Vollinsekt. Manche Gruppen reichen schon recht nahe an eine Vollständige Verwandlung heran. Hierzu zählen zum Beispiel die Libellen. Ihre im Wasser lebenden Larven sehen den fertigen Libellen ebenso unähnlich wie die Raupen den Schmetterlingen. Sie entnehmen dem Wasser mit Hilfe von inneren Kiemen in der Wand des Enddarms oder über Kiemenblättchen als Anhängsel am Ende des Hinterleibs Sauerstoff für die Atmung. Die Libellen selbst atmen Luft über Tracheen und würden im Wasser ersticken. Der Unterschied zwischen luftatmendem, flügeltragendem Vollkerf und den wasserlebenden Larven ist so auffällig, daß man ein Puppenstadium, das diese Veränderung hervorbringt, fast erwarten würde. Dennoch fehlt es, und die Larven bilden mit jeder Häutung längere und größere Flügelscheiden aus, in denen sich vor der letzten Häutung die Flügel entwickeln. Die Anforderungen des Lebensraumwechsels offenbaren sich in der ganz unterschiedlichen Form des Entwicklungsablaufs.

Körperbau

Trotz aller Unterschiede innerhalb der Formenmannigfaltigkeit der Insekten läßt sich doch stets ein einheitlicher Bauplan erkennen, der die Klasse der Insekten von anderen im Stamm der Gliedertiere (Arthropoden) abgrenzt. Ihr Körper gliedert sich

Rote Waldameise

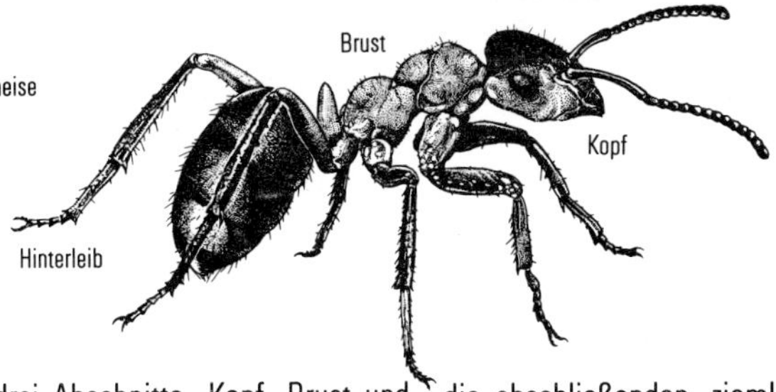

natürliche Größe

stets in drei Abschnitte: Kopf, Brust und Hinterleib. Die Unterteilung ist so deutlich, daß die Insekten (= die Eingeschnittenen) davon auch ihren deutschen Namen Kerbtiere oder Kerfe erhielten. Der Kopf trägt die Mundwerkzeuge, die unterschiedlichste Formen (beißend, kauend, leckend, stechend) annehmen können und der unmittelbaren Nahrungsaufnahme dienen. Außerdem befinden sich am Kopf die Fühler (Antennen) und die Augen. Bei vielen Kerbtiergruppen sind die Augen aus einer großen Zahl von Einzelaugen zusammengesetzt (Komplexaugen). Sie eignen sich hervorragend für Bewegungssehen mit hoher Trennschärfe schneller Bewegungen, aber weniger gut für die wirklichkeitsgetreue Abbildung der Umwelt. Das leistet das Kamera-Auge der Wirbeltiere und Tintenfische viel besser. Zwischen den Komplexaugen können sich kleine, kompakte Einzelaugen (Ocelli) befinden. Die Fühler stellen Antennen für Geruchsstoffe (auch Duftstoffe von Blüten oder Geschlechtslockstoffe) oder feine Tastorgane dar. Ursprünglich enthielt der Kopf sechs Segmente, die so stark miteinander verschmolzen sind, daß sie eine Einheit bilden.

Der Brustabschnitt besteht aus drei Segmenten. Sie tragen drei Beinpaare, die beiden hinteren die Flügel. Vier Flügel sind die Grundausstattung, doch ein Paar kann abgewandelt oder umgebaut sein. So bildet das erste Flügelpaar bei den Käfern die abschließenden, ziemlich steifen Flügeldecken, unter denen sich die eigentlichen Flügel, das zweite Paar, gut geschützt verbergen, bis der Käfer fliegt. Bei den Fliegen ist es umgekehrt. Hier bildet das erste Flügelpaar die flugtüchtigen Flügel, während das zweite auf kleine, keulenartige Gebilde, die »Schwingkölbchen«, reduziert ist. Flügel gibt es nicht bei allen Insekten. Manche sind sekundär flugunfähig oder flügellos geworden, wie beispielsweise die Flöhe. Andere hatten nie Flügel entwickelt. Das sind die sogenannten »Urinsekten« (Apterygota), zu denen so bekannte Arten wie das Silberfischchen oder die Springschwänze (Collembolen) gehören.

Die Beine der Insekten gliedern sich in die Hüfte (Coxa), den Schenkelring (Trochanter), den Schenkel (Femur), die Schiene (Tibia) und die Fußglieder (Tarsen), die oft Krallen, bei den Fliegen auch Sauglāppchen tragen. In Anpassung an die verschiedenen Lebensbedingungen erfuhren gerade die Beine die unterschiedlichsten Umbildungen: Grabbeine, Laufbeine, Sprungbeine, Schwimmbeine, Fangbeine. Der Hinterleib (Abdomen) besteht aus elf Segmenten, die im Erwachsenenstadium keine Beine mehr tragen, aber an der Hinterleibsspitze Anhänge (Cerci, Filamente) besitzen können. Die einzelnen Segmente gliedern sich in einen Rückenteil (Tergit) und einen Bauchteil (Sternit), die durch elastische Membranen miteinander ver-

Beute: Schildwanzen saugen Raupe aus (S. 74)

Mordfliege mit erbeutetem Schmetterling (S. 232)

Furchenschwimmer schlägt Molchlarve (S. 116)

bunden oder fest verwachsen sein können. Am Hinterleib befindet sich der Kopulationsapparat. Der Bau des Begattungsapparats entscheidet in vielen Fällen einander sehr ähnlicher Arten über die genaue Zugehörigkeit.

Innere Organe und Sinnesleistungen

Insekten brachten unter den wirbellosen Tieren an Land zweifellos die am weitesten entwickelten Gruppen hervor. Manche Schmetterlinge und Käfer besitzen so unglaublich feine Antennen, daß sie ein einziges Molekül ihres artspezifischen Geschlechtsduftstoffs (Pheromon) erkennen und mit einem Nervenimpuls darauf reagieren können. Dabei ist ihr Nervensystem im Vergleich zu dem der Wirbeltiere recht wenig entwickelt. Es bildet im Kopfbereich ein oder zwei größere Verdickungen (Ganglien) aus und zieht sich dann als sogenanntes »Strickleiternervensystem« bauchseitig durch den ganzen Körper. Die Reaktionen der Insekten wirken daher oft ziemlich stereotyp und wenig plastisch. Die Lernfähigkeit ist eng begrenzt.

Der offene Blutkreislauf wird von einem einfachen, dem Rücken angenäherten Herzen getrieben. Die Verdauungsorgane besitzen oft besondere Bildungen für Mikroben, die als Symbionten, z. B. die Zellulose des Holzes durch Ergänzungsstoffe, wie Vitamine, erschließen. Die Sauerstoffversorgung bewerkstelligt ein fein verästeltes Röhrensystem (Tracheen), das sich bis in die Muskeln hineinzieht. Es öffnet sich nach außen in Atemöffnungen (Stigmen). Die Geschlechtsorgane liegen im Hinterleib. Sie entwickeln sich erst nach dem Abschluß der Larvenstadien zur Funktionsfähigkeit.

Lebensweise

Insekten besiedeln praktisch alle Lebensräume im Land- und Süßwasserbereich. Nur im Meer blieben sie eine unbedeutende Randerscheinung. Ihre Positionen werden dort von stammesgeschichtlich älteren Tiergruppen, zum Teil von den mit den Insekten zur gleichen Stammgruppe der Gliedertiere (Articulata) gehörenden Krebsen, besetzt gehalten. So war der »Freiraum«, den sich die Insekten vor mehr als 300 Jahrmillionen eroberten, das Land und das Süßwasser. Hier entwickelten die Insekten eine so unglaubliche Anpassungs- und Formenvielfalt, daß nahezu kein Lebensraum, keine ökologische Nische vorstellbar ist, die nicht von ihnen in Besitz genommen worden wäre. Ihre Verbreitungsgebiete reichen von den Hochgebirgsgletschern und Luftschichten in mehreren Kilometern Höhe (Luftplankton) bis zu den Eispanzern der Arktis und Antarktis, von den tropischen Urwäldern, in denen das Insektenleben die größte Formenfülle erlangte, bis in die trockensten Wüsten, von den Flüssen und Strömen bis in unterirdische Höhlen. Ihre Mengen insgesamt sind unvorstellbar groß und übertreffen das Gewicht der ganzen Menschheit bei weitem. Vielen anderen Organismen, besonders den Vögeln, Fledermäusen, Spitzmäusen, vielen Amphibien, Reptilien und Spinnen dienen sie als Nahrung. Neben den Unberechenbarkeiten der Witterung bilden jedoch meist Insekten selbst die größten Freßfeinde der Insekten. Schlupfwespen parasitieren die Larven von Käfern oder die Raupen von Schmetterlingen; sie selbst werden wiederum von noch viel kleineren Erzwespen parasitiert. Diese kleinen Parasiten mit ihren schnellen Fortpflanzungszyklen können ungleich schnel-

ler als etwa die Vögel mit ihrer Vermehrung auf ein Massenangebot eines (schädlichen) Insekts reagieren. Für die sogenannte »Biologische Schädlingsbekämpfung« stellen daher parasitische Insekten einen wichtigen Grundpfeiler dar. Andererseits übertragen manche Insekten, wie die Malariamücke Anopheles, für den Menschen höchst gefährliche Krankheiten. Der Mensch mußte sich von jeher mit den Insekten auseinandersetzen. Bis in die allerjüngste Zeit diktierten dabei die Insekten den Ablauf. Gegen die Heuschreckenplagen des Altertums war kein Kraut gewachsen. Das Absammeln der Maikäfer oder Kartoffelkäfer blieb bis Mitte der fünfziger Jahre ein fast hoffnungsloses Unterfangen und konnte den Verlauf der Kalamitäten nicht wesentlich beeinflussen.
Heute stehen umgekehrt mit den modernen Schädlingsbekämpfungsmitteln so wirkungsvolle Gifte im Kampf gegen manche Insekten zur Verfügung, daß nicht selten des Guten zu viel getan wird.
Schädlingsbekämpfungsmittel belasten heute die ganze Umwelt, vernichten viele andere, oft sogar ausgesprochen nützliche Organismen und hinterlassen eine weniger stabile, aus dem Gleichgewicht gebrachte Natur. Man versucht daher in neuester Zeit verstärkt, mit der sogenannten »Integrierten Schädlingsbekämpfung« weiterzukommen. Hierbei werden die Wirkungen von biologischen Gegenspielern, zum Beispiel Marienkäfern oder Schlupfwespen, die im Normalfall ganz gut funktionieren, im akuten Schadensfall mit der gezielten Anwendung selektiv wirksamer Chemikalien unterstützt. Nur die hinreichende Kenntnis der Vielzahl von Arten bringt aber hierzu die nötigen Voraussetzungen. Dieses Buch soll daher auch dazu beitragen, mehr Insekten kennenzulernen, mehr über sie zu erfahren, um ihren engen Zusammenhang mit der übrigen Natur besser durchschauen zu können.

Spinnen, Weberknechte, Milben

Diese Gruppen, von denen insbesondere die Spinnen allgemein bekannt sind, gehören nicht zu den Insekten. Sie bilden innerhalb der Verwandtschaftsgruppe der Gliedertiere (Arthropoden) eine den Insekten vergleichbare Gruppierung der Spinnentiere (Arachniden). Bei den Spinnen im engeren Sinn besteht der Körper aus zwei Abschnitten, dem Kopf-Brust-Stück (Cephalothorax) und dem Hinterleib (Abdomen). Die Spinnen besitzen stets vier Beinpaare (im Gegensatz zu den Insekten mit drei Beinpaaren) und am Hinterleib mehr oder minder gut ausgebildete Spinndrüsen, mit denen sie einfache Fäden, feinste Fangwolle oder mit Klebetröpfchen versehene Fäden produzieren können. Die Radnetzspinnen unter ihnen bauen damit perfekte Netzkonstruktionen mit erstaunlich hoher Präzision und Symmetrie. Einige Spinnenarten sind auch für den Menschen giftig. Die Milben gehören ebenfalls in die Spinnentiergruppe. Aus ihren Reihen stammen gefährliche Ernteschädlinge und Hautparasiten. Manche parasitische Formen sind nur noch sehr schwer als Spinnentiere erkennbar, so sehr wandelte sich ihr Körperbau in Anpassung an die parasitische Lebensweise ab. So beherbergen viele Menschen als ziemlich harmlose »Mitesser« Haarbalgmilben, ohne daß sie dies je bemerken. Aus Platzgründen konnten von den Spinnentieren nur beispielhaft wichtige Vertreter dieser artenreichen Gruppierung dargestellt werden.

Campodea fragilis Doppelschwanz

Merkmale: 3,5 mm lang; ohne Flügel! Die Doppelschwänze gehören zu jener Gruppe von Insekten, die als »Flügellose« (*Apterygota*) zu den »Urinsekten« gerechnet werden. Sie stehen deshalb am Anfang der Systematik der Insekten, da sie auch noch Merkmale zeigen, die sonst für Hundert- oder Tausendfüßler zutreffend wären: Ihr Hinterleib gliedert sich in eine Vielzahl von Segmenten; Flügel werden auch ansatzweise nicht ausgebildet, und ihre Mundwerkzeuge sind sehr einfach gebaut. Als typisches Kennzeichen tragen sie zwei borstenartige Anhänge am Körperende. Die Doppelschwänze sind blaß gefärbt und blind.
Verbreitung: Weltweit im Humus der Böden.
Häufigkeit: Doppelschwänze leben in lockeren, humusreichen Böden oft in sehr großen Mengen.
Nahrung: Organisches Restmaterial (Detritus) aus dem Abbau von Pflanzen und Tierkörpern. Die Doppelschwänze tragen zur Bodenbildung bei. Sie lockern durch ihre Tätigkeit den Humus.

Sminthurides aquaticus Kugelspringer

Merkmale: Nur etwa 1 mm langer, im Hinterleibsbereich kugelig hochgewölbter Springschwanz mit kräftigen Fühlern am unförmig groß wirkenden Kopf. Springt mit Hilfe der 2zinkigen Springgabel mehrere Zentimeter hoch auf der Wasseroberfläche umher.
Lebensraum: Oberfläche stehender Kleingewässer, insbesondere pflanzenreiche Tümpel.
Verbreitung: In Europa weit verbreitet.
Häufigkeit: Häufig bis massenhaft.
Fortpflanzung: Die ♂ tragen an den Fühlern eine Klammervorrichtung, mit der sie sich an den Fühlern der größeren ♀ festhalten und herumtragen lassen. Nach einiger Zeit setzt das ♂ ein Samenpaket ab und zieht das ♀ so lange rückwärts und halbkreisförmig darüber, bis es dieses aufgenommen hat. Die geschlüpften Larven machen bis über 40 Häutungen durch, und auch die geschlechtsreifen Tiere häuten sich noch. Die Vermehrung erfolgt außerordentlich schnell.
Nahrung: Pollen und organischer Staub auf der Wasseroberfläche.

Podura aquatica Schwarzer Wasserspringer

Merkmale: Mit 1,1–1,3 mm Länge ein kleiner, doch aufgrund seiner Häufigkeit auffälliger Vertreter der flügellosen Insekten. Das charakteristische Körpermerkmal, die beim ruhenden Tier nach innen geklappte »Sprunggabel«, dient der hüpfenden Fortbewegung. Dieser 2zinkige Körperfortsatz wird mit Hilfe eines kräftigen Muskels ruckartig nach unten–hinten ausgeklappt: der Körper schnellt in die Höhe.
Lebensraum: Wasserspringer bewohnen feuchte Biotope. Besonders häufig trifft man sie auf der Oberfläche des Schmelzwassers.
Verbreitung: In Europa, Asien und Nordamerika. Fehlt in Trockengebieten.
Häufigkeit: Im Frühjahr können die Wasserspringer in sehr großen Mengen auftreten. Auch sonst sind sie nicht selten, führen aber ein unscheinbares Dasein.
Nahrung: Kleinste organische Substanzen, die auf der Wasseroberfläche treiben.
Allgemeines: Von den Springschwänzen (*Collembolen*) kennt man mehrere tausend Arten.

Lepisma saccharina Silberfischchen

Merkmale: 7–10 mm lang. An den drei kurzen Körperanhängen, den langen Fühlern und vor allem an der silbrigen, feinen Körperbeschuppung leicht zu erkennen. Es gehört zu den flügellosen Insekten (*Apterygota*).
Lebensraum: Bevorzugte Wohnorte sind die Häuser! Und da sie hier besonders gern an süßen Sachen naschen, werden sie im Volksmund auch »Zuckergast« genannt.
Verbreitung: Kosmopolitisch. Unschädlich!
Häufigkeit: Nirgends selten, manchmal auch häufig; bei reichem Nahrungsangebot können sie sich stark vermehren.
Fortpflanzung: Das Paarungsspiel der Silberfischchen wurde wegen ihrer nächtlichen Lebensweise erst in letzter Zeit bekannt. ♂ und ♀ laufen während des Vorgangs erregt umher. Das ♂ legt unter Spinnfäden ein Samenpaket ab. Das ♀ findet das Samenpaket aufgrund vielfältiger biochemischer Abläufe und nimmt es auf.
Nahrung: Verschiedene organische Stoffe, besonders gern Süßigkeiten *(saccharina!)*

Ephemera danica Eintagsfliege

Merkmale: 1,5–2,5 cm lang. Flügel braun. Eintagsfliegen erkennt man an den meist drei langen, dünnen, fadenartig auslaufenden Körperanhängen an der Spitze des Hinterleibs, den kurzen Fühlern und den langen Vorderbeinen. Das hintere Flügelpaar ist stets kleiner als das vordere und kann manchmal sogar ganz fehlen.
Lebensraum: Die Larven aller Eintagsfliegen leben im Wasser. Die geschlüpften Eintagsfliegen halten sich meist im Uferbereich auf.
Verbreitung: Europa.
Häufigkeit: Die Larven findet man meist nicht selten an sandigen Stellen von Fließgewässern und Seeufern, wo sie leicht eingegraben leben. Die Eintagsfliegen schwärmen von Mai bis August, hauptsächlich im Juni.
Fortpflanzung: Gleich nach dem Schlüpfen verpaaren sich die Eintagsfliegen und gehen danach schnell zugrunde. Die aus den abgelegten Eiern schlüpfenden Larven benötigen bis zu 2 Jahre für die Entwicklung. Sie leben von organischem Abfall und Algen.

Ephemera vulgata Eintagsfliege

Merkmale: 1,4–2,2 cm lang. Flügel grau geschuppt, durchscheinend und mit braunen Flecken.
Lebensraum: Schnellfließende Gewässer und sandige Seeufer.
Verbreitung: Europa.
Häufigkeit: An warmen Sommerabenden kann diese Art in großer Zahl schwärmen. Diese Eintagsfliegen tanzen dann über dem Wasser.
Fortpflanzung: Das Leben der geschlechtsreifen Eintagsfliegen währt nur sehr kurze Zeit. Oft sind es nur wenige Stunden. Daher wird auch keine Nahrung mehr aufgenommen. Das Stadium des Vollkerfs (Imago) stellt ein reines Fortpflanzungsstadium dar. Nach mehr als 20 Häutungen sind die im Wasser lebenden Larven ausgewachsen und zur Umwandlung bereit. Sie verwandeln sich in eine bereits flügeltragende »Subimago«, die das Wasser verläßt, sich nochmals häutet und nun fortpflanzungsfähig geworden ist. Nach der Begattung gibt das ♀ die Eier aus dem Flug an der Wasseroberfläche ab.

Heptagenia sulphurea Eintagsfliege

Merkmale: 1 cm groß. Schwer bestimmbar.
Lebensraum: Die Art lebt nur in schnellfließenden Gewässern, besonders gern in starkströmenden Gebirgsbächen.
Verbreitung: Europa.
Häufigkeit: In geeigneten Biotopen ist diese Eintagsfliege häufig zu finden. Menschliche Eingriffe in den Wasserhaushalt haben zu deutlichen Bestandsänderungen auch bei dieser Art geführt.
Fortpflanzung: Die Larve zeigt interessante Anpassungen an ihren besonderen Lebensraum: sie versteckt sich am Wassergrund, dicht an Steine gepreßt. Während die Körperunterseite stark abgeflacht ist, wölben sich die Körperoberseite und die Kiemen dachförmig. Dadurch drückt das darüberströmende Wasser den Körper an den Stein und reißt ihn nicht mit.
Nahrung: Alle erreichbaren kleinen Pflanzen- und Tierreste werden von den Larven aufgenommen. Sie fressen auch lebende Algen.

Prosopistoma foliaceum Eintagsfliege

Merkmale: Seltene, eher kleine Eintagsfliege, etwa 0,5 cm groß.
Lebensraum: Große Flüsse, wo die Larven am Boden leben.
Verbreitung: Größere Flüsse und Ströme in Europa; früher am Rhein sehr häufig.
Häufigkeit: Gegenwärtig überall selten.
Fortpflanzung: Das Larvenstadium zeigt eine Reihe besonderer Anpassungen an den Lebensraum großer Fließgewässer. Kopf und Rücken bilden einen einheitlichen Schild, unter dem die drei Schwanzborsten fächerartig hervorragen. An Steinen oder anderen haltbaren Stellen in der Strömung fest angelegt, widerstehen die Larven dem Losgerissenwerden. Aufgestöbert schlagen sie mit dem Schwanz und versuchen, sich unter Ausnutzung der Strömung schnell einer Gefahr zu entziehen. Unter dem Rückenschild liegen 5 Kiemenpaare. Schwärmflug führt ans Ufer. Verpaarung unmittelbar danach.
Nahrung: Larven leben räuberisch von Würmern und anderen Insektenlarven.

Larve

Larve

Calopteryx virgo Blauflügel-Prachtlibelle ∅

Merkmale: Mit 30–40 mm Länge zählt die Blauflügellibelle zu den größten Vertretern unter den Kleinlibellen oder Wasserjungfern (*Zygoptera*). Während man das ♂ an den tief dunklen, metallisch blau glänzenden Flügeln erkennt, zeichnet sich das ♀ durch braune, durchsichtige Flügel aus. Bestes Unterscheidungsmerkmal gegenüber der ähnlichen Gebänderten Prachtlibelle: Die Flügel des ♂ sind fast ganz dunkel gefärbt. Ruhende Prachtlibellen klappen die Flüge stets zusammen – ein Kennzeichen der meisten Kleinlibellen!

Lebensraum: Nur schnellfließende, saubere Bäche, wo Wasserpflanzen gedeihen und an deren Ufern dichtes Gestrüpp steht. Wie bei allen Libellen leben die Larven im Wasser, während die Vollkerfe ein räuberisches Dasein am Gewässer führen.

Verbreitung: In ganz Europa, bis in 700 m Höhe.

Häufigkeit: Sehr unterschiedlich; in günstigen Biotopen häufig. Wegen der fortschreitenden Wasserverschmutzung ist sie heute vielerorts bedroht.

Fortpflanzung: Ende April tauchen an warmen Tagen die ersten Libellen auf, im August oder September verschwinden die letzten. Nach einem eindrucksvollen Balzflug erfolgen Paarung und Eiablage. Das ♀ sticht seine Eier stets im Revier des ♂ in Wasserpflanzen ein, wobei es ganz unter Wasser gehen kann.

Nahrung: Libellen fangen Mücken und andere Insekten; ihre Larven ernähren sich von verschiedenen Kleintieren des Wassers, die sie mit ihrer Fangmaske, der umgewandelten Unterlippe, erbeuten und zu den Mundwerkzeugen führen. Das Larvenleben dauert 2 Jahre.

Allgemeines: Bei der Jagd orientiert sich die Libelle mit ihren außerordentlich großen Komplexaugen, die bis zu 30 000 Einzelaugen zählen. Dazu können die Libellen ihren Kopf wegen des sehr dünnen »Halses« um fast 180 Grad drehen, so daß ihnen kaum etwas entgeht.

Calopteryx splendens Gebänderte Prachtlibelle ∅

Merkmale: Mit 5 cm Länge und etwa 7 cm Flügelspannweite ist die Gebänderte Prachtlibelle etwas größer als die ähnliche Blauflügel-Prachtlibelle, von der die ♂ leicht am breiten grün-blau schillernden Band in den Flügeln zu unterscheiden sind. Die ♀ haben im Gegensatz zur Blauflügel-Prachtlibelle durchscheinend grüne Flügel. Meist sitzen die Tiere bis zu 1 m hoch über der Wasseroberfläche auf Zweigen oder Steinen und bewachen ihre Territorien. Ihr Flug ist nicht so reißend wie der von Großlibellen, sondern eher gaukelnd wie beim Schmetterling.

Lebensraum: Bevorzugt werden sonnenbeschienene Gewässer, an deren Ufer Schilf und Seggen stehen. Im Gegensatz zur Blauflügel-Prachtlibelle lebt die Art an breiteren, langsam fließenden Bächen und Flüssen.

Verbreitung: Über ganz Europa nach Kleinasien und Nordafrika; im Gebirge bis 1200 m hoch.

Häufigkeit: Früher gehörte die Art zu den häufigsten Libellen unserer Heimat. Heute ist ihr Lebensraum stark eingeschränkt; nur gezielter Feuchtgebietsschutz kann ihr Überleben sichern.

Fortpflanzung: Gebänderte Prachtlibellen fliegen von Mitte Mai bis Mitte September, wobei ein Einzeltier kaum länger als 2 Wochen lebt. Kurz nach dem Schlüpfen beginnen bei schönem Wetter Balz, Paarung und Eiablage. Bei Kälte und Regen sitzen die Libellen regungslos mit zusammengelegten Flügeln auf Pflanzen. Die Paarung erfolgt in den warmen Mittagsstunden auf einem Blatt und dauert gewöhnlich nur wenige Minuten. Besonders eindrucksvoll ist der rasante Flug der ♂ dicht über der Wasseroberfläche, der zur Abgrenzung der Reviere dient. Unmittelbar nach der Paarung legt das ♀ seine etwa 300 Eier in Stengel und Blätter verschiedener Wasserpflanzen unter Wasser ab. Die Larven überwintern im Wasser zweimal, ehe sie sich zum Vollkerf entwickeln.

Nahrung: Insekten und andere kleine Wirbellose.

♂

♀ Siehe auch S. 12 ♂

Lestes sponsa Gemeine Binsenjungfer

Merkmale: 3,5 cm lang, 4–4,5 cm Flügelspannweite. Typischer Vertreter der Teichjungfern (*Lestidae*), von denen 8 nicht leicht zu unterscheidende Arten in Europa leben. Alle *Lestes*-Arten tragen die Flügel in der Ruhe halb geöffnet. ♂ tragen oberseits einen dunkel metallischen Glanz mit grünem Ton am Körper, während er bei den ♀ kupferfarben ist. Bei alten ♂ sind die zwei ersten und zwei letzten Hinterleibsringe blau bereift. Aufgrund der fast glasig wirkenden Flügel und dem sehr schmalen Hinterleib sind die Tiere in ihrer natürlichen Umgebung nur schwer auszumachen.

Lebensraum: Tümpel, Teiche und Moore, wobei die ökologischen Ansprüche sehr weit gespannt sind: Schon eine kleine Wasserstelle mit Binsen oder Schilfbewuchs lockt im Sommer die ersten Gemeinen Binsenjungfern an. Sie leben gesellig, und so kann man sie an einem warmen Sommertag manchmal zu Hunderten über der Wasserfläche umherfliegen oder am Ufer in der Vegetation sitzen sehen.

Verbreitung: Von Mittel- und Nordeuropa bis weit nach Nordasien. Im Gebirge bis 1200 m Höhe.

Häufigkeit: Die Gemeine Binsenjungfer ist eine der häufigsten heimischen Libellenarten. Da sie keine besonderen Ansprüche an ihren Lebensraum stellt, vermag sie sich auch den Umweltveränderungen gut anzupassen. Schon nach kurzer Zeit besiedelt sie neu entstandene Baggerlöcher, in denen etwas Wasser steht. Stellen sich dort die ersten Wasserpflanzen ein, legt sie auch Eier ab.

Fortpflanzung: Die Binsenjungfern übernachten am Ufer in der Vegetation dicht über der Wasseroberfläche, wo die Taubildung besonders stark ist, so daß sie morgens manchmal dicht mit Tropfen eingehüllt sind. Erst gegen 9 oder 10 Uhr, wenn die Sonne höher steht, beginnen sie sich aus der Erstarrung zu lösen. In den warmen Mittagsstunden sind sie aktiv; zu dieser Zeit erfolgen Paarung und Eiablage. Das ♂ fliegt ein ♀ an, um es mit den Hinterleibsanhängen an der Vorderbrust zu umklammern. Der Klammerapparat ist artspezifisch. Wenn ein ♂ sich, was immer wieder vorkommt, an einem artfremden ♀ verankert, verweigert dieses zumeist die Paarung. Hat nun das ♂ sicher zugefaßt, so füllt es seinen Samenbehälter, der sich am zweiten Hinterleibsring befindet, aus der Geschlechtsöffnung, dann biegt das ♀ seinen Hinterleib so weit nach vorn, bis es den männlichen Samenbehälter erreicht. Dadurch wird aus der Paarungskette das Paarungsrad. Erst wird der Samen des Vorgängers entfernt, dann der eigene übertragen. Anschließend öffnet sich das Rad wieder zur Kette. Die beiden Partner bleiben auch während der Eiablage beisammen. Aus diesem Verhalten leitet sich der lateinische Name »sponsa« ab, was soviel wie »verlobt« bedeutet. Die Eier werden in eine Pflanze eingestochen; meist 2, selten 3 Eier gleichzeitig. Mit seinem Legestachel ritzt das ♀ einen Pflanzenstengel oder ein unter Wasser liegendes Blatt an, um darin das Ei sicher unterzubringen. Die Ablage beginnt über dem Wasserspiegel; rückwärts gehend tauchen die Tiere langsam unter. Bis zu einer halben Stunde können sie unter Wasser aushalten. Die abgelegten Eier entwickeln sich im darauffolgenden Frühjahr. Nach dem Schlüpfen verhalten sich die Larven – ähnlich wie die *Calopteryx*-Larven – träge. Gelegentlich schwimmen sie an die Wasseroberfläche, um sich dann wieder langsam nach unten treiben zu lassen. Größere Larven kriechen gern am Grund des Gewässers umher. Nach 6–8 Wochen sind sie ausgewachsen. Dann steigen sie aus dem Wasser, und die fertige Libelle verläßt die Larvenhaut. Vom Ei bis zur Libelle werden 13 Stadien durchlaufen.

Nahrung: Libellen jagen am Ufer nach kleinen Insekten. Die im Wasser lebenden Larven halten sich an kleine Krebschen und Insekten.

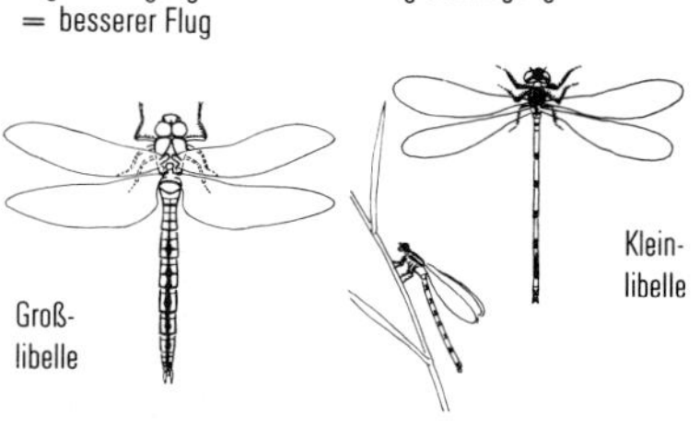

♂

♀

Chalcolestes viridis
Große Binsenjungfer

Merkmale: 4,5 cm lang und etwa 6 cm Flügelspannweite. Beide Geschlechter sind gleich gefärbt: oberseits leuchtend metallisch grün ohne jede Wachsbereifung.
Lebensraum: Stehende oder langsam fließende Gewässer mit Sträuchern und Bäumen, deren Äste über Wasser hängen.
Verbreitung: Als wärmeliebende Art besonders in Südeuropa, Nordafrika und Kleinasien. Im südlichen Mitteleuropa ist sie häufig, in der norddeutschen Tiefebene seltener.
Häufigkeit: In zur Eiablage geeigneten Büschen oft in großer Anzahl versammelt.
Fortpflanzung: Die Eier werden in die Rinde von Zweigen eingestochen, die über dem Wasser hängen.
Nahrung: Libellen jagen gern kleine Fliegen in der Luft; Larven leben räuberisch im Wasser.

Lestes barbarus
Südliche Binsenjungfer

Merkmale: 3,5 cm lang, bis 5 cm Flügelspannweite. Körper dunkel metallisch braun, Flügel glasig durchsichtig. Die Art ist an dem zweifarbigen Flügelmal (außen weiß, innen dunkel) sicher zu erkennen.
Lebensraum: An stehenden Gewässern mit üppiger Ufervegetation.
Verbreitung: Als mediterrane Wanderart taucht sie in Deutschland an geeigneten Gewässern auf, ist 1–2 Jahre häufig und verschwindet wieder.
Häufigkeit: Im Mittelmeerraum regelmäßig und häufig, in Mitteleuropa unregelmäßig.
Fortpflanzung: Das ♀ wird bei der Eiablage vom ♂ begleitet. Die Eier werden an Pflanzen abgelegt, die aus dem Wasser herausragen. Die Eier überwintern, die Larven entwickeln sich in 2–3 Monaten zur Libelle.
Nahrung: Tierische Nahrung aus kleinen Insekten.

Pyrrhosoma nymphula
Frühe Adonislibelle

Merkmale: 3,5 cm lang, 4,5 cm Flügelspannweite. Kräftiger, oberseits dunkelrot, unterseits gelb gefärbter Körper. Kopf und Beine schwarz.
Lebensraum: An langsam fließenden oder stehenden Gewässern, auch an schmalen Wassergräben oder Kanälen mit dichter Vegetation. Tagsüber ruhende Tiere halten die Flügel leicht vom Körper abgespreizt, während nachts beim Schlaf die Flügel dicht am Körper anliegen.
Verbreitung: In ganz Europa; fehlt im äußersten Norden und Süden. Das Gesamtverbreitungsgebiet reicht bis nach Kleinasien, im Gebirge bis 1200 m.
Fortpflanzung: Anfang Mai fliegen die ersten, Anfang September die letzten Tiere, je nach Höhenlage des Biotops. In Paarung und Eiablage ähnelt die Art den anderen Kleinlibellen.

Platycnemis pennipes Federlibelle

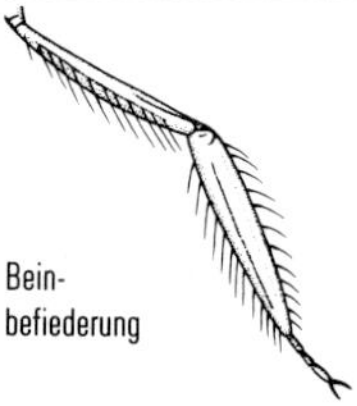

Beinbefiederung

Merkmale: 3,5 cm lang, etwa 4,5 cm Flügelspannweite. Sehr ähnlich den Schlanklibellen (*Coenagrionidae*), doch am eigenartigen Bau der Beine leicht zu erkennen: Die Beinschienen der Hinter- und Mittelbeine sind deutlich abgeflacht und mit zahlreichen Dornen besetzt (Name).
Lebensraum: Seen, Tümpel und Teiche, auch an langsam fließenden Gewässern.
Verbreitung: In Europa, fehlt nördlich des Polarkreises.
Häufigkeit: In der Ebene häufig, im Gebirge seltener.
Fortpflanzung: ♂ fliegen im Zickzack über dem Wasser, wodurch die ♀ aufmerksam werden. Eiablage mit angekoppeltem ♂, gern in die Blütenstiele der Gelben Teichrose. Die Larven überwintern, die Libellen schlüpfen dann im Sommer.

♂

♂

♂

♂

Erythromma najas Großes Granatauge

Merkmale: 3,5 cm lang, knapp 5 cm Flügelspannweite. ♂ mit granatrot leuchtenden Augen, die den ♀ fehlen, ebenso das helle Blau an Brust und Körperende.
Lebensraum: Bewohner größerer Gewässer mit artenreicher Unterwasserflora. ♂ sitzen bevorzugt auf den Blättern der See- uind Teichrosen.
Verbreitung: Weit in Europa und Asien bis nach Japan. Fehlt im Süden, reicht aber im Norden über den Polarkreis hinaus.
Häufigkeit: In Mitteleuropa recht häufig.
Fortpflanzung: Flugzeit Mai bis Ende August. Das Paar legt die Eier zickzackförmig in einen Pflanzenstengel, wobei es bis zu 60 cm tief untertaucht. Die ♂ tauchen früher auf, warten auf die ♀, um sich wieder anzukoppeln und einen neuen Eiablageplatz aufzusuchen. Die Larven entwickeln sich nur in stehenden Gewässern. Saure, moorige Teiche werden gemieden. Die Entwicklung dauert 1 Jahr.
Nahrung: Larven jagen im Wasser nach kleinen Insekten und anderen Tieren.

Ischnura elegans Große Pechlibelle

Merkmale: 3 cm lang, 4 cm Flügelspannweite. Der Körper ist schwarz, an der Unterseite der Brust und am Körperende leuchtend blau. Von den Granataugen sind sie durch die oben schwarzen, unten blauen Augen und durch je einen kleinen, runden Fleck neben dem Auge (Postocularfleck) zu unterscheiden.
Lebensraum: Stehende und langsam fließende Gewässer aller Art, nicht in Mooren.
Verbreitung: Hauptverbreitungsgebiet ist Mittel- und Nordeuropa, im Osten bis Japan. Die Art fehlt im südlichen Italien und in Südspanien, kommt aber auf einigen Mittelmeerinseln vor. Im Gebirge bis nahe 1000 m.
Häufigkeit: In Mitteleuropa regelmäßig und häufig.
Fortpflanzung: Das ♀ legt seine Eier stets allein ab. Das sonstige Verhalten entspricht jenem der anderen Kleinlibellen. Die Art scheint im Süden, bei uns vielleicht auch in warmen Sommern, 2–3 Generationen in 1 Jahr hervorzubringen.

Erythromma viridulum Kleines Granatauge

Merkmale: 3 cm lang, knapp 4 cm Flügelspannweite. Sehr ähnlich dem Großen Granatauge, doch Augen weniger intensiv rot gefärbt. Hinterleib beider Geschlechter dunkelgrün-metallisch, ♂ am Hinterleibsende auch blau gefärbt, trägt, im Gegensatz zum Großen Granatauge, eine X-förmige Rückenzeichnung.
Lebensraum: Stehende Gewässer, gern an Teichen und Altwasserarmen, wo alte Bäume im Wasser liegen, und an Seerosenteichen.
Verbreitung: Eng begrenztes Vorkommen, dessen Nordrand über Holland, Westfalen und Polen verläuft. In Italien sowie auf der Iberischen Halbinsel fehlt diese Art oder ist sehr selten. Fehlt im Gebirge.
Häufigkeit: Unregelmäßig bei inselartiger Verbreitung, in Südwestdeutschland eine der häufigsten Arten.
Fortpflanzung: Sehr ähnlich wie Großes Granatauge. Flugzeit Mitte Mai bis Anfang September; kann bei schlechten Witterungsverhältnissen stark eingeschränkt werden.

Ischnura pumilo Kleine Pechlibelle ∅

Merkmale: Knapp 3 cm lang, 3,5 cm Flügelspannweite. Sehr ähnlich der Großen Pechlibelle. Die Körperfarbe ändert sich wie bei den meisten Libellen einmal oder mehrmals. Die Kleine Pechlibelle kann sich von Rot-Orange nach Hell- oder Olivgrün umfärben. Die ♂ beider Arten haben ein schwarz-weißes Flügelmal.
Lebensraum: Die Art zählt zu den Erstbesiedlern stehender Gewässer, sie liebt flaches Wasser mit dichter Vegetation.
Verbreitung: Inselartig in Europa; fehlt im Norden. Im Osten bis nach Kleinasien und Sibirien.
Häufigkeit: Unregelmäßig. In Mitteleuropa nur an wenigen Stellen häufiger. *Bedrohte Art!*
Fortpflanzung: Flugzeit von Ende Mai bis Anfang September. Im Süden wohl 2 Generationen. Da die Tiere nur bei Sonnenschein aktiv sind, kann die Flugzeit durch Schlechtwetterperioden sehr stark eingeschränkt werden. Paarung und Eiablage wie bei der Großen Pechlibelle.

Cordulia aenea Gemeine Smaragdlibelle

Merkmale: 5 cm lang, bis zu 7,5 cm Flügelspannweite. Vertreter der Großlibellen (*Anisoptera*), besonders gut kenntlich an den verschiedenartig gebauten Flügeln: Die Hinterflügel sind zur Basis hin stark verbreitert. Im Ruhen werden die Flügel stets abgespreizt gehalten. Augen grün, der Körper metallisch kupferfarben glänzend, ein Kennzeichen der Smaragdlibellen.
Lebensraum: An stehenden Gewässern aller Art, auch im Hochmoor. Im Gebirge bis fast 1800 m.
Verbreitung: In ganz Europa und Asien bis nördlich des Polarkreises.
Häufigkeit: Häufig.
Fortpflanzung: Paarung beginnt im Flug und wird an Ästen hängend beendet. Die Eiablage erfolgt in kleinen Buchten an verborgenen Stellen. Das ♀ wippt im Rüttelflug auf und ab und läßt die Eier ins Wasser fallen. Die Larven überwintern zwei- bis dreimal.

Coenagrion hastulatum Speer-Azurjungfer

Merkmale: 3 cm lang, 4 cm Flügelspannweite. Der deutsche Name leitet sich von der Hellebarden-Zeichnung auf dem zweiten Körpersegment des ♂ ab.
Lebensraum: Nährstoffarme Flachmoore.
Verbreitung: Beschränkt sich auf die Gebirge im Süden (Alpen, Pyrenäen u. a.), auf das norddeutsche Flachland und Nordeuropa, auch nördlich des Polarkreises. Im Osten bis nach Sibirien, im Gebirge bis 1800 m.
Häufigkeit: Im Fluggebiet häufig.
Fortpflanzung: Flugzeit Mai bis Juli. Die Samenübertragung erfolgt im Sitzen, nach Ergreifen des ♀. Nach dem Auflösen des Rades bleibt das Paar beisammen. ♀ legen ihre Eier in Wasserpflanzen ab. Dabei taucht das ♀ bis zu 50 cm tief ins Wasser; das ♂ bleibt mit dem ♀ verbunden. Noch im gleichen Jahr entwickeln sich Eier und Larven. Wie weit die Larve bis zur Überwinterung heranwächst, hängt von der Wassertemperatur ab. Die Entwicklung dauert 1 oder 2 Jahre.

Coenagrion puella Hufeisen-Azurjungfer

Merkmale: 3,4 cm lang, knapp 5 cm Flügelspannweite. Ihren Namen erhielt diese Azurjungfer von der Hufeisenzeichnung auf dem zweiten Hinterleibsring des ♂. Eine sichere Bestimmung ist schwierig, da es in Europa weitere 12 Arten von Azurjungfern gibt.
Lebensraum: An fast allen stehenden Gewässern, außer Mooren.
Verbreitung: Weit in Europa. Im Norden bis Mittelschweden, im Süden bis nach Nordwestafrika, im Osten bis Leningrad. Bis 1800 m.
Häufigkeit: Sehr häufig, möglicherweise die häufigste Libellenart Mitteleuropas.
Fortpflanzung: Von Mai bis August kann man an kleinen und großen Wasserflächen die Paarungsräder und -ketten beobachten. Die ♂ stehen während der Eiablage meist senkrecht auf der Vorderbrust der ♀. Eiablage erfolgt nur bei Sonnenschein in Tausendblatt (*Myriophyllum*), Laichkraut (*Potamogeton*) und zahlreiche andere Wasserpflanzen. Bei günstiger Witterung währt die Entwicklung Ei bis Libelle 3 Monate.

Coenagrion pulchellum Fledermaus-Azurjungfer

Merkmale: 3,5 cm lang, knapp 5 cm Flügelspannweite. Auf dem zweiten Körpersegment des ♂ findet man die Zeichnung einer »fliegenden Fledermaus«.
Lebensraum: An Teichen und Tümpeln, bevorzugt werden Gewässer mit Seerosen und Schilf am Ufer.
Verbreitungsgebiet: In ganz Europa, östlich bis Sibirien. Fehlt nördlich des Polarkreises und im äußersten Süden. Im Gebirge bis 1000 m.
Häufigkeit: Regelmäßig und häufig.
Fortpflanzung: Diese zierliche Azurjungfer bewohnt dieselben Gewässer wie die viel häufigere Hufeisen-Azurjungfer. Dennoch kommt es in freier Natur nur ausnahmsweise zu einer Artvermischung, da die Klammerorgane der ♂ artverschieden sind. Paarungsversuche am falschen Objekt kommen öfter vor, doch nur selten auch Paarungen! Eiablage in Paarungskette in Wasserpflanzen. Gelegentlich gehen die Tiere unter Wasser. Entwicklungsdauer 1 Jahr.

Gomphus vulgatissimus Gemeine Keiljungfer

Merkmale: Bis 5 cm lang, 7 cm Flügelspannweite. Eine genaue Artbestimmung im Gelände erfordert Erfahrung, da in Mitteleuropa eine Reihe ähnlicher Arten vorkommt, doch war sie früher eine der häufigsten unter ihnen.

Lebensraum: An naturnah erhaltenen Bächen, Flüssen, Seen und Gräben; gerne auch an Waldseen. Die Keiljungfern sind wanderlustige Libellen, die sich oft weit entfernt von Gewässern aufhalten.

Verbreitung: In Europa. Im Süden in Spanien und Italien, östlich bis zum Kaukasus. Im Gebirge bis etwa 700 m.

Häufigkeit: Durch Verschmutzung der Gewässer in hohem Maße gefährdet, nur noch stellenweise häufig.

Fortpflanzung: Flugzeit von Anfang Mai bis Ende Juli. Ein Einzeltier wird kaum älter als 4 Wochen. Nach dem Schlüpfen verteilen sich die Tiere rasch. Im Flug und beim Aufsetzen auf einen Ast oder Stein im Wasser wirken sie plump; doch bei Gefahr können sie pfeilschnell davonjagen. Zur Eiablage setzt sich das ♀ in Ufernähe ab, hebt den Hinterleib an und preßt eine größere Anzahl von Eiern aus. Sodann fliegt es in 20 bis 30 cm Höhe über der freien Wasserfläche. Ab und zu berührt sein Hinterleib die Oberfläche, wobei die Eier abgestreift werden und langsam zu Boden sinken. Hier entwickeln sich Eier und Larven. Die Larven bevorzugen schlammige Bereiche, wo sie sich eingraben. Hier kann es im Sommer öfter zu Sauerstoffverknappung kommen; dagegen sind diese Libellenlarven erstaunlich unempfindlich. Eine Larve der Gemeinen Keiljungfer muß drei- bis viermal überwintern, ehe sie sich zum Vollkerf fertig entwickelt.

Nahrung: Larve und Libelle führen ein räuberisches Dasein, wobei es durchaus vorkommt, daß sich die Libelle von einem kleineren Verwandten, zum Beispiel von einer Azurjungfer, ernährt.

Allgemeines: Da ein ♀ bis zu 500 Eier ablegt, muß das Laichgewässer außergewöhnlich nahrungsreich sein, damit sich die meisten von ihnen zum Vollkerf entwickeln können.

Ophiogomphus serpentinus Grüne Keiljungfer ∅

Merkmale: 5–5,5 cm lang, 7 cm Flügelspannweite. Gelb-grüne, kräftige und schwerfällig wirkende Art. Beide Geschlechter gleich.

Lebensraum: An sauberen Waldbächen und -flüssen mit Sandgrund. Hier kann man diese ungewöhnlich hübschen Libellen gut beobachten, da sie nicht so scheu sind wie die meisten anderen. Auf sonnenbeschienenen sandigen Waldwegen verpaaren sie sich. Erst zur Eiablage kehren sie wieder ans Wasser zurück.

Verbreitung: Östliche Art, im Westen nur bis in die mitteleuropäischen Gebirge; fehlt auf den Britischen Inseln.

Häufigkeit: Im Osten Mitteleuropas regelmäßig, sonst unregelmäßig und spärlich. Im Gebirge bis in 1000 m Höhe. Wie alle an fließenden Gewässern lebenden Arten in hohem Maße bedroht.

Fortpflanzung: Die Larven leben auf sandigem, unbewachsenem Grund von Bächen, nie im Schlamm. In Flüssen nur an stark durchströmten Abschnitten. Entwicklung 3–4 Jahre.

Gomphus pulchellus Westliche Keiljungfer

Merkmale: 4,5–5 cm lang, 6–7 cm Flügelspannweite. Nicht so kontrastreich gefärbt wie die nahe verwandten Arten. Kopf leuchtend grün. Hinterleib gelb-schwarz gezeichnet. Zarte Gestalt.

Lebensraum: Große, tiefe Seen mit spärlicher Unterwasserflora. Ruhende Tiere findet man am Ufer an sonnenexponierten Stellen.

Verbreitung: Wie der deutsche Name besagt, findet man sie in West- und Südwesteuropa. Ihr geschlossenes Verbreitungsgebiet reicht im Osten über das Elsaß bis nach Nordrhein-Westfalen und Niedersachsen. Sie breitet sich jedoch nach Osten hin aus.

Häufigkeit: In günstigen Biotopen nicht selten.

Fortpflanzung: Die Art fliegt von Mai bis Juli. Die Eier werden auf der freien Wasserfläche abgelegt. Die Larven entwickeln sich im Schlamm des Seegrunds. Nach 4–5 Jahren schlüpft die Libelle.

Nahrung: Libellenlarven fressen kleine Wassertiere: Krebschen, Milben, Wasserinsekten.

♂

♂

Somatochlora metallica
Glänzende Smaragdlibelle

Merkmale: 5–6 cm lang, 7 cm Flügelspannweite. Besonders auffallend sind der erzgrüne Schiller des Körpers und die grünen Augen.
Lebensraum: Langsam fließende oder stehende Gewässer in waldreichen Regionen, auch in Moorbächen und -seen. Zur Nahrungssuche streifen diese Libellen weit umher.
Verbreitung: Nordeuropa bis über den Polarkreis hinaus. In Mitteleuropa vor allem in Mittelgebirgen und in nördlichen Zonen. In England und Frankreich sowie im Süden seltener. Ihr Gesamtverbreitungsgebiet reicht weit nach Asien hinein. Im Gebirge bis 1400 m.
Häufigkeit: In Mitteleuropa häufig.
Fortpflanzung: Flugzeit Ende Mai bis Mitte September. Ein Einzeltier wird kaum älter als 2 Monate. Am Ufer werden in seichten Stellen die Eier mit Hilfe eines sogenannten »Spitzhammers«, einer ungewöhnlich langen, nach unten gerichteten Legescheide, bei dessen Aufschlagen fortgeschleudert. Larven schlüpfen nach 4–6 Wochen, überwintern zweimal.

Somatochlora flavomaculata
Gefleckte Smaragdlibelle

Merkmale: 5 cm lang, bis zu 7 cm Flügelspannweite. Ihren deutschen Namen erhielt sie von zitronengelben Flecken, die später nachdunkeln und braun werden. Sie liegen seitlich auf dem Hinterleib. Die übrigen gelben Flecken auf der Körperunterseite und am Kopf findet man auch bei anderen Smaragdlibellen.
Lebensraum: Sumpfige Wiesen, nasse Waldränder, verwachsene Gräben, doch nie über offenen Gewässern. Sie fliegen über Schilffelder oder auf Waldlichtungen.
Verbreitung: In Mitteleuropa besonders in den Tallagen. Im Norden bis zur Polargrenze, im Westen bis nach Frankreich.
Häufigkeit: War früher häufiger. Diese Art hat besonders unter Entwässerungen gelitten. Heute nur noch regional häufig.
Fortpflanzung: Flugzeit Juni bis September. Die Eier entwickeln sich im Bodenschlamm in 4–5 Wochen. Austrocknungen können sie mehrere Wochen schadlos überdauern. Die Libellen sollen im 3. Jahr schlüpfen.

Cordulegaster boltonii
Zweigestreifte Quelljungfer

Merkmale: 8 cm lang, 10 cm Flügelspannweite. 2 gelbe Querstreifen auf den mittleren Hinterleibsringen gaben ihr den Namen.
Lebensraum: Die Larven leben in schmalen, reißenden, sauberen Gebirgsbächen, an denen auch die Libellen fliegen. Die ausgewachsenen Libellen entfernen sich kaum von ihren Heimatgewässern.
Verbreitung: Weit in Europa. In Südeuropa andere Färbung der Tiere. Im Gebirge bis nahe 1500 m. **Häufigkeit:** Aufgrund der inselartigen Verbreitung nur regional häufig.
Fortpflanzung: Flugzeit Juni bis Ende August. Das ♀ wippt über flachem Wasser mit fast senkrecht abwärts gerichtetem Hinterleib auf und ab und vergräbt mit Hilfe einer langen Legescheide im Flachwasserbereich die Eier. Die Entwicklungsdauer der Larven dürfte mehrere Jahre betragen.
Nahrung: Die ♂ fliegen den Bachlauf auf und ab, setzen sich jedoch häufig. Sie ernähren sich von fliegenden Kleininsekten.

Cordulegaster bidentatus
Gestreifte Quelljungfer ∅

Merkmale: 8 cm lang, 10 cm Flügelspannweite. Sehr ähnlich *C. boltoni*, aber auf den mittleren Hinterleibsringen liegt nur ein Querstreifen, und das Hinterhauptdreieck ist rein schwarz.
Lebensraum: An sauerstoffreichen Bächen und deren Quellbereichen.
Verbreitung: In Mitteleuropa nur an wenigen Stellen: Schwarzwald und Vogesen, Alpen, Fränkischer Jura u. a. Auch in der Norddeutschen Tiefebene nachgewiesen. Geschlossenes Vorkommen im Mittelmeerraum von Spanien bis Rumänien. **Häufigkeit:** In Mitteleuropa nur regional. *Bedrohte Art!*
Fortpflanzung: Flugzeit Ende Mai bis Ende Juli. Verhalten, Paarung und Eiablage gleichen jener von *C. boltoni*. Die Gesamtentwicklung bis zum Vollkerf dauert 3–5 Jahre.
Allgemeines: *C. bidentatus* kann im gleichen Biotop leben wie *C. boltoni*, scheint jedoch stärker auf die Quellbereiche der Wohngewässer beschränkt.

♂

♂

♂

♂

Anax imperator Große Königslibelle

Merkmale: 7–8 cm lang, 10–11 cm Flügelspannweite! Eine der größten heimischen Libellen! Hinterleib des ♂ himmelblau mit schwarzen Zeichnungen, der der ♀ grünblau mit breiten braunen Zeichnungen. Flügel leicht braun oder gelb getönt. Diese wohl auffallendste Libelle Mitteleuropas erhielt ihren deutschen Namen von dem bekannten Heimatdichter und Naturkenner Hermann Löns.

Lebensraum: Die Große Königslibelle lebt an bewachsenen Teichen, Tümpeln und Seen; fließendes Gewässer wird gemieden. Da sie ein ausgezeichneter Flieger ist, kann man sie weitab von ihren Heimatgewässern antreffen; sogar an der Küste tauchen hin und wieder einige auf.

Verbreitung: In Süd- und Mitteleuropa. Die nördliche Arealgrenze verläuft in Südengland, Südskandinavien und Polen. Das Gesamtverbreitungsgebiet reicht im Osten bis nach Turkestan und in Afrika bis ans Kap der Guten Hoffnung; die Tiere südlich der Sahara sind der Unterart *Anax i. mauricianus* zuzurechnen. Die Große Königslibelle bevorzugt das Flachland. Im Gebirge steigt sie nur wenige hundert Meter hoch. Vorkommen in 1000 m Höhe sind sehr selten.

Häufigkeit: Einzelgängerisch, daher trifft man sie nie mit anderen. Doch da sie flächenmäßig verbreitet ist, fehlt sie an geeigneten Gewässern nie. Besonders günstig für die Arterhaltung sind die neuerdings vielerorts angelegten naturnahen Gartenteiche. Sie bieten für viele heimische Libellenarten, besonders auch für die Große Königslibelle, eine neue Heimat.

Fortpflanzung: Flugzeit Mitte Juni bis Mitte August. Das ♀ legt allein die Eier in abgestorbene Pflanzenteile, die an der Wasseroberfläche treiben. Dabei setzt es sich auf die Pflanze, streckt den Hinterleib unter das Substrat und bohrt mit Hilfe des Legeapparats die Eier hinein, die sich in 3 Wochen entwickeln. Ein Teil der Larven überwintert einmal, der Rest zweimal. Gesamtentwicklungszeit 1–2 Jahre.

Nahrung: Larven erbeuten Wasserinsekten, deren Larven, aber auch Milben u. a.

Aeshna cyanea Blaugrüne Mosaikjungfer

Merkmale: 7–8 cm lang, 10–11 cm Flügelspannweite. Das leuchtende Grün und Blau an Kopf, Brust und Hinterleib gaben dieser ungewöhnlich schönen Libelle den wissenschaftlichen Namen. Trotz der bunten, leuchtenden Farben sind sitzende Tiere kaum zu entdecken. Die stattliche Größe und der kräftige Körperbau weisen sie als guten Flieger aus. Daher kann man sie weitab von ihren Heimatgewässern beobachten. Sogar inmitten der Städte huschen sie an heißen Sommertagen zwischen den fahrenden Autos umher.

Lebensraum: Kaum ein Gewässer ohne *A. cyanea*! Diese Feststellung gilt noch immer.

Verbreitung: In ganz Europa. Im Norden bis zur Polargrenze, im Süden bis nach Algerien. Ihre östliche Arealgrenze liegt in Kleinasien. Im Gebirge bis 1400 m.

Häufigkeit: Sie ist Einzelgänger, der seinen Flugbereich streng gegen Rivalen verteidigt. Man trifft die Blaugrüne Mosaikjungfer daher nur einzeln oder in wenigen Exemplaren an. Dennoch ist sie neben der Herbst-Mosaikjungfer die häufigste ihrer Familie (*Aeshnidae*) bei uns.

Fortpflanzung: Flugzeit Mitte Juni bis Anfang November. Die stattlichen Tiere sind gegenüber niedrigen Temperaturen nicht so empfindlich wie die Kleinlibellen. So kann man sie oft noch in Abendstunden fliegen sehen. Diese Tiere zeigen keinerlei Scheu vor dem Menschen, und so kommt es öfter vor, daß sich eine Mosaikjungfer in ein Zimmer verirrt. Vorsichtig gefangen, kann sie wieder in die Freiheit entlassen werden. Wird ein Gartentümpel ausgehoben, so dauert es nicht lange, bis die ersten Blaugrünen Mosaikjungfern anfliegen und, wenn der Tümpel richtig gestaltet ist, ihre Eier darin ablegen. Zwei Jahre später steigen dann die fertig entwickelten Libellen aus ihrer Larvenhülle.

Nahrung: Larven und Vollkerfe führen ein räuberisches Dasein. Im Wasser jagen die Larven kleine Wirbellose, außerhalb verfolgen die Libellen im Flug Mücken, Bremsen, Schmetterlinge und andere fliegende Insekten.

♂

♂

Aeshna grandis Braune Mosaikjungfer

Merkmale: 7–8 cm lang, 10 cm Flügelspannweite. Gut zu erkennen an den braunen Flügeln, dem rotbraunen Körper mit gelben und beim ♂ zusätzlich mit leuchtend blauen Flekken an den Körperseiten.
Lebensraum: Stehende Gewässer, Sümpfe oder Schilffelder. Sie gleiten, fast ohne mit den Flügeln zu schlagen, auf und ab und fliegen selten so rasch und unruhig wie die meisten anderen Libellen.
Verbreitung: Im Norden nördlich des Polarkreises, in Frankreich seltener, im Osten bis nach Sibirien. In den Alpen bis 1400 m.
Fortpflanzung: Flugzeit von Ende Juni bis Ende September. ♂ bewachen einen bestimmten Bereich eines Gewässers; jeder Eindringling wird verfolgt und aus dem Revier verjagt. ♀, die sich nach der Kopula von den ♂ getrennt haben, legen die Eier in morsches Pflanzenmaterial wie Holzstümpfe, alte Äste, Rohrkolben, Seggen oder zahlreiche andere Pflanzen. Die Eier überwintern, ebenso die halb erwachsenen Larven; Entwicklung 2 Jahre.

Aeshna mixta Herbst-Mosaikjungfer

Merkmale: 6 cm lang, 8 cm Flügelspannweite. Auffallender Geschlechtsunterschied; ♂ tragen auf sehr dunklem Hinterleib große leuchtend blaue und winzige gelbe Flecken, ♀ haben einen braunen Körper mit gelbgrünen Flecken. In seltenen Fällen kommen auch ♀ vor, die wie ♂ gezeichnet sind.
Lebensraum: An Teichen und Seen, gelegentlich auch an Mooren. Da sie jedoch ausgezeichnet fliegen können, trifft man sie auch weitab vom Wasser auf Jagd nach Insekten.
Verbreitung: Vor allem in Südeuropa, nördlich bis Südengland und Dänemark, östlich bis Japan.
Häufigkeit: In Deutschland häufig.
Fortpflanzung: Flugzeit von Ende Juli/Anfang August bis November (deutscher Name!). Im folgenden Jahr schlüpfen die Larven, die einmal überwintern und sich im nächsten Jahr bis zur fertigen Libelle entwickeln.

Aeshna juncea Torf-Mosaikjungfer

Merkmale: 7–8 cm lang, 10 cm Flügelspannweite. In Aussehen und Größe ähnlich wie die Blaugrüne Mosaikjungfer, doch sämtliche Flecken auf dem Hinterleib blau.
Lebensraum: Im Süden praktisch nur im Gebirge, im Norden (Norddeutschland) auch in der Ebene. Fliegt an Hoch- und Flachmooren, aber auch an anderen stehenden Gewässern mit Seggen oder Binsen.
Verbreitung: In Mittel-, Nord- und Osteuropa, Asien und Nordamerika; im Norden bis über den Polarkreis hinaus. In den Alpen bis 2000 m, wo sie auch zur Fortpflanzung kommt.
Häufigkeit: Im Gebirge und im Norden regional die häufigste Libelle.
Fortpflanzung: Flugzeit Juni bis Oktober. ♀ legen die Eier in Torfmoos (*Sphagnum*), in abgestorbene Äste, in Wurzelwerk oder ähnliches Material im Wasser. Im folgenden Frühjahr schlüpfen die kleinen Larven. Die ganze Entwicklung bis zum Vollkerf dauert, je nach Witterung, 3–4 Jahre.

Aeshna subarctica Hochmoor-Mosaikjungfer ∅

Merkmale: 7-8 cm lang, 10 cm Flügelspannweite. Von *A. juncea* so schwer zu unterscheiden, daß sie erst 1927 in Europa entdeckt wurde. Das Blau der Körperzeichnung ist fahler, die Seitenstreifen der Brust blaßblau (bei *A. juncea* gelb).
Lebensraum: Streng an das Vorkommen von Hochmooren gebunden.
Verbreitung: Nordische Art. In Nordeuropa und Nordamerika, vor allem nördlich des Polarkreises sehr weit verbreitet. Im südlichen Mitteleuropa auf höhere und höchste Lagen beschränkt, in Norddeutschland auch in der Ebene.
Häufigkeit: Inselartige Verbreitung. *Gefährdete Art*, da die Hochmoore vernichtet werden.
Fortpflanzung: Flugzeit Mitte Juli bis Mitte September. Ihre Biologie gleicht jener der Torf-Mosaikjungfer. Die Eiablage scheint nur in *Sphagnum* zu erfolgen. Die Gesamtentwicklung dürfte zwischen 3 und 4 Jahren liegen.

♂ ♂

Siehe auch S. 270/271

Libellula depressa Plattbauch

Merkmale: 4 cm lang, 8 cm Flügelspannweite. Besonders die ♂ fallen durch den sehr breiten (6–8 mm) blaugrauen Hinterkörper auf. Bei den ♀ ist er fast ebenso breit, doch meist braun oder gelbbraun gefärbt. Die Wurzelfelder der Flügel tragen einen dunklen, bräunlichen Fleck.

Lebensraum: An stehenden Gewässern aller Art, bevorzugt an kleineren Tümpeln. Der Plattbauch schweift vor Eintritt der Geschlechtsreife weit umher, und so taucht er an neu entstandenen Gartenteichen als eine der ersten Libellen auf. Doch bleibt er nur an geeigneten Gewässern, so auch an betonierten Tümpeln mit klarem Wasser. Ragt über dieses Gewässer ein Ast, so wird dies sicher sein Lieblingssitzplatz werden, von dem aus er seine Jagdflüge startet und auf ♀ wartet.

Verbreitung: In ganz Europa und Vorderasien. Meidet Hochgebirge, in Mittelgebirgen bis 1000 m.

Häufigkeit: Flächenmäßig verbreitet und meist häufig.

Fortpflanzung: Flugzeit Mai bis Anfang August. Der Plattbauch ist eine der ersten Libellen im Jahr. Schon wenige Tage nach dem Schlüpfen ist er geschlechtsreif. Die Paarung erfolgt stets in der Luft und dauert von wenigen Sekunden bis maximal eine Minute. Danach trennen sich die Partner. Während der Eiablage schwebt das ♂ über dem ♀ und vertreibt andere ♂. Dennoch verpaaren sich die ♀ meist alsbald von neuem. ♀ streifen auch während der Eiablage umher. So wird gewährleistet, daß viele geeignete Gewässer »beimpft« werden können. Zugleich stehen die kleinen, räuberisch lebenden Larven nicht so sehr unter Nahrungskonkurrenz, wie dies der Fall wäre, wenn alle zusammen in einem kleinen Teich Jagd machen müßten. Trocknet ein Kleingewässer aus, so graben sich die Larven in den weichen Schlamm und fallen in eine Art Trockenschlaf. Über 6 Wochen können die Larven so überdauern. Gesamtentwicklungszeit bis zum Vollkerf 2 Jahre.

Libellula quadrimaculata Vierfleck

Merkmale: 4–5 cm lang, 8 cm Flügelspannweite. Seinen Namen verdankt der Vierfleck den dunklen Flecken in den Flügeln, wobei jeder Flügel zwei besitzt, insgesamt also acht Flecken. Der obere innere Teil der Flügel ist hübsch rauchgelb gefärbt.

Lebensraum: An stehenden Gewässern. Besonders beliebt sind moorige Seen und Hochmoore.

Verbreitung: In der ganzen Nordhemisphäre, in Europa, Asien wie auch in Nordamerika. In Europa nördlich des Polarkreises, im Gebirge bis über 1000 m. Bei dieser Art werden immer wieder Wanderzüge beobachtet, die aus unzähligen Einzeltieren bestehen.

Häufigkeit: Eine der häufigsten und am weitesten verbreiteten Libellen Mitteleuropas.

Fortpflanzung: Flugzeit Anfang Mai bis Mitte August. Der Vierfleck kennt keine Grenzstreitigkeiten wie so viele andere Libellen. In 40–50 cm Höhe fliegen die Tiere in raschem, zackigem Flug auf der Suche nach Mücken oder anderen freßbaren Tieren. Am Ufer ruhen sie auf Zweigen oder Schilfhalmen aus, wo sie sich von der Sonne erwärmen lassen und von denen aus sie das Ufer überblicken. An trüben, kalten Tagen halten sie sich wie alle Libellen versteckt. Auch in den kühlen Morgenstunden sind sie nicht aktiv. Gegen 10 Uhr tauchen die ersten Exemplare auf. »Spätaufsteher« beginnen den Tag um 12 Uhr! Die Paarung erfolgt im Rüttelflug und dauert nur etwa 30 Sekunden. Kurz nach der Kopula beginnt das ♀ mit der Eiablage, wobei es in wippendem Flug immer wieder mit dem Hinterleibsende die Wasseroberfläche berührt und jedesmal einige Eier abstreift, die dann, in einer Gallerthülle geschützt, zu Boden sinken. Wie beim Plattbauch wird es dabei vom ♂ bewacht. Obgleich die Tiere Gewässer mit reicher Unterwasserflora bevorzugen, legen sie ihre Eier stets in die freie Wasserfläche ab. Die Gallerthülle wird in den darauffolgenden Tagen von einer Grünalge überwuchert, so daß die Eier fast unsichtbar am Boden liegen. Diese Alge behindert in keiner Weise die Entwicklung der Larve!

♂

♀

♂

Orthetrum brunneum
Südlicher Blaupfeil

Merkmale: 4,5 cm lang, 7 cm Flügelspannweite. ♂ haben einen blauen, ♀ einen braunen Hinterleib, Brust braun, beim ♂ dicht blau bereift.

Lebensraum: Stehende und fließende Gewässer, wie Bäche, Gräben und Kanäle, doch nie in Mooren. Bevorzugt werden Abschnitte, wo Wiesen oder freie Flächen ans Ufer reichen. Hier rasten sie gern auf dem Boden.

Verbreitung: Wärmeliebende Art, deren Hauptverbreitungsgebiet im Mittelmeerraum liegt. Arealgrenze in Süddeutschland.

Häufigkeit: In Süddeutschland, der Schweiz und in Österreich an manchen Stellen häufig.

Fortpflanzung: Flugzeit Juni bis Juli. Kopula erfolgt im Sitzen, meist in den warmen Mittagsstunden. Sofort danach beginnt das ♀ mit der Eiablage, wobei es mit dem Hinterleib die freie Wasserfläche berührt und die Eier abstreift. Auch hier bewacht es das ♂. Bevorzugt werden sehr flache Gewässerzonen. Die Larven brauchen 2–3 Jahre zur Entwicklung.

Orthetrum coerulescens
Kleiner Blaupfeil ∅

Merkmale: 4–4,5 cm lang, 6–7 cm Flügelspannweite. ♀ tragen einen braunen, ♂ einen leuchtend blauen Hinterleib. Kleiner als die meisten anderen *Orthetrum*-Arten.

Lebensraum: An kleinen, langsam fließenden, kalkführenden Gewässern. Meidet größere Wasserflächen. Meist ruhen die Tiere auf dem Boden oder in der Vegetation. Aufgescheucht, fliegen sie im Zickzackflug rasch und sehr niedrig über dem Boden oder der Wasserfläche davon.

Verbreitung: In ganz Europa bis Südengland und Südskandinavien. Im Gebirge nur bis etwa 700 m. Wegen einiger Verwechslungsarten im Süden und Osten nicht sicher bekannt.

Häufigkeit: Nirgends häufig. *Bedrohte Art*!

Fortpflanzung: Flugzeit Juni bis August. Die Paarung erfolgt im Sitzen. Danach fliegt das ♀ rasch am Ufer entlang, wo es im Wippflug seine Eier ins Wasser abgibt. Es wird vom ♂ bewacht, das darüber schwebt und andere ♂ vertreibt. Die Entwicklungszeit dauert 2 Jahre.

Orthetrum cancellatum
Großer Blaupfeil

Merkmale: 5 cm lang, bis 9 cm Flügelspannweite. Kräftiger Hinterleib, dessen Mitte von einer bläulichen Wachsschicht bedeckt ist. Junge Tiere sind gelblich gefärbt, ihr Hinterleib trägt zwei schwache Längsbinden.

Lebensraum: Bewohner großer Seen, Altwässer und Teiche.

Verbreitung: In ganz Europa weit und flächig, östlich bis Kleinasien und den Kaukasus.

Häufigkeit: Regelmäßig und meist zahlreich.

Fortpflanzung: Flugzeit Ende Mai bis September. Die ♂ ruhen gern auf dem sandigen Boden, seltener auf Pflanzen, fliegen jedoch bei der geringsten Störung auf die freie Wasserfläche hinaus. Sie fliegen tief, oft nur wenige Zentimeter über der Wasser- oder Erdoberfläche. Das ♂ erhascht sich im Flug ein ♀; die Kopula findet im Sitzen statt. Die Eiablage erfolgt unter Bewachung durch das ♂ in flaches Wasser über Wasserpflanzen. Die Eilarven schlüpfen bereits nach etwa 3 Wochen, ihre Entwicklung dauert etwa 3 Jahre.

Sympetrum danae (S. scoticum)
Schwarze Heidelibelle

Merkmale: 3 cm lang, 5 cm Flügelspannweite. Die ♂ tragen einen tiefschwarz gefärbten Hinterleib, die ♀ sind braun gefärbt, Jungtiere gelblich. An der Brust leuchten seitlich gelbe Flecken, die auch bei ausgefärbten Tieren gut zu erkennen sind

Lebensraum: An sumpfigen Seeufern, Teichen und Mooren. An letzteren findet man sie besonders häufig in höheren Lagen.

Verbreitung: In Europa, Asien und Nordamerika. Meidet die warmen Gebiete im Süden. In den Alpen bis 2000 m.

Häufigkeit: Sehr unterschiedlich. Im Gebirge stellenweise sehr häufig, sonst spärlich und lokal.

Fortpflanzung: Flugzeit Juli bis Anfang November. Bei der Eiablage sind die Partner wie bei allen Heidelibellen verbunden. Die Larven halten sich stets nahe der Wasseroberfläche auf, wo die Temperaturschwankungen besonders groß sind. Die fertig entwickelten Libellen schlüpfen im folgenden Jahr.

♂

♂

♂

♂

Sympetrum vulgatum Gemeine Heidelibelle

Merkmale: 4 cm lang, 6 cm Flügelspannweite. Auffallend der dunkelrote Hinterleib der ♂. ♀ braun, manchmal dunkelrot gefärbt. Sicheres Kennzeichen ist die Legescheide des ♀, die senkrecht vom Körper absteht.

Lebensraum: Stehende Gewässer aller Art: Tümpel, Gräben, Seen, auch langsam fließende Wiesenbäche. Oft findet man diese Libelle weit vom Wasser entfernt zur Jagd fliegen. Zur Paarung und Eiablage kehrt sie an die Gewässer zurück.

Verbreitung: Sehr weit in Mittel- und Nordeuropa. In Oberitalien, Nordjugoslawien, Asien. Im Gebirge bis 1200 m. Im Süden selten.

Häufigkeit: In Mitteleuropa regelmäßig und häufig.

Fortpflanzung: Flugzeit Juli bis Oktober. Die Paarung beginnt in der Luft und wird sitzend beendet. Kurz danach läßt das ♀ aus der Flughöhe (10–80 cm) die Eier auf die Wasserfläche fallen.

Sympetrum sanguineum Blutrote Heidelibelle

Merkmale: 4 cm lang, 5–6 cm Flügelspannweite. Die ♂ dieser Libellen sind leuchtend blutrot gefärbt; die ♀ sind braun, seltener auch rot, frisch geschlüpfte stets hell.

Lebensraum: An kleinen und kleinsten Gewässern aller Art. Im Flachland an Tümpeln.

Verbreitung: In ganz Europa, findet sich auch in Nordafrika und Kleinasien; in Asien bis zum Amur.

Häufigkeit: In Mitteleuropa häufig und regelmäßig, in Norddeutschland seltener als im Süden.

Fortpflanzung: Flugzeit Juli bis Mitte Oktober. Die Eiablage erfolgt in flaches Wasser oder auf feuchten Boden in Ufernähe. Das ♂ bleibt zunächst mit dem ♀ verbunden; später trennen sich die Partner, und das ♀ setzt den Vorgang allein fort. Die früh im Jahr abgelegten Eier entwickeln sich und überwintern als Larven, die spät abgelegten überwintern als Eier. Im folgenden Sommer schlüpfen die Libellen.

Sympetrum flaveolum Gefleckte Heidelibelle

Merkmale: 3,5 cm lang, 5–6 cm Flügelspannweite. ♂ mit rotbraunem, ♀ mit gelbbraunem Hinterleib. Bestes Kennzeichen sind die gelben Flecken der Flügel, die in der Ausdehnung stark variieren können, aber auf den Hinterflügeln stets größer als auf den Vorderflügeln sind.

Lebensraum: Weniger an Wasser gebunden als andere Arten. Oft über Sümpfen, an zugewachsenen Teichen oder in der Nähe von Bächen, auch fern vom Wasser. Das freie Wasser suchen sie nur zur Eiablage auf.

Verbreitung: In ganz Europa und Asien bis nach Kamtschatka.

Häufigkeit: Sehr wechselnd, in manchen Jahren häufig.

Fortpflanzung: Flugzeit Ende Juni bis Ende September. Die ohne schützende Gallerthülle abgelegten Eier fallen zu Boden, wo sie sich unter günstigen Außenbedingungen nach kurzer Zeit entwickeln. Spät abgelegte Eier überwintern, Libellen erscheinen im nächsten Jahr.

Sympetrum pedemontanum Gebänderte Heidelibelle

Merkmale: 3 cm lang, 5 cm Flügelspannweite. Hinterleib des ♂ rot, des ♀ braun gefärbt. Auffallendstes und bestes Kennzeichen sind die breiten dunklen Bänder der Flügel.

Lebensraum: Fliegt über sumpfigen Wiesen, aber auch über Trockenrasen, in deren Nähe geeignete Gewässer sind. Nur zur Eiablage suchen sie offenes Wasser auf.

Verbreitung: In Mitteleuropa. Im Süden lokal in Spanien, Norditalien, Korsika, Rumänien, im Osten bis Japan. Im Norden bis an die Ostsee.

Häufigkeit: Inselartige Verbreitung. In einigen Gegenden häufig.

Fortpflanzung: Flugzeit Mitte Juli bis Anfang Oktober. Als typische Heidelibelle fliegt sie in den heißen Mittagsstunden des Hochsommers, bei anhaltend schönem Wetter noch im Herbst. Ihre Eier werden von einer Gallerthülle geschützt. Meist liegen mehrere dicht beisammen. Sie überwintern; ihre Entwicklung dauert etwa 2 Monate.

♂

♂

Perla bipunctata Steinfliege

Merkmale: 2–3 cm lang. Wie fast alle 120 in Mitteleuropa lebenden Steinfliegenarten, ist auch sie schwer bestimmbar. Typisch für Steinfliegen ist die relative Größe der Flügel: die Vorderflügel sind stets kleiner und schmäler und geben mit den Schwanzanhängen, den sogenannten *Cerci*, diesen Arten ein typisches, unverwechselbares Aussehen. Im Gegensatz zu den Libellen besitzen sie lange, dünne Fühler. Steinfliegen tragen in Ruhestellung ihre Flügel schmal über dem Hinterleib zusammengelegt. Dieses Verhalten, die *Cerci* und die charakteristische Flügeläderung ermöglichen es dem Laien, Steinfliegen von Köcherfliegen, Eintagsfliegen und Netzflüglern zu unterscheiden.

Lebensraum: Alle Steinfliegen leben im Larvenstadium in fließenden Gewässern, wo sie u. a. ein wichtiges Futter für Fische bedeuten. Auch die vollentwickelten Steinfliegen bleiben in Wassernähe, wo sie sich meist dicht über der Wasseroberfläche aufhalten und von Fischen wie auch Vögeln verfolgt werden. Sie treten oft in großen Schwärmen auf.

Verbreitung: Steinfliegen sind weltweit in etwa 3000 Arten verbreitet. *P. bipunctata* findet man in den mitteleuropäischen Mittelgebirgen, wo sie in allen Bächen vorkommt. Andere Arten stellen hohe Ansprüche an die Wasserqualität.

Häufigkeit: Häufig.

Fortpflanzung: Flugzeit Mai bis Juli. Die Paarung erfolgt am Ufer. Kurz danach gibt das ♀ die Eier auf die freie Wasserfläche ab, wobei sie den Hinterleib kurz ins Wasser taucht und dabei kleine Eipakete abstreift, die dann zu Boden sinken. Die Larven leben dicht an einen Stein gepreßt, wobei ihr abgeflachter Körper selbst gegen starke Strömung gesichert ist. Darin ähneln sie manchen Eintagsfliegenlarven, die jedoch im Gegensatz zu den Steinfliegenlarven mit nur zwei meist drei *Cerci* haben.

Nahrung: Die Larven ernähren sich von kleinen Algen. Es gibt unter den Steinfliegenlarven aber auch räuberisch lebende Arten.

Allgemeines: Die Gesamtentwicklung dauert 1 Jahr, bei einigen Arten 2–3 Jahre.

Forficula auricularia Gemeiner Ohrwurm

Merkmale: 1–1,5 cm lang. Die Flügel der Ohrwürmer sind zu kurzen Stummeln reduziert, so daß diese Tiere (fast) flugunfähig geworden sind. Auffallend sind die kräftigen Schwanzanhänge (*Cerci*), die zu Zangen umgewandelt sind: bei den ♂ stark, bei den ♀ schwach gebogen. In Europa kommen nur 7 der weltweit etwa 1300 lebenden Ohrwurmarten vor.

Lebensraum: Ohrwürmer leben in den obersten Bodenschichten und auf dem Boden. Hier überwintern sie auch. Sie können dabei sehr niedere Temperaturen aushalten. Dennoch findet man sie in zu kalten Gegenden nicht. Menschliche Behausungen sind ideal für sie. Besonders gern halten sie sich in Blumentöpfen auf. Doch Schäden richten sie keine an, da sie sich vor allem von organischen Resten und kleinen Insekten ernähren, weniger von den Pflanzen selbst.

Verbreitung: Der Gemeine Ohrwurm ist neben 3 weiteren Arten in ganz Europa regelmäßig.

Häufigkeit: Regelmäßig und häufig.

Fortpflanzung: Fast als einmalig im Reich der Insekten kann man die Brutpflege des Ohrwurm-♀ bezeichnen! Im Frühjahr und Herbst legt es 20–40 Eier in den Boden, die es ununterbrochen bewacht. Nach dem Schlüpfen in 5–6 Wochen bleiben die Larven im Nest bis zur 2. Häutung. Erst danach kommen sie an die Oberfläche. Doch selbst hier werden sie von der Mutter geführt und gepflegt! Die darauffolgenden Häutungen verändern die Tiere nur wenig: kleine Ohrwürmer schauen fast aus wie ihre Eltern. Im Herbst sind die Jungtiere geschlechtsreif. Sie verpaaren sich noch vor der Überwinterung. ♀, die spät im Herbst Eier ablegen, bewachen diese bis zum Frühjahr, wenn die Entwicklung einsetzt. Im Versuch wurden einem ♀ die Eier genommen und verstreut. Es suchte sie wieder zusammen.

Nahrung: Ohrwürmer gelten als Allesfresser. Die Angst der Menschen vor ihnen ist ungerechtfertigt, da sie eigentlich als Nützlinge angesehen werden müßten. Sie verarbeiten nicht nur totes tierisches Material, sondern jagen auch aktiv nach Insekten.

Larve

Mantis religiosa Gottesanbeterin ∅

Merkmale: 4–6 cm lang. Gut kenntlich am verlängerten Hals (*Pronotum*) und den typisch eingewinkelten Vorderbeinen, die sehr wehrhaft mit Dornen versehen sind und echte Fangwerkzeuge darstellen. Grün oder braun gefärbt. Dank Gestalt und Körperhaltung gut getarnt.
Lebensraum: Warme, trockene Magerrasen mit eingestreutem Buschwerk.
Verbreitung: In Mitteleuropa nur am Kaiserstuhl und Neusiedlersee. *Hochgradig gefährdet!* Hauptvorkommen im Mittelmeerraum.
Häufigkeit: Sehr selten. Streng geschützt!
Fortpflanzung: Im Sommer Verpaarung der ungleichen Partner: ♀ deutlich größer als ♂. Frisch geschlüpfte Tiere ähneln stark den ausgewachsenen Gottesanbeterinnen. Die etwa aus 100 Jungtieren bestehenden Gelege hängen an einem Ast. Nach dem Schlüpfen verteilen sie sich rasch, um sich nicht gegenseitig aufzufressen.
Nahrung: Räuberisch von Insekten. Gottesanbeterinnen sind so gut getarnt, daß manchmal die Opfer über sie hinwegsteigen.

Clonopsis gallica Stabschrecke

Merkmale: Etwa 8 cm lang. Sehr lange, schmale Gestalt mit extrem dünnen Beinen. Brauner Körper. Unverwechselbar. Gestalt und Färbung ahmen ein totes Ästchen nach. Auch die Körperhaltung unterstützt diese Tarnung hervorragend. Um die volle Wirkung dieser Imitation zu sehen, müßte man sich die Mühe machen und ein solches Tier in freier Natur suchen.
Lebensraum: Stabschrecken sind bei uns nicht heimisch, werden aber sehr gern gezüchtet. Im Sommer können sie sich im Freien halten. Kalte Winter überstehen sie nicht.
Verbreitung: Mittelmeergebiet.
Fortpflanzung: Die Vermehrung erfolgt meist parthenogenetisch, das heißt, die Eier entwikkeln sich auch ohne Befruchtung; ♂ sind außerordentlich selten.
Allgemeines: Im warmen Süden von England konnten sich einige Stabschrecken-Arten in freier Natur einbürgern.

Empusa pennata Fangschrecke

Merkmale: Etwa 7 cm groß. Erinnert in Gestalt an eine Gottesanbeterin, ist jedoch dünner und mehr längsgestreckt als jene. Körperfarbe grün bis bräunlich. Ovale Augen.
Lebensraum: Trockene, spärlich bewachsene Flächen mit eingestreutem Buschwerk. Fangschrecken sind ihrem Lebensraum so optimal angepaßt, daß nur Spezialisten sie entdecken.
Verbreitung: Im ganzen Mittelmeerraum.
H: In passenden Biotopen nicht selten.
Fortpflanzung: Wie Gottesanbeterinnen schützen auch die Fangschrecken ihre Eier in einer Eikapsel (*Ootheca*). Diese hat eine Länge von etwa 1 cm und beinhaltet 25–40 Eier. Überwinterung in der *Ootheca*. Im Frühjahr schlüpfen die kleinen Fangschrecken, schon nach der 1. Häutung mit voll ausgebildeten Fangarmen. Nach 4–5 Häutungen erreichen sie die Geschlechtsreife.
Nahrung: Junge und adulte Fangschrecken ernähren sich räuberisch von kleinen Insekten und anderen Wirbellosen. Als typische Lauerjäger warten sie bewegungslos auf Beute.

Bacillus rossii Gespenstschrecke

Merkmale: Bis zu 8 cm lang. Sehr ähnlich wie *Carausius morosus*, doch stets leuchtend grün gefärbt. Diese Art stellt ein »lebendes Ästchen« dar. Im Verhalten so gut angepaßt, daß man sie nie auf einem dürren Busch oder auf einem mit rötlichen Ästen findet, wo ein Kontrast entstehen würde.
Lebensraum: Trockene, buschreiche Biotope.
Verbreitung: Mittelmeerraum.
Häufigkeit: Mancherorts häufig.
Fortpflanzung: Auch diese Art vermehrt sich hauptsächlich parthenogenetisch, das heißt, daß ♀ ohne Befruchtung durch ♂ entwicklungsfähige Eier ablegen, aus denen vollausgebildete Jungtiere schlüpfen. Die ovalen Eier der Stabschrecken, wie sie auch genannt werden, tragen einen kleinen Deckel, der von den schlüpfenden Jungtieren hochgehoben wird.
Allgemeines: Die Ordnung der Gespenstschrecken umfaßt etwa 2000 Arten, die weltweit verbreitet sind. Die meisten Arten imitieren ein Blatt, ein Ästchen oder eine bestimmte Blüte.

Siehe auch S. 272/73

Fang-
schrecken

Gespenst-
schrecken

Blatta orientalis
Gemeine Küchenschabe

Merkmale: 2–2,5 cm lang. Typische Schabe mit bedornten Beinen und gut ausgebildeten Flügeln, das vordere Paar verstärkt. Flügel werden flach auf den Körper gelegt. Am Hinterleib erkennt man 2 kräftige Schwanzanhänge. Aufgrund ihres Körperbaus können sie ausgezeichnet laufen und durch Ritzen schlüpfen.
Lebensraum: Als Kulturfolger findet man sie häufig in Häusern, freier Natur, in Wäldern, Feldgehölzen und im Mulm lockeren Bodens.
Verbreitung: Weltweit verbreitet.
Fortpflanzung: Die stummelflügeligen ♀ legen ihre 20–50 Eier in eine Eikapsel (*Oothek*). Nach 6 Larvenstadien ist die Schabe fertig entwickelt. Jungtiere haben das Aussehen stummelflügeliger Erwachsener.
Nahrung: Allesfresser. Gehen auch gern an menschliche Nahrungsmittel, wo sie Schaden anrichten können.
Allgemeines: Krankheitsüberträger; daher sind Schaben und ihre Exkremente an Lebensmitteln nicht ungefährlich!

Blattella germanica
Deutsche Schabe oder Hausschabe

Merkmale: Gut 1 cm lang. Sehr lange, kräftige, mit starken Dornen besetzte Beine, mit denen sie rasch laufen können. Obgleich beide Geschlechter voll ausgebildete Flügel besitzen, fliegen sie nur selten. Bei Gefahr versuchen sie, in Ritzen und Spalten zu verschwinden.
Lebensraum: In Mitteleuropa leben sie fast nur in menschlichen Behausungen, wo es das ganze Jahr über warm und trocken ist.
Verbreitung: Ursprüngliche Heimat dürfte in Südasien gewesen sein. Heute ist die Hausschabe Kosmopolit: fast weltweit zu Hause.
Häufigkeit: Häufigste Schabe Mitteleuropas.
Fortpflanzung: Wie alle Schaben beginnen sie die Balz mit einem stark ritualisierten Tanz, wobei das ♀ mit den langen Fühlern des ♂ betrillert wird. Meist dauert es einige Zeit, ehe das ♀ paarungswillig ist. Nach der Begattung legt das ♀ etwa 30 Eier in einen Kokon, den es bis zum Schlüpfen der Jungen mit sich herumträgt. Im Lauf eines Lebens bringt es ein ♀ auf 3–4 Kokons.

Ectobius lapponicus
Gemeine Waldschabe

Merkmale: 1 cm lang. Kleine, sehr flinke Schabe mit außerordentlich langen Fühlern, mit deren Hilfe sie sich in Ritzen und Spalten zurechtfindet und Genießbares aufspürt. Beide Geschlechter haben gut ausgebildete Flügel, so daß sie erwachsen voll flugfähig sind.
Lebensraum: Bodenbewohner unter Laubbäumen, Sträuchern, Farnen, Heidelbeeren und anderen Pflanzen. Da sie gute Flieger sind, können sie rasch neue Lebensräume besiedeln.
Verbreitung: In Europa von Norditalien bis Lappland, im Osten bis Sibirien verbreitet.
Häufigkeit: Häufig.
Fortpflanzung: Im Gegensatz zu den meisten anderen Schaben sind sie tagaktiv. ♀ bauen einen nur wenige Millimeter großen Kokon, in den sie die gut 20 Eier verpacken. Die Kokons der verschiedenen Schabenarten kann man aufgrund der Oberflächenmusterung gut unterscheiden. So sind die Kokons der Gemeinen Waldschabe quergestreift.

Periplaneta americana
Amerikanische Großschabe

Merkmale: 2–4 cm lang. Typische Schabe mit großem Halsschild, kräftigen, bewehrten Beinen, langen Fühlern und großen Flügeln, mit denen sie gut fliegen kann. Die Flügel des ♀ sind etwas kleiner als des ♂. Beide sind flugunlustig und bringen sich durch Weglaufen in Sicherheit.
Lebensraum: In Mitteleuropa nur in warmen, trockenen Gebäuden.
Verbreitung: Auf der ganzen Welt. Ursprüngliche Heimat wahrscheinlich Südasien und nicht – wie der Name vermuten läßt – Amerika.
Häufigkeit: In Städten häufig, vor allem in öffentlichen Gebäuden, wo sich diese Tiere trotz intensiver Bekämpfungsmaßnahmen erfolgreich halten und fortpflanzen.
Fortpflanzung: Die Kokons der ♀ werden im lockeren Boden eingegraben und getarnt oder in Ritzen gut versteckt. Nach einiger Zeit schlüpfen die Jungen, die sofort laufen können und sich sogleich in Sicherheit bringen, wenn ein Lichtstrahl auf sie fällt.

Reticulitermes flavipes Gelbfußtermite

Merkmale: Knapp 1 cm lang. Erinnert an eine Ameise, ist aber mit dieser nicht verwandt.

Lebensraum: Ursprüngliche Heimat Amerika; heute in Frankreich, Hamburg und Hallein/Österreich eingebürgert. Sie leben hier nur in Hölzern menschlicher Bauwerke. In der freien Natur waren sie bisher nicht zu finden.

Verbreitung: An einigen Stellen Europas (siehe oben). In Europa leben nur 2 von den weltweit etwa 2000 bekannten Arten. Sie bewohnen im Süden abgestorbene Bäume und nisten sich gelegentlich in Bauholz ein, wo sie Schäden anrichten können. Eine zweifelhafte »Berühmtheit« erlangte *R. lucifugus*, die in Venedig eine Bedrohung für zahlreiche historische Bauten darstellt.

Häufigkeit: In Mitteleuropa sehr selten.

Fortpflanzung: Der grundsätzliche Unterschied im sozialen Aufbau gegenüber anderen Insekten ist, daß in allen Kasten das Geschlechterverhältnis ungefähr gleich groß ist. An der Spitze einer Kolonie stehen ein König und eine Königin. Zur Gründungszeit sind sie geflügelt. Doch bald nach dem Hochzeitsflug werfen sie die Flügel ab, graben sich ein Loch in den weichen Boden und begründen hier die neue Kolonie. König und Königin können ein sehr hohes Alter erreichen. In der ersten Zeit schwillt der Hinterleib des ♀ gewaltig an: es wird zur »Legemaschine«. Sehr rasch wächst die Kolonie, die aus drei Klassen besteht: den Geschlechtstieren, den Soldaten und Arbeitern. Letztere stellen die Hauptmasse dar. Sie müssen Geschlechtstiere und Soldaten mit Nahrung versorgen. Die Soldaten haben die Aufgabe, Feinde abzuwehren. Bei der Gelbfußtermite betätigen sich schon Larven als Arbeiter, die sich bei Bedarf in Geschlechtstiere oder Soldaten weiterentwickeln können. Bei einigen hochentwickelten Termiten der Tropen ist eine solche Umwandlung nicht mehr möglich. Schon bei der Geburt sind sie fixiert.

Nahrung: Reine Holzfresser. Die für andere Tiere unverdauliche Zellulose können sie mit Hilfe symbiontisch lebender Darmmikroben (Flagellaten) ausnutzen.

Myrmecophila acervorum Ameisengrille

Merkmale: 2–3 mm lang. Aufgrund der Kleinheit und der versteckten Lebensweise kennen nur wenig Menschen diese Grille. Beide Geschlechter sind flügellos. Typisch für Grillen und Heuschrecken sind die kräftigen Hinterbeine und die beiden schwächeren Vorderbeinpaare. Mit Hilfe der langen Fühler, in denen hochempfindliche Sinnesorgane liegen, können sie sich bestens im Dunkeln orientieren.

Lebensraum: Man findet sie nur in Gesellschaft von Ameisen. Über die genauen Wechselbeziehungen zwischen Ameisengrille und Ameisen ist noch wenig bekannt, so daß man nicht weiß, ob es sich um Symbiose oder Parasitismus handelt.

Verbreitung: Mittel- und Südeuropa.

Häufigkeit: Unbekannt.

Fortpflanzung: ♀ pflanzen sich parthenogenetisch fort. Vermehrung ohne Befruchtung ist von einer Reihe ähnlicher Arten bekannt, die wie die Ameisengrille aus Asien nach Europa eingewandert sind.

Oecanthus pellucens Weinhähnchen

Merkmale: 1–1,5 cm groß. Kleine, blaß gefärbte, gelbliche Grille mit großen Flügeln und sehr langen Fühlern. In den warmen Abendstunden zirpen die ♂ unermüdlich mit Hilfe ihrer Flügel, die sie gegeneinanderreiben (*Stridulation*). Dabei entsteht ein sehr feiner, aber konstanter Ton, dessen Lautstärke verändert werden kann. Schon bei der geringsten Störung werden sie leiser, so daß der Zuhörer rasch die Orientierung verliert und sich sehr schwertut, den Sänger aufzuspüren.

Lebensraum: Auf Ruderalflächen mit Gestrüpp und wilden Blumen. Weinhähnchen gehören zu der Gruppe der Blütengrillen, weil man sie häufig in Blüten sitzend findet.

Verbreitung: Wärmere Zonen in Mittel- und Südeuropa; Gesamtverbreitungsgebiet bis nach Mittelasien und Nordafrika.

Häufigkeit: In Mitteleuropa selten, in Südeuropa häufig.

Fortpflanzung: ♀ legen ihre Eier in Stengel der verschiedendsten Pflanzen.

Nahrung: Blütenteile.

Termiten
Arbeiter
geflügeltes Geschlechtstier
Soldat
Königin

Grillen

Gryllus campestris Feldgrille

Merkmale: 2–2,5 cm groß. Tiefschwarze, gedrungene Gestalt mit kräftigen Beinen. Gut ausgebildete Flügel, die durch Aneinanderreiben Zirptöne hervorbringen. Nur ♂ zirpen.
Lebensraum: Warme, sonnige, trockene Hänge oder Ruderalflächen. Aus der intensiv bewirtschafteten Kulturlandschaft ist die Feldgrille verschwunden.
Verbreitung: In Mittel- und Südeuropa weit verbreitet. Das Vorkommen reicht bis nach Kleinasien und Nordafrika.
Häufigkeit: War früher sehr viel häufiger. Auch heute noch weit verbreitet und regelmäßig zu finden. Häufigkeit auch wetterbedingt.
Fortpflanzung: Von Mai bis Juli hört man an warmen Tagen und Nächten das unermüdliche Zirpen der ♂, die mit diesem Gesang ♀ anlokken. Beide leben einzeln in langen Röhren, die sie selbst graben und die 30–40 cm tief sein können. In diese Röhren legen ♀ mehrmals Eier ab. Nach dem Schlüpfen bleiben die Larven einige Zeit beisammen. Zum Überwintern trennen sie sich und graben sich ein.

Nemobius sylvestris Waldgrille

Merkmale: 1 cm lang. Mittelgroß, fast schwarz, mit kurzen Flügeln. ♂ können mit den kurzen Flügelstummeln anhaltend und laut zirpen, aber nicht mehr fliegen.
Lebensraum: Bodenstreu von Laubwäldern, wenn viel Laub den Boden bedeckt.
Verbreitung: Weit in Europa.
Häufigkeit: Obgleich man die Waldgrille kaum kennt, ist sie gar nicht so selten. Zu leicht überhört man ihr feines Zirpen.
Fortpflanzung: Zur Werbung um das ♀ zirpt das ♂ in zwei Tonlagen: dem lauten Lock- und dem leisen Werbegesang. Nähert sich ein paarungswilliges ♀, so wird es vom ♂ mit den Fühlern betastet. Hält das ♀ still, so gelingt nach einiger Zeit die Kopula. Zur Nachbalz schiebt sich das ♂ nochmals unter das ♀. Aus den abgelegten Eiern schlüpfen noch im selben Jahr kleine Larven, die im Laub überwintern. Auch große Larven und ausgewachsene Tiere überwintern, doch sie überleben zumeist nicht, denn im Frühjahr findet man nur kleine Waldgrillenlarven.

Acheta domestica Heimchen

Merkmale: 1,5–2 cm lang. Kleiner, zierlicher und heller gezeichnet als die Feldgrille, hat aber denselben walzenförmigen Körper, der so typisch für alle Grillen ist.
Lebensraum: Bei einer Vorzugstemperatur von 31–32° C findet man Heimchen meist in Heizungskellern, auf Müllplätzen, in Labors oder anderen Einrichtungen. In der freien Natur können sie sich nur im Sommer aufhalten.
Verbreitung: In ganz Europa. In Nordafrika leben sie im Freien; nach Nordamerika wurden sie eingeschleppt.
Häufigkeit: In geeigneten Heimen häufig.
Fortpflanzung: In den warmen Abendstunden zirpen die ♂ stundenlang, um ein ♀ anzulokken. In Spalten und Ritzen der Gebäude werden die Eier gut versteckt.
Nahrung: Allesfresser. Sie nehmen Brotreste, Mehl, alte Früchte, knabbern aber auch an Fleischresten oder toten Insekten.
Allgemeines: In zoologischen Gärten und ähnlichen Einrichtungen werden Heimchen als Futter für insektenfressende Tiere gezüchtet.

Gryllotalpa gryllotalpa Maulwurfsgrille

Merkmale: 5 cm groß. Bräunlich gefärbt, mit feinen Haaren besetzt. Fühler kurz, Vorderbeine zu kräftigen Grabschaufeln umgewandelt. Mächtiger Halsschild. Die erhärteten Vorderflügel sind kurz, mit den voll ausgebildeten Hinterflügeln können diese Tiere ausgezeichnet fliegen, tun dies jedoch selten.
Lebensraum: Lockere Böden, wo sie sich ihre Gänge graben können. Bevorzugen Ruderalflächen, sandige Böden, auch Gärten, wo sie nicht geschätzt werden, da sie durch Abbeißen von Wurzeln Schaden anrichten.
Verbreitung: Weit in Europa.
Häufigkeit: Häufig.
Fortpflanzung: Den Balzgesang kann man im Sommer als feines, regelmäßiges Zirpen (Trillern) vernehmen. ♀ legen ihre Eier (etwa 1000 Stück) in einen Gang. Das Nest wie auch die Jungtiere werden lange Zeit bewacht.
Nahrung: Ihre Schädlichkeit wird überschätzt, da sie sich nur zum Teil von Wurzeln, überwiegend aber von Insekten und anderen kleinen Tieren des Bodens ernähren.

Tettigonia viridissima Grünes Heupferd

Merkmale: 2–3,5 cm lang. Auffallend durch Größe und leuchtendgrüne Farbe. Vorderflügel lang, schmal und erhärtet, Hinterflügel lang, breit und glasig durchsichtig, grün überhaucht. Die langen Fühler überragen die Hinterleibsspitze. Große rote Augen. Fliegt ausgezeichnet.
Lebensraum: Waldränder, Wiesen, Gärten und lichte Parkanlagen.
Verbreitung: Ganz Europa, auch in Kleinasien und Nordafrika.
Häufigkeit: War früher sehr viel häufiger. Die moderne Landwirtschaft verdrängte dieses Tier weitgehend, so daß es heute aus großen Landstrichen ganz verschwunden ist.
Fortpflanzung: Am Abend steigen die ♂, um dem Bodentau zu entgehen, auf Büsche und Bäume, von wo aus sie stundenlang singen. Die Singaktivität ist temperaturabhängig: bei kühler Witterung sind die Tiere weniger sangesfreudig. Der Gesang soll ♀ anlocken. Diese haben ihr Hörorgan an den Vorderschienen nahe des Knies. Diese Sinnesorgane sind so fein, daß die Tiere zwei Oktaven höher als der Mensch hören können, ja, im Ultraschallbereich ist ihr Gehör am feinsten entwickelt. Sie sind in der Lage, mit einem Bein den Schall richtig zu orten. Auch ♂ tragen ein solches Hörorgan: Sie vernehmen den Rivalen, mit dem sie ein Gesangsduell austragen.
Die Begattung dauert mit etwa 45 Minuten recht lang. Dabei wird das Spermienpaket des ♂ auf das ♀ übertragen. Die rund 100 Eier legt das ♀ mit Hilfe des Legestachels in den weichen Boden, wo sie den ganzen Winter über verbleiben. Erst im folgenden Frühjahr schlüpfen die kleinen Larven.
Nahrung: Junglarven ernähren sich gern von Blattläusen. Größere Larven und ausgewachsene Grüne Heupferde jagen größere Beute, wie Fliegen, Raupen, gelegentlich Schmetterlinge oder andere Insekten. Als Allesfresser benagen sie auch Gräser und andere Pflanzen.
Allgemeines: Weltweit kennt man 5000 Arten von Singschrecken oder Heupferden, wie diese Gruppe auch genannt wird. In Europa leben nur 13 Arten.

Tachycines asynamorus Gewächshausschrecke

Merkmale: 1,5–2 cm lang. Nicht zu Unrecht nennt man diese Gruppe Buckelschrecken: besitzen sie doch einen richtigen Buckel. Auffallend sind die überlangen Fühler, mit denen sie sich ausgezeichnet orientieren können und mit deren Hilfe ihnen nichts Verwertbares entgeht. Fühlerlänge des ♀ bis 8 cm, des ♂ 7,5 cm. Beine brechen leicht ab.
Lebensraum: Dieses Tier ist an menschliche Behausungen gebunden. Man trifft es regelmäßig in Gewächshäusern, besonders häufig in botanischen Gärten, wo sich in den warmen Tropenhäusern ideale Bedingungen finden.
Verbreitung: In Europa nur in menschlichen Siedlungen. Die ursprüngliche Heimat dürfte China gewesen sein. Heute ist das nicht mehr nachzuweisen, da die Art fast auf der ganzen Welt verbreitet ist. **Häufigkeit:** Örtlich häufig.
Fortpflanzung: Wie bei anderen Schrecken.
Nahrung: Tierische Nahrung, meist Insekten, aber auch junge Pflanzentriebe, weshalb sie manchmal als Schädlinge angesehen werden.

Decticus verrucivorus Warzenbeißer

Merkmale: 2,5–4,5 cm lang. In der Gestalt ähnlich dem ihm verwandten Großen Grünen Heupferd, doch gedrungener und kräftiger. Mit den kürzeren, wohlausgebildeten Flügeln kann er ausgezeichnet fliegen, was er bei Gefahr tut. Verschiedene Farbtypen: braune, grüne, auch grünbraune.
Lebensraum: Nasse und trockene Wiesen, Auwälder, aber auch Äcker und Heideflächen. Sie stellen nur geringe Ansprüche.
Verbreitung: In ganz Europa und in Asien bis nach Sibirien.
Häufigkeit: Meist häufig, wie auch bei anderen Heuschrecken gehen die Bestände durch die intensive Landwirtschaft stark zurück.
Fortpflanzung: Von Juni bis September. Ihr Zirpen kann man nur in den heißen Mittagsstunden vernehmen. Es klingt deutlich schärfer als das der Grünen Heupferde. **Nahrung:** Insekten, aber auch tote Tiere und Pflanzenreste.
Allgemeines: Seinen Namen erhielt diese Heuschrecke von dem Volksglauben, man könne mit ihren Bissen Warzen heilen.

Meconema thalassinum
Eichenschrecke

Merkmale: 1–1,5 cm lang. Sieht aus wie eine kleine, blaß gefärbte Schwester des Großen Grünen Heupferds. Besonders auffallend sind die enorm langen Fühler und die langen Hinterbeine, die hervorragend zum Springen geeignet sind. Wie alle Laubheuschrecken (*Tettigoniidae*) tragen sie nur kurze Schwanzanhänge (*Cerci*). Diese sind beim ♂ nach innen gekrümmt und werden zum Festhalten des ♀ bei der Kopula benutzt. ♀ tragen einen langen Legestachel, mit dem sie nicht stechen.
Lebensraum: Wie der Name besagt, sind diese Heuschrecken an das Vorkommen von Eichen gebunden. Manchmal fliegen sie an warmen Sommerabenden zu Lichtquellen.
Verbreitung: Weit in Europa (Laubwaldgebiete).
Häufigkeit: Da das Vorhandensein von Eichen Voraussetzung für ihre Existenz ist, findet man sie nicht überall.
Fortpflanzung: Wie beim Großen Heupferd.
Nahrung: Pflanzen und Insekten.

Conocephalus dorsalis
Kurzflügelige Schwertschrecke

Merkmale: 1–1,5 cm lang. Der spitz nach vorn gezogene Kopf und die vorspringende Stirn gaben dieser Langfühlerschrecke auch den Namen **Kegelkopf**. An diesen Merkmalen ist sie leicht zu erkennen. ♀ tragen einen fast gerade verlaufenden Legestachel, der körperlang ist. Flügel stark reduziert: mit ihnen können die ♂ laut und anhaltend zirpen, aber nicht fliegen. In ihrer Gestalt erinnern sie an Eichenschrecken, sind aber kräftiger gebaut.
Lebensraum: Feuchtigkeitsliebende Art: auf nassen Wiesen, an langsam fließenden Bächen, wo man sie auch auf den Schwimmpflanzen beobachten kann.
Verbreitung: Hauptverbreitungsgebiet Norddeutschland, Südengland und Südskandinavien; im Osten nicht sehr weit verbreitet.
Häufigkeit: Im südlichen Mitteleuropa selten, im Norden häufiger.
Fortpflanzung: Die ♀ legen mit Hilfe ihres langen Legestachels die Eier in Blattscheiden.
Nahrung: Pflanzen, aber auch Insekten.

Ephippigera ephippiger
Sattelschrecke ∅

Merkmale: 2–3 cm lang. Erinnert in der Gestalt an die Gewächshausschrecke, wird jedoch systematisch in eine eigene Familie der Sattelschrecken gestellt. Besonders stark fällt der hinten hochgewölbte, kräftige Halsschild (*Pronotum*) auf. Flügel völlig reduziert.
Lebensraum: Auf sehr warmen und trockenen Flächen wie Steppen und Magerrasen.
Verbreitung: In Mitteleuropa nur an einigen Stellen; häufiger in Süd- und Westeuropa. Gesamtverbreitungsgebiet im Süden Rußlands bis weit nach Osten.
Häufigkeit: In Mitteleuropa nur an wenigen Stellen. *Hochgradig gefährdet!* Selten!
Fortpflanzung: Während des Sommers kann man beide Geschlechter zirpen hören. Balz und Fortpflanzung ähnlich wie beim Heupferd.
Allgemeines: Die Sattelschrecken werden als ein Relikt aus der nacheiszeitlichen Wärmeperiode betrachtet. So lebt in den südwestdeutschen Weinanbaugebieten die sehr seltene **Steppen-Sattelschrecke** (*E. vitiom*). ∅!

Leptophyes punctatissima

Merkmale: 1–1,5 cm. Kräftiger Körper. Pronotum vergrößert, sattelförmig mit mehr oder weniger deutlicher, gelber Längszeichnung. Flügel sehr kurz, besonders beim ♀. Legesäbel der ♀ kurz, breit und sichelartig nach oben gekrümmt.
Lebensraum: Laubbäume, häufiger noch auf Stauden oder im Gebüsch.
Verbreitung: Mittel-, West- und Südeuropa.
Häufigkeit: Starker Rückgang. Man trifft sie nur noch lokal an.
Fortpflanzung: An heißen Hochsommertagen kann man ihren arttypischen Gesang hören. Ausgewachsene Tiere trifft man ab August. Nur ♂ können singen, im Gegensatz zu Feldheuschrecken, wo Wechselgesang zwischen den Geschlechtern die Regel darstellt. Bei den ♂ unterscheidet man Lock- und Werbegesang. Eier werden einzeln abgelegt. Larven schlüpfen im folgenden Frühjahr.
Nahrung: Räuberisch von kleinen Insekten.

Locusta migratoria Europäische Wanderheuschrecke

Merkmale: 3–6 cm lang. Sehr kräftige Kurzfühlerschrecke mit ausgezeichnetem Flugvermögen. Sie kommt in verschiedenen Farbvarianten vor. Nahe verwandte Rassen leben in ganz Afrika, wo sie die gefürchteten Heuschreckenschwärme bilden.

Lebensraum: Wiesen, Äcker, offenes Land.

Verbreitung: In weiten Teilen Süd- und Osteuropas, fehlt im Norden.

Häufigkeit: Früher kam es zu Massenentwicklungen. Heute sehr viel seltener oder kaum noch auftretend.

Fortpflanzung: Schon in der Bibel wird die Wanderheuschrecke als eine Geißel Gottes bezeichnet. Sie fraß den Bauern die ganze Ernte weg und machte aus dem Tag Nacht, so riesig waren ihre Schwärme. Auch wenn sich in Europa dank des gemäßigten Klimas nie solch große Bestände aufbauen konnten, kam es doch auch hier hin und wieder zur vollständigen Vernichtung der Felder. Die Wanderzüge finden unregelmäßig statt: Jahrelang bleiben die Tiere (man nennt diese Phase *sedentaria*) mit relativ niederen konstanten Beständen standorttreu. Unter für diese Tiere günstigen Klimabedingungen kommt es zur »Bevölkerungsexplosion«, die den Wanderzug auslöst (Wander- oder *gregaria*-Phase nennt dies der Fachmann). Um ihren unersättlichen Hunger zu stillen, fallen sie über Getreidefelder her, fressen aber auch Büsche kahl und entlauben dabei ganze Landstriche. Während in Europa die Wanderheuschrecke keine Gefahr mehr darstellt, treten in Afrika heute noch – trotz intensiver chemischer Bekämpfung – Heuschrecken-Massenwanderungen auf, deren Entstehungskerne im südlichen Saharagürtel liegen; meist in unbewohnten Gebieten.

Allgemeines: Wanderheuschrecken gehören zu den Kurzfühlerschrecken oder Feldheuschrecken (*Acrididae*), die man an den kurzen, meist gerade verlaufenden Fühlern erkennen kann. Sie stellen die Hauptmasse unserer Heuschrecken dar. In Europa kommen etwa 40 Arten vor, die sich sehr gut unterscheiden lassen.

Chorthippus vagans

Merkmale: Mit gut 1,5 cm Länge etwas größer und kräftiger als der sehr ähnliche Gemeine Grashüpfer. Kopfoberseite, Halsschild (*Pronotum*) und Flügeloberseite braun bis rotbraun. Sonst ebenfalls braun oder grünbraun mit kräftigen Sprungbeinen. Wie bei allen Feldheuschrecken liegt das Hörorgan nicht an den Vorderbeinen, sondern an den Seiten des vorderen Abschnitts des Hinterkörpers.

Lebensraum: Trockene Wiesen, Raine, Waldränder und viele andere, extensiv genutzte Flächen unserer Kulturlandschaft.

Verbreitung: Europa.

Häufigkeit: Häufig, doch stark rückläufig durch die intensive Landwirtschaft, vor allem durch Phosphordüngung und Insektizideinsatz!

Fortpflanzung: In kleinen Gruppen werden die Eier im Sommer von den ♀ dicht unter der Oberfläche versteckt. Gleichzeitig mit der Eiablage sondert das ♀ ein Sekret ab, das das Eipaket schützend umgibt.

Chorthippus biguttulus Gemeiner Grashüpfer

Merkmale: 1,5–2 cm lang. Eine Heuschrecke mit unscheinbarem, kleinem, braunem Körper und sehr kräftigen Sprungbeinen. Es gibt eine Reihe sehr ähnlicher und ebenfalls häufiger Arten; die genaue Bestimmung verlangt eine gewisse Übung. Grashüpfer sind sehr sangesfreudig. Wie bei allen Insekten wird der Gesang mechanisch erzeugt: Auf der Innenseite des Hinterschenkels liegt ein Sägekamm, der regelmäßig über eine Kante der Flügeldecken geführt wird. Dabei entstehen die Zirptöne. Die wechselwarmen Tiere sind nur an warmen Tagen stundenlang zu hören.

Lebensraum: Extensiv genutzte Wiesen, Wegraine, Waldränder, Feldgehölze.

Verbreitung: In ganz Europa; im Osten bis nach Sibirien, im Süden bis nach Nordafrika.

Häufigkeit: Besonders in Mitteleuropa sehr häufig; allerdings nicht mehr auf Fettwiesen.

Fortpflanzung: Beide Geschlechter zirpen. Die Eier werden mit Hilfe des Legestachels im Boden versteckt. **Nahrung:** Verschiedene Gräser.

Oedipoda caerulescens Blauflügelige Ödlandschrecke

Hinterflügel blau

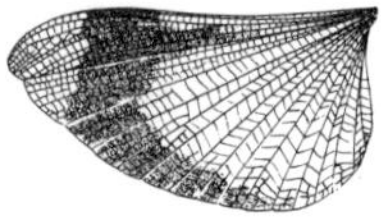

Merkmale: 1,5–2,8 cm lang. Breite, leuchtendblaue Flecken in den Hinterflügeln; sie ist eine der schönsten heimischen Heuschrecken. Die Vorderflügel zeigen zwei braune Querbänder, die als Tarnmuster wirken: Eine am Boden sitzende Ödlandschrecke wird schwer entdeckt.
Lebensraum: Trockene, heiße Flächen mit spärlicher Vegetation. Gerne in aufgelassenen Kiesgruben, Heideflächen.
Verbreitung: Mittleres und südliches Europa. Fehlt in England, in Skandinavien nur im Süden. Auch in Kleinasien und Nordafrika.
Fortpflanzung: An Sommertagen von Juli bis September. Eiablage im Boden. Im folgenden Frühsommer schlüpfen die ersten Jungen; man kann sie an den Flügelstummeln erkennen.
Nahrung: Verschiedene Wildgräser.

Omocestus viridulus Grashüpfer

Merkmale: 1,5–2,3 cm lang. Einer der zahlreichen Grashüpfer, die im Sommer unsere Wiesen bewohnen. Sein Aussehen schwankt, mal bräunlich, mal grünlich oder mit gelblichen Beimischungen – je nach Lebensraum. Die Körperfarbe paßt sich dem Untergrund an. Dieser Eigenschaft liegt ein hochkomplizierter biochemischer Vorgang zugrunde. Abweichende, nicht genügend getarnte Individuen werden schnell Opfer der zahlreichen Feinde.
Lebensraum: Vornehmlich feuchte Wiesen. Findet man sie in trockeneren Biotopen, so sind sie dort wesentlich seltener. Am häufigsten leben sie im Hügelland, doch auch im Flachland und im Gebirge sind sie nicht selten anzutreffen.
Häufigkeit: Häufig, doch wenig bekannt.
Fortpflanzung: Im Hochsommer; die ungeflügelten Larven wachsen über mehrere Häutungen langsam heran. Sie kommen vor allem an sonnigen Stellen gehäuft vor.
Nahrung: Gräser und Kräuter auf Wiesen.
Allgemeines: Mehrere sehr ähnliche Arten.

Oedipoda germanica Rotflügelige Ödlandschrecke ∅

Hinterflügel rot

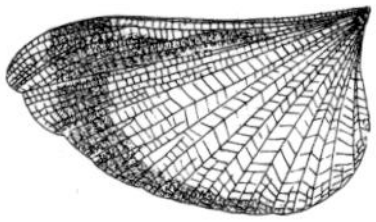

Merkmale: 1,8–2,8 cm groß. Schwester der Blauflügeligen Ödlandschrecke. Auch die Rotflügelige Ödlandschrecke trägt auf den Vorderflügeln die typische Tarnzeichnung. Wenn eine Ödlandschrecke sich niederlassen will, führt sie kurz vor der Landung eine scharfe Wendung durch, weil die roten Flügel nicht mehr sichtbar sind.
Lebensraum: Sehr trockene, heiße, spärlich bewachsene Flächen mit sandigem Untergrund: Heideflächen, alte Kiesgruben.
Verbreitung: Mittleres und südliches Europa. Die Grenze der nördlichen Verbreitung verläuft mitten durch Deutschland.
Häufigkeit: Wesentlich seltener als die blauflügelige Art. *Bedrohte Art!*
Fortpflanzung: Wie bei anderen Feldheuschrecken. **Nahrung:** Zahlreiche Wildgräser.

Psophus stridulus Schnarrschrecke

Merkmale: 2,3–3,2 cm lang. Im Flug erinnert sie an die Rotflügelige Ödlandschrecke. Beim genauen Hinsehen fallen die Unterschiede auf: Das Rot der Hinterflügel ist ausgedehnter, den Vorderflügeln fehlen die breiten, dunklen Querbinden. Doch auch diese Art ist beim Ruhen so gut getarnt, daß man sie nur mit größter Mühe im Gras entdeckt.
Lebensraum: Wiesen, auch Lichtungen, besonders in größeren Höhenlagen.
Verbreitung: Im mittleren und südlichen Europa. Fehlt in England, Dänemark und Skandinavien.
Häufigkeit: Früher viel häufiger. Heute vielerorts verschwunden.
Fortpflanzung: Das Charakteristische ist das Schnarren der ♂ im Flug, das nicht überhört werden kann. Der Schnarrflug ist ein Teil des komplizierten Balzspiels, mit dem die ♂ die ♀ anzulocken versuchen. Nach der Paarung legt das Weibchen seine Eier paketweise in den Boden. Im folgenden Frühsommer schlüpfen die Larven.

Miramella alpina Gebirgsschrecke

Merkmale: 1,5–3 cm lang. Eine der zahlreichen Kurzfühlerschrecken, die nicht weiter auffallen würden, hätte sie nicht eine Besonderheit: sie lebt bevorzugt auf den Gipfeln unserer Berge, wo fast unentwegt der Wind bläst. Fliegende Heuschrecken würden bald weggetragen. Daher müssen diese Tiere aufs Fliegen verzichten, weshalb die Flügel überflüssig sind. Tatsächlich weisen Gebirgsschrecken nur noch Flügelstummel auf, mit denen die ♂ zirpen. Doch nicht alle Gebirgsschrecken haben Stummelflügel. Formen, die in weniger windexponierten Biotopen leben, entwickeln normale Flügel.
Lebensraum: Wiesen und Matten der Gebirge und Hochgebirge.
Verbreitung: Die europäischen Gebirge.
Häufigkeit: Nicht selten, doch inselartige Verbreitung. Manche Formen der Gebirgsschrecke sind selten.
Fortpflanzung: Wie bei den anderen Kurzfühlerschrecken.
Nahrung: Verschiedene Wildgräser.

Arcyptera fusca

Merkmale: Erst beim genauen Betrachten erkennt man die Schönheit dieser kleinen Kurzfühlerschrecke: die Schenkel sind unten hellrot, die Knie schwarz und die Hinterschienen gelb gezeichnet. Mit diesen Kennzeichen kann man sie eindeutig bestimmen.
Lebensraum: Gebirgswälder bis 1000 m.
Verbreitung: Inselartig in Europa. Subalpin.
Häufigkeit: Früher häufiger.
Fortpflanzung: Das Zirpen klingt wie »zik« und wird durch die nach hinten ausschlagende Schiene des Hinterbeins, welche die Flügeladern streift, hervorgerufen – im Vergleich zu anderen Heuschrecken eine wesentlich primitivere Methode zu zirpen. Doch instinktiv reagieren die ♀ auf den richtigen Ruf. Da viele verschiedene Heuschreckenarten im selben Biotop leben, müssen sie den arteigenen Gesang genau kennen, damit sie nicht an den falschen Partner geraten.

Tetrix subulata Säbeldornschrecke

Merkmale: 1 cm lang. Kleine, unauffällige Kurzfühlerschrecke. Die Vorderbrust ist hinten oben zu einem Dorn umgeformt. Zwar sind die Vorderflügel stark reduziert, doch mit den voll ausgebildeten Hinterflügeln vermögen sie ausgezeichnet zu fliegen. Sie können weder schnarren noch zirpen. Beim Auffinden des Partners orientieren sie sich mit den Augen.
Lebensraum: Weit verbreitet, auf Wiesen, Heideflächen, an Bachläufen. Sie stellen geringe Ansprüche an Trockenheit oder Feuchtigkeit des Biotops.
Verbreitung: Ganz Europa; im Osten bis nach Sibirien und im Süden bis Nordafrika. Im Gebirge bis in 1000 m.
Häufigkeit: Regelmäßig und häufig.
Fortpflanzung: Das ♂ wirbt mit häufigem Flügelheben um das ♀. Im Frühjahr erscheinen die ersten Jungtiere, die sich in den folgenden Wochen fertig entwickeln, geschlechtsreif werden und sich verpaaren. Noch im selben Jahr entwickeln sich die Eier bis zur großen Larve; in guten Jahren überwintert auch der Vollkerf.

Myrmeleotettix maculatus Gefleckte Keulenschrecke ∅

Merkmale: 1,2–1,6 cm lang. Sehr schwer bestimmbare Heuschrecke. Voll beflügelt. Unterseite der Schenkel rot. Sprungbeine bedornt.
Lebensraum: Liebt trockene, sandige Böden mit spärlicher Vegetation. So sind Keulenschrecken regelmäßig in Heideflächen, alten Kiesgruben, an Hohlwegen, auch an sonnigen Waldrändern.
Verbreitung: Weit in ganz Europa. Im Norden sogar über den Polarkreis hinaus bis nach Lappland. Im Osten reicht das Gesamtverbreitungsgebiet bis Sibirien, im Süden und Osten bis zum nördlichen Balkan und nach Kleinasien.
Häufigkeit: In Mitteleuropa nur inselartige Verbreitung, daher selten. *Bedrohte Art*!
Fortpflanzung: Beide Geschlechtspartner können zirpen. Eiablage, Schlüpfen und Heranwachsen der Larven bis zum Jungtier verlaufen wie bei den anderen Feldheuschrecken.
Nahrung: Reiner Pflanzenfresser, wobei verschiedene Wildgräser bevorzugt werden.

Siehe auch S. 13

Sacchiphantes viridis Grüne Fichtengallenlaus

Merkmale: 2 mm groß. Gehört zu den Tannenläusen, die der Unterordnung der Blattläuse zugeordnet werden. Diese werden ihrerseits in die Ordnung der Wanzen (*Homoptera*) gestellt. Allein in Mitteleuropa kennt man 850 Blattlausarten. Alle sind nur wenige Millimeter groß und haben eine ovale Gestalt. Gemeinsames Kennzeichen ist der Saugrüssel, mit dem sie an Blättern und frischen, zarten Trieben saugen. Dazu kommt ihre enorme Vermehrungsrate, die sie zu teilweise gefährlichen Schädlingen macht. Blattläuse sind sich sehr ähnlich und kaum zu bestimmen. Ein erstes wichtiges Erkennungsmerkmal ist die Wirtspflanze: So leben Grüne Fichtengallenläuse nur auf Fichten, Rosenblattläuse auf Rosen usw. Weitere Merkmale sind die Gallen der Blattläuse, die Art der Eiablage (Reihen oder Haufen) oder die Art des Befalls. Manche sitzen in Reih und Glied am Ast, andere überziehen die ganze Pflanze. Dieses Verhalten ist jeweils artspezifisch. Die Gallen der Grünen Fichtengallenlaus sind kleine Zäpfchen mit vielen Nischen, in denen die Eier und später die Larven leben (»Ananasgallen«). Diese bleiben hier bis zur letzten Häutung. Die »Zapfen« kann man noch nach Jahren sehen.
Verbreitung: Ganz Europa.

Macrosiphon rosae Rosenblattlaus

Merkmale: Bis zu 4 mm groß. Wie der Name besagt, lebt sie vor allem auf Rosen. Daneben tritt sie auch auf Karden und Skabiosen auf. Fertig entwickelte Rosenblattläuse können geflügelt und ungeflügelt sein. Die Flügel sind glasig durchsichtig. Mit ihrer Hilfe legen sie große Strecken zurück, wobei sie nicht immer aktiv fliegen müssen, sondern vornehmlich vom Wind verdriftet werden.
Lebensraum: Hecken und Waldränder, Gärten; lebt vorwiegend auf Rosen.
Verbreitung: In Europa.
Häufigkeit: Zum Leidwesen der Rosenzüchter und Gartenliebhaber sehr häufig. Sie widerstehen auch intensiver chemischer Bekämpfung. Schon wenige Wochen nach dem Einsatz eines Giftmittels tauchen Neuankömmlinge auf.
Fortpflanzung: Die im Herbst abgelegten Eier überwintern. Sie schlüpfen im Frühjahr. Die Larven brauchen etwa 10 Tage für die Entwicklung. Dabei häuten sie sich viermal. Die aus ihnen hervorgehenden Weibchen sind ungeflügelt und gebären lebende Junge. Es folgt nun Generation auf Generation. Im Hochsommer entstehen geflügelte Wanderweibchen. Mit Beginn des Herbstes entwickeln sich teils ungeflügelte ♀, teils flügeltragende ♂. Die befruchteten Weibchen legen in Rindenritzen und in die Nähe von Knospen Eier ab, die überwintern. So schließt sich der Fortpflanzungszyklus.

Aphis sambuci Holunderblattlaus

Merkmale: Wenige Millimeter groß, blaugrau oder tiefschwarz, Beine immer schwarz. Kleine röhrenförmige Gebilde auf dem Rücken, in denen Säfte produziert werden, die als Abwehrstoffe dienen: Sie verkleben dem Angreifer die Mundwerkzeuge. Wirkt nicht bei den Hauptfeinden Marienkäfern, Larven des Blattlauslöwen.
Lebensraum: Auwälder, Parks und Gärten. Diese Art lebt fast ausschließlich auf Holunder, daneben auch an Wegerich und Nelkengewächsen.
Verbreitung: In Europa.
Häufigkeit: Meist häufig.
Fortpflanzung: Aus den überwinternden Eiern, die am Holunder in versteckten Astspalten abgelegt werden, schlüpfen im Frühjahr ungeflügelte ♀, die schon nach kurzer Zeit Eier produzieren, ohne daß sie von einem ♂ befruchtet worden sind. Das spielt für die Vermehrung der Blattläuse eine außerordentlich große Rolle: So kann ein einzelnes ♀ innerhalb weniger Wochen und Monate weit über tausend Nachkommen erzeugen. Diese sind zum Teil geflügelt, zum Teil ungeflügelt. Die Geflügelten verlassen die Pflanzen und suchen sich einen neuen Lebensraum. Im Herbst erscheinen die ♂, um die letzte ♀-Generation vor dem Winter zu befruchten. Dadurch wird der notwendige Austausch von Erbmaterial gewährleistet.

Kermes vermillo Eichennapflaus

Merkmale: ♀ von kugliger Gestalt mit 6–7 mm Durchmesser. Einfarbig zinnoberrot gefärbt; der weiße, pulverige Überzug überdeckt nicht die Grundfarbe. Diese Art ist zweigeschlechtig. Das geflügelte ♂ lebt nur einen Tag. Da es keine Mundöffnung besitzt, kann es keine Nahrung aufnehmen.
Lebensraum: Ursprünglich bildete diese Art in den Eichenwäldern im Mittelmeerraum große Bestände aus. Heute trifft man sie nur noch in unzugänglichen Wäldern.
Verbreitung: Mittelmeerraum; im Osten bis in die Türkei.
Häufigkeit: Unterschiedlich, mancherorts häufig.
Allgemeines: Diese Eichennapflaus kennt man bereits seit der Antike, wo man aus ihrer Schale den roten Farbstoff gewann und als „Kardinalpurpur" verwendete. Ihre lebhafte rote Farbe war sehr geschätzt. Später vermischte man den roten Farbstoff mit Essig und verwendete ihn als Heilmittel bei Wunden und Augenerkrankungen.

Trialeurodes vaporariorum Weiße Gewächshausfliege

Merkmale: 1 mm lang. Diese Art gehört zu den Mottenläusen, deren bestes Kennzeichen das Puparium ist. In diesen kranzförmig angelegten wachshaltigen Gebilden wachsen die Larven heran. Schmetterlingsähnlich. Doch Flügel werden dachförmig gehalten und sind wie der Körper mit einer weißen Wachsschicht überzogen. Heißen auch Schmetterlingsläuse.
Lebensraum: Gewächshäuser, im Süden (Mittelmeerraum) auch im Freien auf der Blattunterseite verschiedener Pflanzen.
Verbreitung: Weltweit.
Häufigkeit: Regelmäßig und häufig.
Fortpflanzung: Im Gegensatz zu den meisten Blattläusen, pflanzen sich Mottenläuse überwiegend geschlechtlich fort. Ungeschlechtliche Vermehrung tritt selten und unregelmäßig auf. Mehrere Eier werden nebeneinander auf der Blattunterseite in das Blatt eingebohrt. Frisch geschlüpfte Larven tragen Beinchen. Pro Jahr mehrere Generationen. Bei der Überwinterung verbleiben die Larven im Puparium.

Lepidosaphes ulmi Kommaschildlaus

Merkmale: 2–3,5 cm groß. Ihr länglicher, brauner, leicht gebogener Körper gab dieser Art den Namen »Kommaschildlaus«. ♀ blind, ungeflügelt und beinlos; ♂ tragen nur ein schwaches Flügelpaar, das zweite wurde in Schwingkölbchen umgewandelt. Unser Bild zeigt eine Napfschildlausart der Familie *Coccidae.*
Lebensraum: Auf zahlreichen Gehölzen, nicht an Ulmen gebunden, wie man nach dem lateinischen Namen vermuten könnte.
Verbreitung: Weltweit.
Häufigkeit: Häufig, trotz Bekämpfung.
Fortpflanzung: Die unbeweglichen ♀ pflanzen sich ungeschlechtlich fort. Unregelmäßig auftretende ♂ befruchten sie.
Allgemeines: Die Schädlichkeit der Schildläuse beruht einerseits auf dem Saftentzug der Wirtspflanze, andererseits auf Rußbildung auf den zuckerhaltigen Ausscheidungen der Tiere. Daneben sind Schildläuse auch Überträger von Pflanzenkrankheiten. Weltweit sind heute etwa 4000 Arten von Schildläusen bekannt.

Psylla mali Apfelblattsauger

Merkmale: 3,5 mm lang. Gehört zu den Blattflöhen, eine Unterordnung der Wanzen. Beide Geschlechter geflügelt. Gutes Sprungvermögen. Körper im Frühjahr und Sommer hellgrün, im Herbst braun gefärbt. Die Fühler sind an den Enden leuchtend rot gezeichnet.
Lebensraum: Fast ausschließlich Apfelbäume, vor allem an frischen Trieben, an Blüten, später auf den Blattunterseiten.
Verbreitung: Durch Verschleppung weltweit.
Häufigkeit: Häufig. Der **Apfelfloh**, wie er auch genannt wird, verursacht beträchtliche Schäden, weshalb er mit chemischen Mitteln intensiv bekämpft wird.
Fortpflanzung: Mit Hilfe des Geruchssinns findet ein befruchtetes ♀ die richtige Wirtspflanze, auf der es die Eier ablegt. Dabei sucht es Ritzen und Spalten sehr junger Triebe. Hierin überwintern die Eier, die ungewöhnlich tiefe Temperaturen (bis zu −40° C) unversehrt überstehen. Im Frühjahr schlüpfen die kleinen Larven, die zu den Spitzen der Triebe, den Knospen und den Blüten wandern.

Eurygaster testudinaria Schildkrötenwanze

Merkmale: 1,1 cm lang. Typischer Vertreter der Baumwanzen (*Pentatomidae*), besonders gekennzeichnet durch den großen Schild, der den ganzen Hinterkörper bedeckt. Farbe rötlichbraun. Sie tragen gut entwickelte Fühler und beeindruckende Stinkdrüsen: Aus diesen geben sie zur Feindabwehr eine stinkende und ätzend wirkende Flüssigkeit ab.
Lebensraum: Feuchte Biotope mit Riedgras.
Verbreitung: Ganz Europa.
Häufigkeit: Häufig.
Fortpflanzung: Pro Jahr eine Generation. Ob bei der Partnerfindung nur der Geruchs- oder auch der Gehörsinn eine Rolle spielt, ist bis heute nicht geklärt. ♀ legen ihre Eier auf der Blattoberseite ab. Bald schlüpfen die kleinen Larven, die nach 5 Häutungen ausgewachsen sind. Nicht voll entwickelte Larven tragen kurze Flügel, erinnern aber schon in Farbe und Gestalt an die ausgewachsenen Tiere.
Nahrung: Mit ihrem Rüssel saugen sie Säfte aus verschiedenen Pflanzenarten.

Eurydema oleraceum Kohlwanze

Merkmale: 8 mm groß. Kontrastreich gefärbt: auf dunkel, metallisch glänzendem Grund mit grünem oder blauem Schiller liegen gelbe, rote oder orangefarbene, manchmal auch weiße Punkte. Grundfarbe im Sommer heller, im Herbst und Winter dunkler, um im darauffolgenden Frühjahr wieder hell umzufärben.
Lebensraum: Extensiv genutzte Wiesen mit spärlicher Vegetation.
Verbreitung: Über ganz Europa.
Häufigkeit: Regelmäßig, häufig.
Fortpflanzung: Im Frühjahr schlüpfen die Vollkerfe aus ihren Winterverstecken, um an Pflanzen zu saugen, wobei Kohlpflanzen bevorzugt werden. Nach der Verpaarung legen die ♀ ihre Eier in kleinen Haufen auf der Blattoberseite ab. Im Juni schlüpfen die Larven und wechseln meist auf Kreuzblütler um. Nach 5 Häutungen sind die Tiere geschlechtsreif.
Nahrung: Ist nicht auf eine bestimmte Pflanze beschränkt: Sie saugt an Kreuzblütlern, besondern an Kohl, aber auch an verschiedenen Doldengewächsen. Mitunter tierische Nahrung.

Eurygaster maura Getreidewanze

Merkmale: Knapp 1 cm lang. Meist braun, doch häufig hellgrau bis schwarz gefärbt. Oberseits ist die Wanze durch einen kräftigen Kopf-, Hals- und Rückenschild geschützt; ein typisches Merkmal für Baumwanzen, zu denen auch die Getreidewanze gehört.
Lebensraum: Magerrasen mit Wildgräsern werden bevorzugt. Die Junglarven wandern in die benachbarten Äcker und saugen an verschiedenen Getreidearten, aber auch an Unkräutern.
Verbreitung: In ganz Europa und Asien, auch in Nordamerika.
Häufigkeit: Regelmäßig. In manchen Jahren vermehrtes Auftreten mit Schadfraß, der mit chemischen Mitteln bekämpft wird.
Fortpflanzung: ♀ legen die Eier in kleinen Paketen auf der Blattoberseite ab, wo nach wenigen Wochen die jungen Larven schlüpfen. Sie machen 5 Häutungen durch, bis sie voll entwickelt sind. Sie überwintern als Vollkerf im Schutz der Streuschicht.
Nahrung: Saft verschiedener Gräser.

Pentatoma rufipes Rotbeinige Baumwanze

Merkmale: 1,5 cm lang. Dunkelbraun, auch goldbraun gefärbt. Typische Baumwanze mit rötlichen Beinen.
Lebensraum: Waldränder, Parkanlagen und Gärten. Hier an Sträuchern und Laubbäumen.
Verbreitung: In ganz Europa bis nach Kleinasien und Sibirien.
Häufigkeit: Regelmäßig und häufig. Kann in manchen Jahren schädlich werden, wenn sie in großer Anzahl an Früchten saugt.
Fortpflanzung: Im Gegensatz zu den anderen Baumwanzen überwintert die Larve und nicht das vollentwickelte Tier. Die Larven sind gelb gefärbt und tragen dunkle Flecken. Im Frühsommer ist die Larvalentwicklung abgeschlossen, die Tiere sind geschlechtsreif. Nach der Paarung legen die ♀ im August ihre Eier auf einer Blattoberseite ab.
Nahrung: Zwar können diese Wanzen durch ihre Saugtätigkeit Schaden verursachen, sie leben jedoch auch häufig räuberisch: jagen kleine Fliegen oder saugen tote Insekten aus.

Palomena prasina Grüne Stinkwanze oder »Faule Grete«

Merkmale: 1–1,4 cm lang. Große, leuchtend grüne Wanze. Artbestimmung schwierig. Weltweit kennt man mehr als 6000 Arten, davon etwa 50 in Europa, vor allem in Südeuropa. Farbintensität von Untergrund und Art der Nahrung abhängig. So sind Wanzen im allgemeinen im Herbst und Winter dunkler als im Frühjahr und Sommer.
Lebensraum: Wiesen, Weg- und Waldränder, auch Gärten. Sie leben auf Sträuchern, Bäumen und Doldengewächsen.
Verbreitung: Im mittleren und südlichen Europa. Fehlt im Norden von England und Fennoskandien.
Häufigkeit: Im südlichen Mitteleuropa nicht selten. Im Mittelmeerraum häufig.
Fortpflanzung: Eiablage und Brutfürsorge entsprechen denen anderer Baumwanzen.
Nahrung: Pflanzen- und Tiersäfte.
Allgemeines: Das Tier gibt bei Gefahr eine ätzend riechende Flüssigkeit ab, die bei manchen Menschen allergische Reaktionen hervorruft.

Picromerus bidens Räuberische Schildwanze

Merkmale: 1–1,5 cm groß. Auf dem bizarr geformten Rückenschild befinden sich 2 rote Punkte. Fühler außerordentlich lang. Mit ihnen können diese Tiere eine Beute »ertasten«.
Lebensraum: Laub- und Mischwälder, Gärten.
Verbreitung: Paläarktis: Europa, Nordasien.
Häufigkeit: Regelmäßig.
Fortpflanzung: Befruchtete ♀ legen ihre Eier auf der Blattoberseite ab, wo diese überwintern. Erst im Frühjahr schlüpfen die kleinen Larven. Nach 5 Häutungen sind die Wanzen ausgewachsen und geschlechtsreif. Im Juli oder August kann man sie in den Wäldern finden, wo sie u. a. Blattläuse vertilgen.
Nahrung: Larven und ausgewachsene Tiere ernähren sich räuberisch: Sie saugen Insektenlarven aus.
Allgemeines: Wie fast alle Wanzen weisen sie pro Jahr nur 1 Generation auf. Dabei ist noch nicht genau geklärt, ob auch die Imagines oder nur die Eier überwintern, wie dies für andere ähnliche Arten der Fall ist.

Graphosoma lineatum Streifenwanze

Merkmale: 1 cm groß. Die wohl schönste heimische Baumwanze; schwarz-rot gezeichnet. *Giftig!*
Lebensraum: Sonnenexponierte, warme Stellen, Wiesen, Südhänge, Böschungen. Gerne auf Doldengewächsen wie Wiesenkerbel.
Verbreitung: Südliches Mitteleuropa, vor allem in Südeuropa. Fehlt in England und Fennoskandien.
Häufigkeit: In Mitteleuropa nicht sehr häufig. In Südeuropa stellenweise massenhaft.
Fortpflanzung: Nach einem stark ritualisierten Paarungsverhalten kommt es zur Begattung. Danach trennen sich die Partner, und die ♀ legen in kleinen Paketen die Eier auf der Blattoberfläche ab. Nach dem Schlüpfen der Larven werden sie eine Weile von der Mutter bewacht. Junge Streifenwanzen tragen auch schon ein Warnkleid, das dem der Eltern ähnelt. Doch ihre Flügel sind kleine Stummeln. Nach der 5. Häutung geschlechtsreif.
Nahrung: Pflanzensäfte, gelegentlich räuberisch.

Elasmucha grisea Birkenwanze

Merkmale: Knapp 1 cm groß. Ähnlich den Baumwanzen tragen auch die Dornwanzen (*Acanthosomatidae*) ein Schildchen auf dem Rücken hinter dem Halsschild, das wie der übrige Körper und die Beine der Birkenwanze braun mit dunkler Griselung ist. Im Kontrast dazu stehen die leuchtend grünen Flügel.
Lebensraum: An Birken und Erlen.
Verbreitung: Großteil Europas.
Häufigkeit: Regelmäßig, Örtlich sehr häufig.
Fortpflanzung: Bei der im Frühsommer stattfindenden Balz geben die Partner eigenartige Laute von sich, die Paarungsbereitschaft und die Synchronisierung der Geschlechtspartner fördern. Nach der Begattung legt das ♀ 30–40 Eier in einem Häufchen auf der Blattoberseite ab, das es bis zum Schlüpfen der Larven mit seinem Körper bedeckt und schützt. Selbst nach dem Schlüpfen betreut es die Tiere mindestens 2–3 Wochen lang, und noch nach der 2. Häutung kehren die Larven zu ihrer Mutter zurück.
Nahrung: Saft von Birken und Erlen.

Siehe auch S. 16

Coreus marginatus Randwanze

Merkmale: 1–1,4 cm lang. Erinnert an die Baumwanze, das Schildchen ist jedoch kleiner, und der Rand des stark verbreiterten Hinterleibs läuft in einem breiten Saum aus. Diese Art ist die häufigste unserer heimischen Rand- oder Lederwanzen *(Coreidae)*.
Lebensraum: An Waldrändern, in Lichtungen, in feuchten Gräben oder an nassen Stellen, wo Sauerampfer und Greiskraut gedeihen.
Verbreitung: In Europa. Im Osten bis nach Kleinasien.
Häufigkeit: Regelmäßig bis häufig.
Fortpflanzung: Von Mai bis Juni werden die Tiere geschlechtsreif. Die Larven entwickeln sich bis zum Winter fertig, sind dann aber noch nicht fortpflanzungsfähig.
Nahrung: Reiner Pflanzensaftsauger. Vor allem an *Rumex*-Arten, also an Großem Ampfer, Flußampfer, Wasserampfer und anderen.
Allgemeines: Das Hauptverbreitungsgebiet der Randwanzen liegt in den Tropen, wo sie auch an Nutzpflanzen Schäden anrichten können.

Corizus hyoscyami

Merkmale: 1 cm lang. Sehr hübsch gezeichnete Wanze, die den Lederwanzen nahesteht. Kopf- und Halsschild sowie Flügeldecken und die Spitze des Schildchens, das direkt an den Halsschild angrenzt, leuchtend orange. Auf dem Halsschild und den Flügeldecken bilden die großen schwarzen Flecke einen starken Kontrast. Das erste Fühlerglied (und die Schenkel) keulenartig verdickt, sonst fadenförmig dünn. Sicherstes Kennzeichen für die *Corizidae* ist die Lage der Stinkdrüse: Sie liegt versteckt zwischen Mittel- und Hinterhüfte, im Gegensatz zu den Lederwanzen (*Coreidae*), bei denen sie außen liegt und ohrenförmig ist.
Lebensraum: Auf Magerrasen oder extensiv genutzten Wiesen, Wegrändern oder Böschungen trifft man sie am häufigsten auf Doldengewächsen, daneben auch auf Haselsträuchern, Königskerzen oder Eichen.
Verbreitung: Fast ganz Europa.
Häufigkeit: Regelmäßig bis häufig.
Fortpflanzung: ♀ legen um die Wende Juni/Juli ihre Eier ab. Die Larven überwintern.

Nabis rugosus Sichelwanze

Merkmale: 7 mm lang. Mittelgroß, schmal gebaut mit langen Beinen, trägt einen vielgliedrigen Rüssel. Bei den nahe verwandten Raubwanzen ist der Rüssel stets 3gliedrig. Wie die meisten Sichelwanzen kommt auch *N. rugosus* meist als stummelflügelige Form vor.
Lebensraum: Extensiv genutzte Wiesen, Ruderalflächen, Wegränder und Böschungen.
Verbreitung: Weite Teile der Paläarktischen Region; so in ganz Europa und in den gemäßigten Zonen Asiens.
Häufigkeit: Regelmäßig und häufig.
Fortpflanzung: Von Mai bis Juni legt das ♀ die Eier im Gras ab. Die in ihrer Gestalt an Ameisen erinnernde Larve entwickelt sich bis zum Herbst fertig. Der Vollkerf überwintert am Boden im Schutz der Vegetation.
Nahrung: Alle Sichelwanzen leben räuberisch: sie nähern sich langsam der Beute, die sie mit einem raschen, sicheren Griff erfassen. Opfer: kleine Insekten, manchmal Artgenossen. Das getötete Tier wird mit dem langen Rüssel ausgesaugt.

Nabis apterus Flügellose Sichelwanze

Merkmale: Mit 1 cm Länge etwas größer als die nahe verwandte *N. rugosus*. Wesentlich kräftiger. Stets stummelflügelig. Da Larven den erwachsenen Tieren sehr ähnlich sind und die Flügel selten voll ausgebildet werden, gilt die Linie zwischen Schildchen und Flügel, die scharf abgegrenzt sein muß, als das sicherste Kennzeichen für erwachsene Sichelwanzen. Dies trifft für alle Wanzen zu. Den Namen erhielt die Familie der Sichelwanzen (*Nabidae*) von dem sichelförmig gebogenen Schnabel, der vorgestreckt deutlich sichtbar wird.
Lebensraum: Laub-, Misch, Nadelwälder.
Verbreitung: Gemäßigte Zone Europas. Im Norden bis auf die Breite von Litauen.
Häufigkeit: Regelmäßig und häufig.
Fortpflanzung: Im Mai oder Juni schlüpfen die Larven aus den überwinternden Eiern. Bis August sind sie fertig entwickelt.
Nahrung: Wie alle Sichelwanzen führen sie ein räuberisches Dasein. Bevorzugt werden Blattläuse und ähnliche kleine, wirbellose Tiere, die sie nach dem Töten aussaugen.

Coranus subapterus Raubwanze

Merkmale: 1–1,2 cm lang. Sehr ähnlich *Nabis apterus*: braun, mittelgroß (etwa 1 cm), stummelflügelig, stark behaarte Beine und lange Fühler. Bestes Merkmal der Gruppe ist der 3gliedrige Rüssel, der bei den Sichelwanzen stets vielgliedrig ist. Raubwanzen können ausgezeichnet laufen; mehrere Arten.
Lebensraum: Am häufigsten findet man sie in Heidekraut, auch auf Dünen. Meist sieht man sie nur schnell vorbeihuschen.
Verbreitung: In Europa; im Norden bis Mittelskandinavien.
Häufigkeit: In den geeigneten Biotopen häufig. Da es heideartige Flächen im süddeutschen Raum seltener gibt, findet man sie hier nur spärlich.
Fortpflanzung: Im Frühjahr schlüpfen aus den überwinternden Eiern die kleinen Larven, die bis Juli oder August fertig entwickelt sind. Vollkerfe kann man bis Oktober beobachten.
Nahrung: Spinnen und Insekten.
Allgemeines: *C. subapterus* tritt in 2 Formen auf; kurz- und langflügelig.

Lygaeus equestris Ritterwanze

Merkmale: 1,1 cm lang. Sehr auffallend rot und weiß gezeichnete Wanze mit voll ausgebildeten Flügeln und langen, kräftigen Beinen. In Aussehen und Verhalten erinnert sie an die Rote Mordwanze, gehört jedoch zu der Familie der Lang- oder Bodenwanzen (*Lygaeidae*), von denen in Europa mehr als 100 Arten vorkommen; die meisten schwer bestimmbar.
Lebensraum: Trockenrasen, auch in lichten Wäldern, an Gebüsch und auf Ruderalflächen. Hält sich oft an Schwalbenwurz (*Cynanchum vincetoxicum*), aber auch auf anderen giftigen Pflanzen auf.
Verbreitung: Vor allem in wärmeren Gebieten.
Häufigkeit: Häufig. Regional unterschiedlich. Im Süden häufiger.
Fortpflanzung: In der Gruppe der Ritterwanzen bringt jede Art Lautäußerungen hervor, die jedoch so leise sind, daß sie der Mensch kaum hört. Das »Lied« wird bei der Balz vorgetragen und nur vom artgemäßen Partner »verstanden«, so daß Fehlverpaarungen vermieden werden. **Nahrung:** Pflanzensäfte.

Rhinocoris iracundus Rote Mordwanze

Merkmale: 1,3–1,8 cm lang. Große, kräftige, schwarz-rot gezeichnete Raubwanze. Auch wenn diese Tiere nicht von Säugetierblut leben, können sie doch ganz empfindlich stechen, was man zu spüren bekommt, wenn man eine solche »Mordwanze« mit der bloßen Hand fängt. Das schwarz-rote Muster variiert außerordentlich. Von kaum einer Wanze kennt man so viele geographische Rassen wie von der Roten Mordwanze. Bei allen sind die Flügel voll ausgebildet.
Lebensraum: Extensiv genutzte Wiesen, wo man sie gebietsweise häufig sehen kann.
Verbreitung: Europa außer England und Irland.
Häufigkeit: Unregelmäßig; manchmal in größerer Anzahl. In Trockengebieten häufiger.
Fortpflanzung: Aus den überwinternden Eiern schlüpfen im Frühjahr die Larven, die sich bis zum Sommer nach 5 Häutungen fertig entwikkeln.
Allgemeines: Nahe verwandt ist die **Große Raubwanze** (*R. personatus*).

Rhinocoris annulatus Raubwanze

Merkmale: 1,6 cm lang. Typische Raubwanze mit charakteristisch schwarz-roter Zeichnung.
Lebensraum: Buschreiches Gelände, Wiesen und Waldränder. **Verbreitung:** Europa.
Häufigkeit: Nicht selten, gebietsweise häufig.
Fortpflanzung: Im Sommer findet man die ausgewachsenen Tiere. Die ♀ legen die Eipakete auf Blättern ab. Junge Wanzen sehen schon als Larven den erwachsenen recht ähnlich, sind aber vorzüglich getarnt. Dies ist sehr wichtig für sie, da sie räuberisch leben und darauf angewiesen sind, von ihren Beutetieren nicht entdeckt zu werden. Wie alle Raubwanzen können sie zirpen: Sie reiben den mit feinen Zähnchen ausgestatteten Rüssel gegen eine mit Querrillen versehene Längsrinne der Vorderbrust. Nicht nur ausgewachsene Raubwanzen, sondern auch ihre Larven können vernehmbar zirpen, wenn sie sich bedroht fühlen, zum Beispiel wenn ein Mensch sie anfaßt.
Nahrung: Larven und Vollkerfe jagen nach Insekten und Spinnen, besonders nach Fliegen. Ab und zu erbeuten sie auch Artgenossen.

Lygaeus saxatilis Bodenwanze

Merkmale: 1 cm lang. Stattliche, auffallend gezeichnete Wanze mit gut ausgebildeten Laufbeinen und voll funktionsfähigen Flügeln. Die Vorderflügel sind wie Kopf, Halsschild und Schildchen leuchtend schwarz und rot gefärbt. Die Hinterflügel dagegen sind dunkel.
Lebensraum: Warmes, sonnenexponiertes Gelände, Triften, Feldraine, Waldränder und magere Wiesen. Meidet landwirtschaftlich intensiv genutzte Flächen.
Verbreitung: Vor allem in den wärmeren Bereichen Europas; fehlt in England und großen Teilen Fennoskandiens.
Häufigkeit: Lokal gehäuftes Auftreten, aber insgesamt ziemlich selten (geworden).
Nahrung: Säfte verschiedener Pflanzen.
Allgemeines: Die für den Menschen ausgesprochen schön wirkende Rot-Schwarz-Färbung bedeutet ein Warnsignal für Freßfeinde: einmal probiert, meiden sie in Zukunft solche Muster. Vögel, die Bodenwanzen probieren, schleudern sie mit allen Anzeichen von Ekel von sich.

Pyrrhocoris apterus Gemeine Feuerwanze

Merkmale: Gut 1 cm lang. Eine der zahlreichen, grell schwarz-rot gezeichneten Wanzen. Die Gemeine Feuerwanze gehört zur Familie der Feuerwanzen (*Pyrrhocoridae*). Sie ist die häufigste und größte in Mitteleuropa, von denen man weltweit mehrere 100 Arten kennt. In Mitteleuropa treten kurz- und langflügelige Tiere auf. Voll entwickelte kurzflügelige Feuerwanzen erkennt man an der Trennlinie zwischen Schildchen und Flügel: bei Jungtieren verläuft sie unscharf.
Lebensraum: Parkanlagen, Alleen mit Akazien oder Kastanien. Gern unter alten Linden.
Verbreitung: Sehr weit verbreitet; in Europa, Asien, Nordafrika und Mittelamerika.
Häufigkeit: Lebt gesellig, oft in großer Zahl.
Fortpflanzung: Im Frühjahr, wenn die erwachsenen Tiere aus ihrem Winterquartier schlüpfen, beginnen Balz, Paarung und Eiablage. Im August erste vollentwickelte Feuerwanzen.
Nahrung: Saft der Lindensamen und andere Pflanzensäfte.

Gastrodes abietum Fichtenwanze oder Zapfenwanze

Merkmale: 0,7 cm lang. Unscheinbar schwärzlich bis bräunlich; gehört zur Familie der Bodenwanzen (*Lygaeidae*), die mit rund 100 Arten in Mitteleuropa sehr reich vertreten ist. Ausgewachsene Zapfenwanzen tragen voll ausgebildete, funktionstüchtige Flügel, laufen aber gern und flink.
Lebensraum: Fichtenwälder, besonders in Mittelgebirgen und im Bergwald. Auch in Fichten-Monokulturen des Flachlands.
Verbreitung: Sehr weit in der Nadelwaldzone Europas und in höheren Gebirgen. Das Areal reicht über Europa hinaus.
Häufigkeit: Nur regional häufiger, aber gewöhnlich regelmäßig anzutreffen.
Fortpflanzung: Ähnlich anderer Wanzen. Die Vollkerfe überwintern in Fichtenzapfen.
Nahrung: Saft der Zapfen, den die Wanzen vorwiegend nachts saugen.
Allgemeines: Die **Kiefernwanze** *Rhyparochromus pini* ist größer, dunkler und lebt auf Kiefern.

Cimex lectularius Gemeine Bettwanze

Merkmale: 0,3–0,8 cm lang. Durch die moderne Hygiene zurückgedrängter, früher häufiger Parasit des Menschen. Der dicke Körper und die kurzen Flügelstummel lassen zunächst nicht vermuten, daß die Bettwanze nahe mit anderen Wanzen verwandt ist.
Lebensraum: Stets in menschlichen Behausungen und Viehställen, wo sie nicht nur am Menschen nachts Blut saugt, sondern häufig auch an Hunden, Rindern, Schafen und anderen Haustieren. **Verbreitung:** Weltweit.
Häufigkeit: Unterschiedlich. Bei mangelnder Hygiene rasch sehr häufig!
Fortpflanzung: ♀ legen 100 bis 200 Eier, müssen zuvor jedoch soviel Blut getrunken haben, daß sich ihr Körpergewicht etwa verdoppelt. Da in beheizten Wohnungen die Entwicklung im Winter nicht ruht, gibt es keinen Jahresrhythmus. ♀ können das ganze Jahr Eier legen, und in allen Monaten findet man Larven verschiedenster Stufen. Tagsüber halten sich die Tiere hinter Tapeten oder in Ritzen versteckt. Nachts suchen sie schlafende »Beute«.

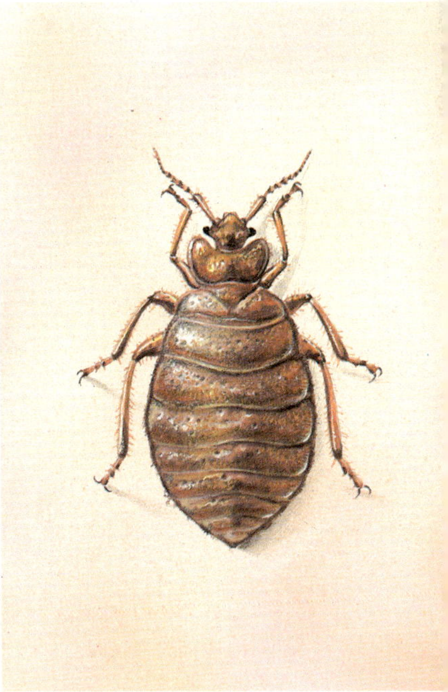

Myrmecoris gracilis Ameisenwanze

Merkmale: 0,4–0,6 cm groß. Als Wanze nur bei genauem Hinschauen am Saugrüssel zu erkennen. Ahmt in Aussehen, Bewegungsweisen und im Geruch eine Ameise so täuschend ähnlich nach, daß sie von dieser selbst nicht erkannt wird. **Lebensraum:** Laubmischwälder.
Verbreitung: Großteil Europas.
Häufigkeit: Regelmäßig, häufig.
Fortpflanzung: Überwinterung als Ei in Bodennähe. Im Frühjahr schlüpfen die Larven, die äußerlich kaum von ihren Eltern zu unterscheiden sind. Larven und geschlechtsreife Tiere leben stets in Gesellschaft von Ameisen.
Nahrung: Ausschließlich Blattläuse. Da Ameisen ihre Blattlauskolonien gegen Nahrungskonkurrenten verteidigen, liegt der Sinn der Ameisenähnlichkeit dieser Wanze offensichtlich darin, von den Ameisen als Nahrungskonkurrent nicht erkannt zu werden. So unterscheiden sich Ameisenwanzen von den meisten anderen Nachahmern, die sich dadurch vor Freßfeinden zu schützen versuchen, indem sie ein wehrhaftes Insekt nachahmen.

Dolycoris baccarum Beerenwanze

Merkmale: Gut 1 cm lang. Wirkt wie eine kleine Ausgabe der häufigen Rotbeinigen Baumwanze, mit der sie auch nahe verwandt ist. Meist ist sie jedoch heller, und auch die Spitze des Schildchens ist nicht rot, sondern hell. Dies ist aber kein sicheres Bestimmungsmerkmal, da diese Tiere farblich stark variieren können. Schwer bestimmbar!
Lebensraum: Laubmischwälder, Waldränder und Lichtungen, häufig auch in Gärten, wo sie an Beeren saugen.
Verbreitung: In Europa.
Häufigkeit: Sehr häufig.
Fortpflanzung: Die Vollkerfe überwintern, werden aber erst im Frühjahr geschlechtsreif. Im Frühsommer legen die ♀ ihre Eier in kleinen Paketen ab. Die daraus schlüpfenden Larven müssen sich fünfmal häuten, ehe sie im Herbst voll entwickelt sind.
Nahrung: Wie der Name andeutet, saugen sie gerne an Beeren. Dabei hinterlassen sie einen penetranten Geschmack an der Beere, so daß diese für den Menschen ungenießbar wird.

Anthocoris nemorum Blumenwanze

Merkmale: 0,5 cm lang. Kleine, hell und dunkel gefärbte Wanze, deren Fühler und Beine ebenfalls hell-dunkel gestreift sind.
Lebensraum: Wälder, Lichtungen, Obstkulturen, Gärten und Parkanlagen. Fast überall.
Verbreitung: Europa; auch in Nordafrika, Kleinasien und Nordasien.
Häufigkeit: Eine der häufigsten Wanzen.
Fortpflanzung: Meist 2, manchmal auch 3 Generationen. Die überwinternden ♀ legen ihre Eier in Blätter ab. Die daraus schlüpfenden Larven sind in wenigen Wochen geschlechtsreif und legen Eier. Die Nachkommen sind bis zum Herbst ausgewachsen, aber nur die befruchteten ♀ überwintern. Die ♂ sterben im Spätherbst.
Nahrung: Blumenwanzen sind nützliche Helfer des Menschen. Sie ernähren sich von Insekten und anderen Wirbellosen, wie der »Roten Spinne«, einer Spinnmilbe, die beträchtlichen Schaden in Obstkulturen anrichtet. Auch Beute, die größer als sie selbst ist (Bild), wird überwältigt.

Geocoris grylloides Grillenwanze

Merkmale: 0,5 cm lang. Klein, gedrungen, schwarz mit hellen Umrandungen der verkürzten Flügeldecken und des Halsschilds. Sieht aus wie eine Grille (die sie offensichtlich nachahmt).
Lebensraum: Auf sandigen Böden, in Heidegebieten, auf Brachflächen und Magerrasen, an Straßenrändern, sofern dort nicht gespritzt wird. Sie ist ein typischer Vertreter der bodenbewohnenden Wanzen, und zwar der Bodenwanzen (*Lygaeidae*).
Verbreitung: Im gemäßigten Europa. Fehlt im Süden, in Spanien und auf dem Balkan sowie in Großbritannien und Skandinavien.
Häufigkeit: Nicht überall häufig.
Fortpflanzung: Die vollentwickelten Grillenwanzen überwintern in der Bodenstreu. Im Lauf eines Sommers kann sich eine Generation bis zum Vollkerf entwickeln.
Nahrung: Larven und Vollkerfe saugen den Saft verschiedener Wildgräser.
Allgemeines: Nicht nur im Aussehen, auch im Verhalten ahmen sie Grillen nach.

Aelia acuminata Spitzling

Merkmale: 0,9 cm lang. Relativ leicht an den schwarz-gelben Längsstreifen als »Getreidewanze« zu bestimmen. Der spitz nach vorn gezogene Kopf gab dieser Wanze den Namen »Spitzling«.
Lebensraum: Wiesen, Feldraine, manchmal auch in Getreidefeldern.
Verbreitung: Ganz Europa bis Nordafrika.
Häufigkeit: Regelmäßig und lokal auch häufig auftretend, vor allem im Südosten Europas.
Fortpflanzung: Die ausgewachsenen Wanzen überwintern unter trockenen Grasbüscheln gut versteckt. Im Frühjahr oder im Frühsommer kann man an warmen Tagen die balzenden Spitzlinge hören: Sie sind in der Lage, feine, zirpende Töne hervorzubringen. Nach der Begattung legt das ♀ auf Grasblättern seine Eier ab. Bis Ende August dauert die Entwicklung.
Nahrung: Larven und Vollkerfe saugen an Wildgräsern und auch an milchigen Getreidekörnern. Während in Mitteleuropa nur selten Schäden auftreten, kommen solche in Südosteuropa mitunter vor.

Hydrometra stagnorum Gemeiner Teichläufer oder Wasserreiter

Merkmale: 1–1,3 cm lang. Sehr schmal, mit weit nach vorn gezogenem Kopf. Extrem lange Beine und vielgliedrige Fühler. Meist in kurzflügeliger Form. Aufgrund der fein behaarten Unterseite ist sie unbenetzbar. Teichläufer bilden eine eigene Familie (*Hydrometridae*). Sie alle leben auf der Wasseroberfläche. Ihr »federleichtes« Gewicht verhindert, daß sie das Oberflächenhäutchen des Wassers durchdringen. Werden in der Abenddämmerung aktiv. Zum Ausruhen halten sie sich auf dem Land auf. Bei Störungen stellen sie sich tot.
Lebensraum: Praktisch an allen Gewässern zu finden; am häufigsten an seichten Stellen.
Verbreitung: In Europa. Fehlt im Norden. Im Süden bis Nordafrika.
Häufigkeit: Regelmäßig und allgemein häufig.
Fortpflanzung: Vollkerfe überwintern.
Nahrung: Tote Insekten, die auf der Wasseroberfläche treiben. Die Nahrung wird mit dem Geruchssinn aufgespürt.

Acanthosoma haemorrhoidale Stachelwanze

Merkmale: Gut 1 cm groß. Hübsch gezeichnete Wanze; gut kenntlich an dem schwarzgelb gestreiften Kopf, den blutroten Flügeldekken und dem gleichfarbigen Rand des Halsschilds. Im übrigen grün mit feiner dunkler Fleckung. Rand der Hinterflügel hell. Bestes Kennzeichen der Familie *Acanthosomatidae* sind die zweigliedrigen Füße und das kleine Schildchen zwischen den Flügelansätzen.
Lebensraum: Laubwälder, Waldränder und Feldgehölze. Bevorzugter Aufenthalt an Ebereschen und Weißdorn.
Verbreitung: In Europa.
Häufigkeit: Regelmäßig, häufig.
Fortpflanzung: Vollkerfe überwintern am Boden unter vorjährigem Laub. Im Frühjahr Eiablage. Nach dem Schlüpfen machen die Jungen in einigen Wochen 5 Häutungen durch. Dann sind die kleinen Stachelwanzen ausgewachsen. Pro Jahr 1 Generation.
Nahrung: Leben nur von Pflanzensäften, bevorzugen Beerensträucher.

Gerris lacustris (G. gibifer) Wasserläufer

Merkmale: 1 cm lang; kräftiger als der sonst ähnliche Gemeine Teichläufer. Beim Laufen auf der Wasseroberfläche schräg aufgerichtete Körperhaltung. Nur das mittlere und hintere Beinpaar bewegen den Körper in typisch ruckartigem Lauf schnell und geschickt vorwärts. Die weit abgespreizten Beine vermindern die Flächenbelastung so sehr, daß sie von der Wasseroberfläche getragen werden.
Lebensraum: Tümpel und Teiche, Stillwasserzonen an Bächen und Flüssen.
Verbreitung: Weite Teile Europas, hauptsächlich im zentralen und südlichen Bereich.
Häufigkeit: Fast überall häufig, in Gruppen.
Fortpflanzung: Verpaarung nach der Überwinterung und im Hochsommer (2 Generationen).
Nahrung: Insekten und andere kleine Wirbellose, die auf die Wasseroberfläche fallen, auch frisch geschlüpfte Wasserinsekten. Mit einem sehr feinen Sinn für Erschütterungen werden sie entdeckt.
Allgemeines: Mehrere Arten in Europa.

Notonecta glauca Rückenschwimmer

Merkmale: 1,5 cm lang. In Gestalt und Körperleistungen dem Wasserleben besonders angepaßt: die Oberseite wölbt sich dachförmig und ist hell, die Unterseite dagegen dunkel und flach. Da sich auf der Bauchseite auch die Luftkammern für die Atmung unter Wasser befinden, dreht sie sich nach oben. Der Umkehrung der Färbung entspricht die Umdrehung des Körpers. Diese »Gegenschattierung« – dunkle Seite nach oben und helle nach unten – vermindert den Kontrast und somit die Sichtbarkeit für Freßfeinde. Rückenschwimmer bewegen sich mit den kräftigen Ruderbeinen unter Wasser stoßweise fort. Sie halten sich aber nahe der Oberfläche auf, wo sie ihren Luftvorrat regelmäßig ergänzen müssen. Zur äußeren Verdauung spritzen sie ein Sekret in die Beute, das sie auflöst. Den Brei saugt der Rückenschwimmer heraus. Diese Wasserwanzen können schmerzhaft stechen, heißen im Volksmund auch »Wasserbienen«.

Lebensraum: Tümpel, Teiche und pflanzenreiche Seeufer.

Verbreitung: Fast ganz Europa bis Nordafrika.

Häufigkeit: Meist nicht selten bis häufig, besonders an Kleingewässern.

Fortpflanzung: Sie überwintern als Vollinsekt und verpaaren sich im Frühjahr. Die Paarung kann mehrere Stunden dauern. Dabei hängen die Partner schräg nebeneinander dicht unter der Wasseroberfläche. Das befruchtete Weibchen legt mit Hilfe des Legestachels bis zu 200 Eier einzeln in Pflanzenstengel. Junge Larven können nur wenig Luft zum Atmen als Vorrat ins Wasser mitnehmen. Sie müssen daher öfter an die Oberfläche kommen. Nach 5 Häutungen sind sie ausgewachsen.

Nahrung: Rückenschwimmer jagen ihre Beute – vorwiegend unter Wasser und an der Wasseroberfläche lebende Insekten – durch blitzschnelle Fangstöße. Mit ihrem feinen Erschütterungssinn vermögen sie die Wasserbewegungen festzustellen, die von den Beutetieren verursacht werden. Mit dem vorderen Beinpaar greifen sie zu und töten die Beute mit einem Stich.

Corixa punctata Ruderwanze

Merkmale: 1,5 cm groß. In Aussehen und Lebensweise erinnert die »Wasserzikade«, wie sie auch genannt wird, an den Rückenschwimmer. Doch schwimmt sie nicht auf dem Rükken, da sie die Luft unter den Flügeln und zwischen Hals und Kopf speichert. Sie ist aber ebenfalls leichter als Wasser und muß sich daher, wenn sie nicht schwimmt, am Grund des Gewässers an einer Pflanze festklammern, um nicht nach oben getragen zu werden. Man sieht sie nur zum Luftholen nach oben schwimmen. Wie der Rückenschwimmer, besitzt sie voll ausgebildete Flügel, mit denen sie bei Bedarf gut fliegt. Neu entstandene Gewässer werden von ihr sehr rasch besiedelt. Ruderwanzen können als einzige Wasserwanzen direkt aus dem Wasser starten. Mit ihren kräftigen Ruderbeinen durchstoßen sie die Oberfläche, breiten die trockenen Flügel aus und fliegen davon.

Lebensraum: Stehende Gewässer, vor allem Tümpel und Teiche.

Verbreitung: Von Europa bis Mittelasien.

Häufigkeit: Regelmäßig und häufig.

Fortpflanzung: Vollkerfe überwintern. Nach dem Winterschlaf beginnen sie im Frühling die Balz: ♂ zirpen fein, um ♀ zu stimulieren. Nach der Begattung legt das ♀ die Eier mit Hilfe seines Legestachels in Blätter und Stengel von Unterwasserpflanzen. Im Juli findet man die ersten ausgewachsenen Ruderwanzen der neuen Generation. Sie leben gesellig. Man kann sie öfter in großen Scharen beobachten. In warmen Sommern, wenn der Sauerstoffgehalt des Wassers zu stark absinkt, verlassen sie ihr Wohngewässer und suchen ein geeigneteres. Dabei fliegen sie nicht selten nachts in großen Massen Lichtquellen an.

Nahrung: Hauptsächlich Aufwuchsalgen, die sie mit dem verbreiterten vorderen Beinpaar von ihrer Unterlage abschaben und dann aussaugen oder ganz schlucken – sie sind also nicht räuberisch, wie die meisten anderen Wasserwanzen!

Nepa rubra Wasserskorpion

Merkmale: Etwa 2 cm groß. Lang ausgezogenes Atemrohr am Hinterleib. Körper kurz und kräftig gebaut, flach, oberseits braun bis rötlich gefärbt. Auffallend sind die zu »Raubbeinen« umgewandelten vorderen Gliedmaßen, die zum Ergreifen der Beute dienen. Der Wasserskorpion besitzt ein Sinnesorgan (das hydrostatische Organ), mit dessen Hilfe er stets die geeignete Wassertiefe feststellen kann, bei der das Atemrohr gerade noch die Wasseroberfläche erreicht.
Lebensraum: Sehr flache Gewässer aller Art.
Verbreitung: Von Europa bis nach China. Ursprünglich weit verbreitet. Heute rückläufig.
Häufigkeit: Unterschiedlich, nicht häufig.
Fortpflanzung: Im April und Mai legen die ♀ ihre Eier in Stengel und Blätter von Unterwasserpflanzen. Die Eier tragen 6–9 feine Atemanhänge, die mit dem sie umgebenden Luftmantel in Verbindung stehen. Sie erhalten damit eine ausreichende Sauerstoffzufuhr.
Nahrung: Kaulquappen, Insektenlarven, selten auch winzige Fische.

Ilyocoris cimicoides Schwimmwanze

Merkmale: 1,5 cm groß. Schwimmkäferähnliche Gestalt. Vorderbeine dolchartig umgewandelt. Mit ihrer Hilfe ergreift die Schwimmwanze die Beutetiere. Ausgezeichneter Schwimmer, der wie die Wasserkäfer mit dem Rücken oben schwimmt. Beim Luftschöpfen bringt sie den Rücken an die Oberfläche. Mit der aufgenommenen Luftblase kann sie sehr lange unter Wasser atmen. Die Mittelbeine sind dicht mit Schwimmhaaren besetzt.
Lebensraum: Tümpel, kleine stehende und langsam fließende Gewässer.
Verbreitung: In weiten Teilen Europas, bis zum Kaukasus. **Häufigkeit:** Regelmäßig.
Fortpflanzung: Vollkerfe überwintern. Im April und Mai legt das ♀ mit einem Legebohrer seine Eier in Stengel und Blätter von Unterwasserpflanzen. 5 Häutungen, 1 Generation je Jahr.
Nahrung: Lebt räuberisch von Kleintieren.
Allgemeines: Besitzt voll ausgebildete Flügel mit so schwacher Flugmuskulatur, daß sie flugunfähig ist; Stich überaus schmerzhaft.

Ranatra linearis Stabwanze oder Wassernadel

Merkmale: 3,5 cm groß, mit einem 2 cm langen, fein ausgezogenen Atemrohr. Wesentlich schmaler gebaut als der Wasserskorpion. Auch sind die Fangbeine nicht so auffallend breit, dienen aber ebenfalls zum Ergreifen der Beute. Die besondere Körperform tarnt die Stabwanze zwischen den Wasserpflanzen. Flügel gut ausgebildet. Im Gegensatz zum Wasserskorpion guter Flieger. Beide können gut schwimmen, aber noch besser am Boden laufen. Sie versuchen ihre Position so einzurichten, daß ihr Atemrohr immer mit der Wasseroberfläche in Kontakt bleibt.
Lebensraum: Flache, bewachsene Gewässer.
Verbreitung: Von Europa bis China. In den Tropen mit vielen Arten vertreten.
Häufigkeit: In geeigneten Gewässern nicht selten. Durch Trockenlegung stark rückläufig.
Fortpflanzung: Ausgewachsene Tiere können 2 Jahre alt werden. Die Eier werden in weiches Pflanzenmaterial gedrückt.
Nahrung: Kleine Wassertiere, meist Insekten.

Aphelocheirus aestivalis Grundwanze

Merkmale: 1 cm groß. Dunkelbraun mit gelben Mustern, kurzen Flügelstummeln, schwachen Beinchen. Hält sich am Grund des Gewässers auf, wo sie sich langsam halb laufend, halb schwimmend fortbewegt. Larven atmen mit ihrer Haut; Vollkerfe mit ihrer sogenannten physikalischen Lunge. Diese funktioniert über den Gasaustausch zwischen dem Wasser und dem hauchdünnen Luftfilm, der auf der Bauchseite von feinsten, dichten Härchen festgehalten wird. Diese stehen mit Atemöffnungen (Stigmen) am Hinterleib in Verbindung. Dadurch gelangt der Sauerstoff in den Körper. Grundwanzen können nur in schnell fließenden, sauerstoffreichen Gewässern leben, da nur hier der Gasaustausch wirkungsvoll genug erfolgen kann. Beim Ausatmen entsteht eine Luftblase.
Lebensraum, Verbreitung, Häufigkeit: In schnellfließenden Bächen ganz Europas, selten.
Fortpflanzung: Vollkerf überwintert. Das ♀ klebt an einen festen Untergrund sein Eipaket.
Nahrung: Erbsenmuscheln, die sie aussaugt.

Tibicen baeticus Andalusische Zikade

Merkmale: Gut 2 cm groß, 5 cm Flügelspannweite. Mit »Zikade« verbindet man lauten, mechanisch vorgetragenen Gesang heißer Mittagsstunden und warmer Nächte in den Mittelmeerländern oder in den Tropen. Dabei gibt es auch in Mitteleuropa eine ganze Anzahl von Zikaden, deren Lautäußerungen allerdings viel bescheidener klingen. Die relativ lautesten Gesänge stammen von den Singzikaden (*Cicadidae*), zu denen auch diese Art gehört und deren Stimme, ein hoher melodischer Gesang, vom Sonnenaufgang bis in die späten Abendstunden erklingt. Doch wie schon die Griechen wußten, können nur ♂ bei den Zikaden singen. Zikaden sind mit Wanzen verwandt. Wie diese saugen sie mit ihrem Rüssel Pflanzensäfte. Ihre stets gut ausgebildeten Flügel werden dachförmig getragen. Mit ihnen sind sie in der Lage, sehr rasch davonzufliegen. Ihre Fühler sind wie bei allen Zikaden kurz; ihre Beine eignen sich gut zum Laufen und Klettern. Da Zikaden in Büschen und Bäumen, oft in großer Höhe leben, ist es wichtig, daß sie auf-, ab- und seitwärts laufen können, ohne abzurutschen. Mit Dornen an den Beinen halten sie sich an der Rinde fest. An der Bedornung kann man die Zikadenfamilien bestimmen.

Lebensraum: Wie alle Zikaden auf Büschen und Bäumen. Ihre braune Körperfarbe und ihre glasigen, durchsichtigen Flügel bieten eine ausgezeichnete Tarnung auf den unregelmäßig brauen Ästchen. Als wärmeliebende Art trifft man die Andalusische Zikade im westmediterranen Klimabereich.

Verbreitung: Spanien und Südfrankreich. Im Süden geschlossenes Vorkommen.

Häufigkeit: Lokal häufig, besonders im Süden.

Fortpflanzung: Siehe *C. tibialis.*

Nahrung: Saft verschiedener Gras- und Straucharten. Larven unterirdisch an Pflanzenwurzeln.

Cicadetta tibialis

Merkmale: Gut 1 cm groß. Wie alle 14 Singzikaden Mitteleuropas schwer bestimmbar.

Lebensraum: Warme, trockene, spärlich bewachsene Hügel.

Verbreitung: Nur an wenigen Stellen im Süden Mitteleuropas. Im Mittelmeerraum regelmäßig.

Häufigkeit: Selten.

Fortpflanzung: Der Gesang der Zikadenmännchen bekundet Fortpflanzungsbereitschaft. Wie Singvögel grenzen sie ihr Revier damit gegen Rivalen ab und locken gleichzeitig ♀ an. Nach der Begattung legen die ♀ ihre Eier in Pflanzenteile. Die oberirdisch schlüpfenden, kleinen Larven steigen zum Boden hinab und arbeiten sich mit den zu Grabschaufeln umgewandelten Gliedmaßen in die Erde, wo sie oft viele Jahre verbringen, ehe sie zur letzten Häutung wieder an die Oberfläche kommen. Die Zikade *C. tibialis* bleibt einige Jahre im Boden. Sie wird von der bekannten amerikanischen 17-Jahre-Zikade *(Tibicen septendecim)* weit übertroffen, die 17 Jahre im Boden lebt. In dieser langen Zeit häutet sie sich nur siebenmal; unsere *C. tibialis* dagegen fünfmal. Die Zikadenlarven saugen an Pflanzenwurzeln, wo sie – vor allem in den Tropen – gelegentlich Schäden verursachen. Zur letzten Häutung verlassen sie den Boden und hängen sich an einen Pflanzenstengel. Nach dem Schlüpfen zum Vollkerf verbleibt die Larvenhaut am Stengel, wo man sie noch lange Zeit danach finden kann. Die geschlechtsreifen Zikaden führen im Vergleich zu ihren Larven ein nur kurzes Leben: Nach einem Sommer ist ihre Zeit abgelaufen.

Nahrung: Zikaden saugen den Saft verschiedener Pflanzen, Larven benagen Pflanzenwurzeln.

Allgemeines: Mit den Zikaden verwandt sind die Laternenträger *(Fulgoridae)*. Ihr Hauptvorkommen liegt in den Tropen. Der **Europäische Laternenträger** sieht im Gegensatz zu seinen tropischen Verwandten, deren Kopf außerordentlich verlängert und blasenartig verbreitert ist, bescheiden aus. Sein Kopf zieht nur kegelartig nach vorn.

Aphrophora alni Erlenschaumzikade

Merkmale: 1 cm lang. Unregelmäßig braungelb gezeichnet. Ausgezeichnete Tarnung auf braunem Untergrund. Guter Flieger und gewandter Läufer. Die undurchsichtigen Flügel werden – typisch für Zikaden – dachförmig getragen. Die Erlenschaumzikade gehört zur Familie der Schaumzikaden (*Cercopidae*), deren auffälligstes Kennzeichen die Erzeugung von Schaum ist: viele Besucher wundern sich, an einem herrlichen Sommertag im Auwald immer wieder »Regentropfen« zu verspüren. Wenn man genauer nachsieht, stellt man fest, daß die Tropfen von schaumartigen Gebilden stammen, die an Erlen und Weiden hängen. In diesem Schaumnest lebt die Larve der Weiden- oder Erlenschaumzikade. Sie produziert den Schaum, um sich vor Feinden zu schützen.
Lebensraum: Auwälder, entlang von Bächen und Flüssen. Überall dort, wo Erlen stehen.
Verbreitung: In ganz Europa und in Asien.
Häufigkeit: Regelmäßig und häufig.
Fortpflanzung: Der Bergzikade ähnlich.
Nahrung: Saft der Erlen.

Stictocephala bisonia Büffelzirpe

Merkmale: 6–10 mm. Wie alle Buckelzirpen erkennt man diese Art an dem stark verlängerten Pronotum, an dessen Basis 2 spitze dornenähnliche Gebilde auffallen. Im Gegensatz zu den ähnlichen Dornzikaden sind sie an der leuchtend grünen Farbe gut zu unterscheiden. Präparierte Tiere färben in Gelb um.
Lebensraum: Obstgärten, Weinberge, Brachland.
Verbreitung: Ganz Europa mit Ausnahme des Nordens. In Mitteleuropa ist die Art erst seit einigen Jahren aus dem Oberrheingebiet bekannt. Ursprüngliche Heimat war Nordamerika, von wo sie in diesem Jahrhundert in Europa eingeschleppt wurde.
Häufigkeit: In Frankreich stellenweise häufig.
Allgemeines: Als wärmeliebende Art breitete sie sich zwar schnell über Südeuropa aus, wo sie bislang den Kaukasus erreichte. Sie breitet sich vor allem in Obstbaugebieten aus.
Nahrung: Säfte von Trauben und anderen Früchten.

Philaenus spumarius Wiesenschaumzikade

Merkmale: 0,5 cm groß. Klein, sehr beweglich und in ihrer Färbung variabel: mittelbraun mit Aufhellungen bis kontrastreich hell-dunkel.
Lebensraum: Auf Wiesen aller Art. Mit der Intensivierung der Landwirtschaft ging die ursprünglich außerordentlich häufige Wiesenschaumzikade stark zurück. Am häufigsten findet man sie auf Wiesenschaumkraut *(Cardamine pratensis)*.
Verbreitung: In der gesamten gemäßigten Zone Europas und Asien.
Häufigkeit: Trotz starker Rückläufigkeit heute noch eine der häufigsten mitteleuropäischen Zikadenarten.
Fortpflanzung: Nach der Begattung legen die ♀ die Eier in die Pflanzen – meistens Wiesenschaumkraut –, aus denen bald die Larven schlüpfen. Sie leben dann in Schaumnestern. Diese eiweißhaltige Masse wird von den Larven als Schutz gegen Austrocknung und Feinde gebildet. Selbst heftige Regenschauer können diesen Schaum nicht vollständig abwaschen.

Cercopis vulnerata Blutzikade

Merkmale: Mit ebenfalls 1 cm Körpergröße gleich groß wie die sehr ähnliche *C. sanguinolenta*. Die genaue Bestimmung muß dem Fachmann vorbehalten beiben, doch der Fundort gibt einen ersten Hinweis auf die Artzugehörigkeit, da beide Arten nicht im gleichen Biotop vorkommen. So findet man *C. vulnerata* in höheren Gebirgslagen. Bevorzugt sauren Boden.
Lebensraum: An sonnenexponierten Hängen der Mittelgebirge mit buschreicher Vegetation und ausgedehnten Grasflächen.
Verbreitung: Sehr weit in Europa.
Häufigkeit: Wie *C. vulnerata* kann diese Blutzikade in geeigneten Biotopen und warmen Jahren außerordentlich häufig werden. Ihre Bestände sind aber durch die Intensivierung der Landwirtschaft stark rückläufig.
Fortpflanzung: Ähnlich *C. sanguinolenta*. Die Larven leben ebenfalls unterirdisch an Wurzeln, eingepackt in Schaumnestern.
Nahrung: Blutzikaden und deren Larven leben von Pflanzensäften, die sie mit ihrem Rüssel aus Gräsern, Sträuchern und Wurzeln ziehen.

Centrotus cornutus Dornzikade

Merkmale: 1 cm groß. Die ganze Gruppe der Buckelzirpen, zu denen auch die Dornzikade gezählt wird, zeichnet sich durch bizarr geformte Fortsätze der Vorderbrust aus. Bei unserer Art reicht einer dornförmig nach vorn oben, zwei sind seitlich nach hinten gerichtet. Körperfarbe braun, daher gut getarnt zwischen Büschen versteckt. Weltweit kennt man etwa 3000 Arten, die vor allem im tropischen Amerika zu Hause sind. In Europa leben nur zwei Arten: die Dornzikade und *Gargara genistae,* die **Ginsterdornzikade.**
Lebensraum: Waldränder, Lichtungen und an größeren Feldgehölzen. Am häufigsten in der Nähe von Feuchtgebieten.
Verbreitung: In ganz Europa, doch nicht im äußersten Norden und in Kleinasien.
Häufigkeit: Nur in günstigen Biotopen häufig.
Fortpflanzung: Mit Hilfe eines Legestachels werden mehrere Eier in Pflanzenstengel eingelegt. Die Larven tragen noch nicht die langen Dornfortsätze der Eltern. Das Ei überwintert. Pro Jahr gibt es 1 Generation.

Cicadella viridis Zwergzikade

Merkmale: Knapp 1 cm groß. Von den über 5000 weltweit bekannten, meist sehr kleinen Zwergzikaden findet man in Mitteleuropa mehr als 300 Arten. Ungewöhnlich für Zikaden, doch regelmäßig bei Zwergzikaden ist der Geschlechtsunterschied. Während ♂ leuchtend dunkelblaue Vorderflügel tragen, sind die der ♀ wie der übrige Körper grün. Bei den Zwergzikaden gibt es auch stummelflügelige ♀.
Lebensraum: Feuchte Wiesen, Moore und Sümpfe, auch Obstkulturen, wo sie durch ihre Einstiche in das Obst zur Eiablage Schäden verursachen.
Verbreitung: Gesamte Nordhemisphäre.
Häufigkeit: Überall verbreitet und häufig.
Fortpflanzung: Das Ei überwintert. Larven findet man an verschiedenen Wasserpflanzen wie *Juncus* und *Scirpus,* merkwürdigerweise aber auch an Kulturpflanzen, besonders an Obst.
Allgemeines: Verschiedene, recht ähnliche Arten von Zwergzikaden leben beispielsweise auch an Rosen, Pappeln oder Gräsern. Nur der Spezialist kann sie sicher bestimmen.

Cixius nervosus (C. aurita) Ohrzikade

Merkmale: 0,9 cm groß. Auffallend sind die glasig durchsichtigen, hellen Flügel mit reichem Geäder und dunklen Flecken am Außenrand. Diese Zikade gehört in die Familie der *Cixiidae,* eine sonst in den Tropen verbreitete Gruppe. Während Zikaden in der Regel ihre Flügel im Ruhen dachförmig halten, liegen sie bei *Cixius* fast flach.
Lebensraum: Laubmischwälder und Auen. Am häufigsten auf Eschen, Pappeln und Ulmen.
Verbreitung: Europa. **Häufigkeit:** Relativ selten.
Fortpflanzung: Alle etwa 20 in Europa vorkommenden *Cixiiden*-Arten haben ein fliegenartiges Aussehen und verhalten sich auch ähnlich. In der Lebensweise ähnlich der Bergzikade. Doch die Larven von *Cixius* kann man an den buschartigen Hinterleibsfortsätzen, die wachsartig überzogen sind, gut erkennen. Wachsfäden bedecken schon das Gelege, deren Bedeutung noch nicht ganz klar ist. Wahrscheinlich handelt es sich um Schutz vor Verpilzung und Freßfeinden.

Issus coleoptratus Käferzikade

Merkmale: 0,7 cm groß. Klein mit kräftigem Körperbau. Vorderflügel ledrig mit dichtem Netzwerk und breitem Ansatz. Käferartige Erscheinung; auch ähnliches Verhalten. Färbung goldgelb bis hellbraun. Sehr gut angepaßt an das Leben auf verschiedenen Laubbäumen wie Eichen, Eschen oder Buchen.
Lebensraum: Laubwälder, besonders Mischkulturen von Eichen, Ebereschen und Buchen.
Verbreitung: In Europa, vor allem in Mittel- und Hochgebirgen, auch höchste Regionen.
Häufigkeit: Eigentlich nicht selten, doch aufgrund der Lebensweise bekommen sie die Menschen nur selten zu Gesicht.
Fortpflanzung: In der für Zikaden typischen Lebensweise verbringen die Larven den größten Teil ihres Lebens im Boden, wo sie an Wurzeln saugen. Erst nach einigen Jahren graben sie sich nach oben, hängen sich an einem Ästchen fest und häuten sich zur fertigen Zikade, deren Lebenszeit nur wenige Wochen dauert.
Nahrung: Saft aus Blättern und kleinen Zweigen von verschiedenen Laubbäumen.

Sialis lutaria Wasserflorfliege oder Schlammfliege

Merkmale: Knapp 2 cm lang. Die dachförmig gehaltenen Flügel ragen beim ruhenden Tier weit über den Hinterleib hinaus. In Aussehen den Kamelhalsfliegen ähnlich, doch ohne deren verlängerten Hals, der sie charakterisiert. Von den Florfliegen unterscheidet sie die Flügeläderung und der massigere Körper. Schlammfliegen, Kamelhalsfliegen und Florfliegen bilden die Überordnung der Netzflüglerartigen *(Neuropteroidea)*. Sie alle machen eine vollständige Verwandlung (holometabole Entwicklung) durch: Ei – Larve – Puppe – Vollkerf. Das unterscheidet sie auch deutlich von den Zikaden, die das Puppenstadium überspringen und deren Larven den Erwachsenen schrittweise ähnlicher werden.
Lebensraum: Ufer von Bächen, Teichen, Tümpeln und nährstoffreichen Seen; stets in Wassernähe. Die Schlammfliegen klettern meist an den Uferpflanzen und fliegen nur ungern. Ihre Larven leben im Wasser.
Verbreitung: In ganz Europa, fehlt im Südosten. Im Osten bis tief nach Sibirien.
Häufigkeit: Sehr häufig.
Fortpflanzung: Im Frühjahr findet die Verpaarung am Boden statt. ♂ verfolgen zu Fuß die ♀, die, wenn sie paarungsbereit sind, stehenbleiben. ♂ hält mit den Vorderbeinen das ♀ fest, schiebt den Kopf unter den Körper und drückt den Hinterleib schräg nach oben, bis es den Samenbehälter des ♀ erreicht hat und dann das Samenpaket hineindrücken kann. Die Wand des Samenpakets (*Spermatophore*) löst sich auf, und die Samen wandern in die weibliche Geschlechtsöffnung. Nach der Begattung legt das ♀ seine Eier an einen Pflanzenstengel über Wasser ab. Durch Regen werden die frisch geschlüpften Larven ins Wasser gespült.
Nahrung: Die Larven führen ein räuberisches Dasein in schlammigen Gewässern. Während kleine Larven zwischen Wasserpflanzen jagen, ziehen sich ältere in den Schlamm zurück. Zur Verpuppung steigen sie nach oben und verlassen das Gewässer, wo man sie einige Zentimeter unter der Oberfläche am Ufer findet. Die Gesamtentwicklung dauert etwa 2 Jahre.

Raphidia notata Kamelhalsfliege

Merkmale: 1,5 cm lang, fast 3 cm Flügelspannweite. In Europa sind etwa 10 Arten bekannt, weltweit 100. Sie alle tragen den Kopf, der durch den verlängerten »Hals« weit nach vorn reicht, in unverwechselbarer Haltung schräg nach oben. Die weit hinten ansetzenden Beine unterstreichen den Eindruck eines »Kamelhalses«. Kopf sehr beweglich; beide Flügelpaare groß, glasig durchsichtig und reich geädert. Flug sehr langsam. In Ruhestellung liegen die Flügel dachartig über dem Körper.
Lebensraum: In lichten Laub-Mischwäldern, in alten Nadelwäldern, an Waldrändern und auf schattigen Lichtungen.
Verbreitung: In Europa, vor allem im mittleren und nördlicheren Bereich. Fehlt auf der Iberischen Halbinsel und im Südosten auf dem Balkan. **Häufigkeit:** Meist regelmäßig und häufig, oft in großer Anzahl auf engem Raum.
Fortpflanzung: Partnerfindung im Sommer mit Augen und Geruchssinn. Paarungswillige ♀ erkennt man an den leicht gespreizten Flügeln und dem angehobenen Hinterleib, unter den sich das ♂ so lange schiebt, bis es sich mit dem Klammerapparat an der weiblichen Geschlechtsöffnung festhalten kann. Dabei umfaßt es mit den Beinen das lange Legerohr des ♀. Es gibt sein Samenpaket ab, die Befruchtung kann erfolgen. Der Legeapparat ist fast so lang wie der Hinterleib. Die Eier werden in Paketen in Ritzen und Spalten gedrückt. Die bald schlüpfenden Larven sind sehr beweglich. Sie leben am Boden des Waldes, wo sie im lockeren Humus Bockkäferlarven, Eier von Nonnen usw. jagen. Alte Larven überwintern in kleinen Baumhöhlen, deren Öffnung sie meist zuspinnen und wo sie sich im Frühjahr verpuppen. Die zunächst unbeweglichen Puppen werden gegen Ende der Puppenzeit erstaunlich gewandt. Mit ihren freistehenden Flügeln und Körperanhängen klettern sie an Baumstämmen.
Nahrung: Vollkerf und Larve leben räuberisch von Waldinsekten, die sie mit ihren guten Augen entdecken und mit ihrem beweglichen Kopf blitzartig erfassen.

Schlamm-
fliegen

Kamelhals-
fliegen

Drepanopteryx phalaenoides Totes Blatt

Merkmale: 0,8 cm groß, bis 3 cm Flügelspannweite. Nahe verwandt mit *Hemerobius humulinus*, doch unverwechselbar: die Flügelspitzen sind stets nach außen vorgezogen und dahinter eingebuchtet. Sie sehen einem Schmetterling, dem **Eidechsensichler** *(Drepana lacertinaria)*, außerordentlich ähnlich. Die Larven sind längliche, stark beborstete Gestalten mit kräftigen Mundwerkzeugen und gut ausgebildeten Beinen. Im Gegensatz zu den Imagines sind sie sehr beweglich.
Lebensraum: Laubwaldgebiete und Gärten.
Verbreitung: Weite Teile Europas.
Häufigkeit: Unterschiedlich, nirgends häufig.
Fortpflanzung: Die Eier werden von Mai bis Juli in Bodennähe abgelegt. Sie sitzen auf einem dünnen Stiel und erinnern dadurch an die Eier der Florfliegen, die allerdings auf längeren Stielen sitzen. Nach mehreren Häutungen bauen sich die Larven einen Kokon, überwintern darin und schlüpfen im Frühling.
Nahrung: Bevorzugt Blattläuse.
Allgemeines: *Drepanopteryx* wird neben den bekannten und auffallenden Schmetterlingshaften, Ameisenjungfern, Staubhaften und Bachhaften in die Familie der Plattflügler *(Planipennia)* eingeordnet.

Osmylus fulvicephalus (O. chrysops) Bachhaft

Merkmale: 2 cm groß, bis zu 5 cm Flügelspannweite. Glasig durchsichtige Flügel mit zahlreichen braunen Flecken, von denen die meisten auf dem vorderen Flügelpaar liegen. Flügel mit zahlreichen dunkel hervortretenden Adern.
Lebensraum: Bevorzugt an flachen, nährstoffreichen Tümpeln und Seen, wo Bachhafte und deren Larven eifrig nach Insekten jagen. Vollkerfe auch stets in Gewässernähe.
Verbreitung: In der gemäßigten und warmen Zone Europas. Im Norden erreicht der Bachhaft Südskandinavien.
Häufigkeit: Unregelmäßig. War früher häufiger.
Fortpflanzung: In Flachwasserzonen legen die ♀ auf Blättern von Wasserpflanzen ihre Eier ab. Die daraus schlüpfenden Larven leben amphibisch: teils an Land, teils im Wasser, meist am Ufer, wo sich zahlreiche Insekten aufhalten. Larve überwintert an Land in Wassernähe.
Nahrung: Räuberisch von verschiedenen kleinen Tieren, hauptsächlich Wirbellosen.
Allgemeines: Die an schattigen, klaren Bächen lebenden Bachhafte *O. fulvicephalus* sind die häufigsten Vertreter der Familie der Bachhafte *(Osmylidae)*. Im Gegensatz zu den nahe verwandten Florfliegen tragen sie Stirnaugen.

Ascalaphus longicornis Schmetterlingshaft ∅

Merkmale: 3 cm groß, 5 cm Flügelspannweite. Flügel dreieckig, durchsichtig mit gelbbrauner Zeichnung. Von dem sehr ähnlichen Schmetterlingshaft *A. libelluloides* an einem schwarzen, halbmondförmigen Fleck um einen gelblichen Fleck, der *A. libelluloides* fehlt, zu erkennen.
Lebensraum: Auf wenige Wärmeinseln in Europa beschränkt. In Mitteleuropa vor allem am Kaiserstuhl und Neusiedlersee.
Häufigkeit: Sehr selten! *Streng geschützt!*
Fortpflanzung: Paarung erfolgt im Flug. Das ♂ ergreift das ♀ nach einer rasanten Verfolgungsjagd. Eier werden in Doppelreihen an Pflanzenstengeln abgelegt. Nach 2–3 Wochen schlüpfen die kleinen Larven, die unter Moos oder Steinen auf Beute lauern. In ihrem Aussehen ähneln sie kleinen Ameisenlöwen, bauen jedoch keine Trichter. Verpuppung erfolgt in einem Kokon, der an einem Pflanzenstengel hängt. Puppenruhe etwa 3 Wochen. Gesamtdauer der Entwicklung mindestens 2 Jahre.
Nahrung: Räuberisch von kleinen Tieren.
Allgemeines: Mit nur 20 Arten in Europa sind Schmetterlingshafte relativ artenarm. Ihnen allen gemeinsam ist ihre Aktivität am Tag, wo sie bevorzugt anderen Insekten, besonders Schmetterlingen, nachstellen.

Ascalaphus libelluloides
Schmetterlingshaft ∅

Merkmale: 2,5 cm lang, bis 5,2 cm Flügelspannweite. Erinnert in Gestalt und Verhalten an einen Schmetterling. Doch trägt der Schmetterlingshaft keine Schuppen auf den glasigen, im inneren Drittel außen gelb, innen tiefbraunen Flügeln. Körper dicht schwarz behaart. In Ruhe werden die Flügel schräg dachförmig vom Körper abgespreizt. Tagaktiv, besonders in den warmen Mittagsstunden.
Lebensraum: Wärmeliebende Art, an sonnigen Hängen mit spärlicher Vegetation.
Verbreitung: Im Süden Europas regelmäßig, nördlich der Alpen nur an wenigen warmen Stellen, beispielsweise am Kaiserstuhl und am Neusiedlersee. **Häufigkeit:** Sehr selten. *Hochgradig gefährdet!*
Fortpflanzung: Die Eier werden paarweise an einem Grasstengel befestigt. Die räuberisch am Boden lebenden Larven haben kurze Beine und einen walzenförmigen Körper mit besonders auffallenden Zangen am Kopf. Nach zwei Überwinterungen im Frühjahr Verpuppung.

Ascalaphus macaronius
Brauner Schmetterlingshaft ∅

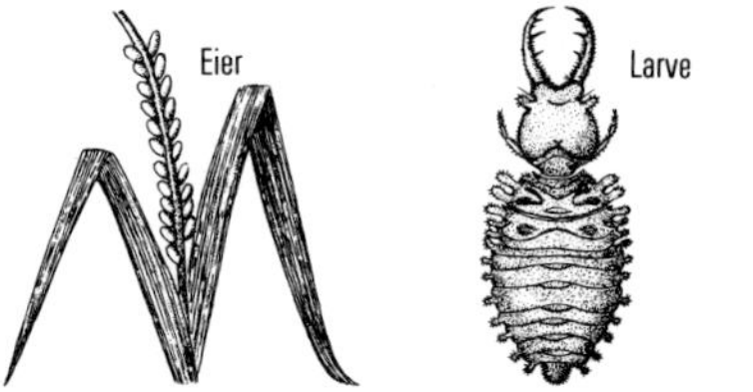

Merkmale: 2,7 cm lang, 5 cm Flügelspannweite. Sehr ähnlich *A. libelluloides*. Hinterflügel dunkelbraun mit breitem, gelbem Band; großer, gelber, runder Fleck in der Flügelspitze. Keine Beschuppung der Flügel. Fühler lang, dünn, keulenartige Verdickung der Spitze.
Lebensraum: Sehr warme Stellen, stets in offenem Gelände. **Vb:** Mittelmeerraum.
Häufigkeit: Sehr selten. *Hochgradig bedroht!*
Fortpflanzung: Verpaarung im Flug, wird am Boden beendet. Eiablage und Larvenzeit wie bei *A. libelluloides*.
Nahrung: Larven jagen am Boden nach Kleintieren; Vollkerfe fangen in der Luft Insekten.

Myrmeleon formicarius
Gemeine Ameisenjungfer

Fanganlage des Ameisenlöwen

Merkmale: 3,5 cm lang, 6–8 cm Flügelspannweite. Libellenähnlich. Auf den glasig durchsichtigen Flügeln liegen in Größe und Gestalt unregelmäßige braune Flecken. Gute Tarnung!
Lebensraum: Sandige Flächen in warmen Gebieten, Heiden und Steppenheiden.
Verbreitung: Weite Teile Europas, im Norden bis Südskandinavien. **H:** Nicht sehr häufig.
Allgemeines: Dämmerungsaktiv. Mit ihren kräftigen Mundwerkzeugen können sie Insekten festhalten und töten. Bekannter als die Vollkerfe selbst sind ihre Larven, im Volksmund »Ameisenlöwen« genannt. Sie bauen sich an trockenen, sandigen Stellen kleine Trichter (etwa 1,5 cm Durchmesser), und warten, bis ein kleines Tier, meist eine Ameise, hineinfällt.

Formicaleo nostras
Gefleckte Ameisenjungfer

Merkmale: 3,5 cm groß, 7 cm Flügelspannweite. Ähnlich *M. formicarius*. Im Flug vereinigt dieser Haft scheinbar Merkmale von Schmetterlingen und Libellen. Flügel stärker gefleckt.
Lebensraum: Nur an sandigen Stellen, wo die Larven ihre Trichter bauen können. Damit die Trichter nicht zusammenfallen, müssen sie an regengeschützten, nicht zu lockeren Stellen angelegt werden. Auch die Vollkerfe halten sich nur an warmen Plätzen mit spärlicher Vegetation auf.
Verbreitung: Ähnlich wie *M. formicarius*.
Häufigkeit: Unregelmäßig, selten.
Fortpflanzung: Mit den kräftigen Hinterleibsanhängen klammern sich die ♂ am Hinterleib des ♀ fest. In Bodennähe legt das ♀ seine Eier ab, aus denen die kleinen Ameisenlöwen schlüpfen, die zweimal überwintern, ehe sie sich in einem kugeligen Gespinstkokon, der außen mit Steinchen versehen ist, verpuppen.
Nahrung: Räuberisch, meist von Ameisen.

Siehe auch S. 274/75

Chrysopa perla **Florfliege** oder **Goldauge**

Merkmale: Etwa 1 cm groß, ca. 3 cm Flügelspannweite. Grüne oder blaßgelbe, wie mit einem Flor überhaucht wirkende Flügel. Die gelben Augen und der feine Schiller geben diesen zarten Tieren ein zerbrechliches Aussehen. In Ruhestellung werden die Flügel dachförmig über dem Körper getragen. An der Vorderbrust besitzen diese Tiere eine »Stinkdrüse«, weshalb sie im Volksmund gelegentlich auch Stinkfliegen genannt werden. Mit diesem Duftstoff wehren sie Feinde ab. Manche Florfliegen besitzen an der Basis der Vorderflügel ein Organ (*Tympanalorgan*), mit dem sie Ultraschalltöne hören können. Man vermutet, daß dies eine Schutzeinrichtung vor Fledermäusen ist, die ja in der Nacht auf Insektenjagd unterwegs sind. Florfliegen sind dämmerungs- und nachtaktiv. Weltweit kennt man mehr als 800 verschiedene Florfliegenarten; in Mitteleuropa leben davon etwa 20 Arten. Sie zeigen unterschiedlich ökologische Anpassungen, so zum Beispiel bei den Gelegen: Manche haben lang bestielte Eier, manche kurze; die einen packen die Eier dicht zusammen, die anderen verteilen sie auf eine größere Fläche. Die verschiedenen Strategien bieten Schutz vor Freßfeinden und anderen Gefahren.

Lebensraum: Wälder, Gärten, Parks und Siedlungen. Im Winter oft in großer Anzahl auf Dachböden oder in Räumen, wo sie überwintern. Im Frühjahr und Sommer im Garten. An warmen Sommerabenden fliegen sie in größeren Schwärmen ans Licht. Tagsüber sitzen sie ruhig auf der Oberseite grüner Blätter. Ihre Tarnung ist perfekt: Nur mit Mühe kann man sie entdecken.

Verbreitung: In ganz Europa. Es gibt eine Reihe sehr ähnlicher Arten, die schwer bestimmbar sind.

Häufigkeit: Nirgends selten. Massenentwicklungen treten unregelmäßig im Abstand mehrerer Jahre auf. Sie sind von der Witterung abhängig: Milde Winter, warme, regenreiche Sommer begünstigen eine Massenentwicklung.

Fortpflanzung: Bei der Begattung gibt das ♂ nach einer streng ritualisierten Balzhandlung neben der weiblichen Geschlechtsöffnung das Samenpaket (*Spermatophore*) ab. Von dort nimmt es das ♀ auf. Befruchtete ♀ legen ihre bestielten Eier an einem Blatt ab. Häufig findet man das Gelege in der Nähe einer Blattlauskolonie. Der Stiel ist ein erstarrter Faden, der aus der Anhangsdrüse kommt: Zuerst befestigt die Florfliege auf dem Blatt durch Heben des Hinterleibs den Faden und dann darauf das Ei. Die Fadenlänge ist unterschiedlich. Nie berühren sich die Eier. Die bald darauf schlüpfenden Larven erinnern an die anderer Netzflügler. Es sind kleine, stark behaarte und beborstete Tiere mit sehr kräftigen Mundwerkzeugen. Damit halten sie die Beute fest. Blattläuse werden regelrecht aufgespießt. Mit den Borsten tarnen sich manche Larven zusätzlich, indem sie Rindenstückchen oder auch leere Blattlaushüllen aufspießen. Sie nehmen dann ein sehr bizarres Aussehen an.

Zur Verpuppung spinnen sie sich zwischen Ästchen ein, so daß die Puppe im freien Raum hängt. Die Spinnfäden kommen aus denselben Hinterleibsdrüsen, von denen auch der Faden für den Ei-Stiel stammt. Die Puppe verläßt den Kokon, ehe sie sich zur Florfliege fertig entwikkelt hat. Mit ihren beweglichen Mundwerkzeugen beißt sie sich ein Loch in den Kokon. Erst außerhalb verwandelt sie sich vollends in die Florfliege.

Meist überwintert der Vollkerf, doch bei einer Reihe von Florfliegen tun dies auch ausgewachsene Larven. Pro Jahr kann es zu 1 oder auch 2 Generationen kommen. Überwintern Vollkerfe, dann verfärben sich die zunächst grünen Flügel in ein blasses Gelbbraun.

Nahrung: Florfliegen gehören zu den besonders nützlichen Tieren, da sie fast ausschließlich Blattläuse fressen. Neben den Marienkäfern und einigen Schwebfliegen sind sie die eifrigsten Blattlausjäger. Zum Abtöten einer Laus wird ein giftiges Sekret eingespritzt, das innerhalb einer Minute das Innere auflöst. Anschließend wird der Saft ausgesaugt. Zurück bleibt die leere Chitinhülle der Blattlaus. Es gibt aber auch Florfliegen, die sich von Blütenpollen und -nektar ernähren *(Ch. vulgaris.)*

Allgemeines: Florfliegen werden nicht selten in Unkenntnis ihrer Lebensweise und ihrer Bedeutung beim Kurzhalten der Blattläuse getötet, wenn sie in Häusern überwintern.

Cicindela sylvatica Wald-Sandlaufkäfer

Merkmale: 1,5–2 cm groß. Dieser hübsche braun-gelb gezeichnete Laufkäfer ist schwer bestimmbar, da es eine Reihe sehr ähnlicher Arten in Mitteleuropa gibt. Bestes Merkmal ist die schwarze, gekielte Oberlippe.
Lebensraum: Trockene, warme Magerrasen und Ödländer. Nur auf Sandböden.
Verbreitung: Nordöstliche Art. Fehlt oder ist sehr selten im Süden und Westen Europas.
Häufigkeit: Selten.
Fortpflanzung: Zur Eiablage bohrt das ♀ ein kleines Loch in den Sand, legt die Eier hinein und verschließt das Loch wieder. Die Larven leben in selbstgegrabenen Löchern, wo sie auf Beute lauern. Sie leben wie die Vollkerfe räuberisch. Käfer findet man von April bis August.
Nahrung: Mit den kräftigen Zangen *(Mandibeln)* können sie größere Insekten ergreifen, töten und fressen.
Allgemeines: Wie alle *Cicindela*-Arten reagieren sie rasch mit Flucht, wenn sie sich bedroht fühlen. Im Gegensatz zu anderen Laufkäfern laufen sie nicht weg, sondern fliegen davon.

Cicindela campestris
Feld-Sandlaufkäfer oder Tigerlaufkäfer

Merkmale: 1,5 cm lang. Leuchtend grüne Körperoberseite mit einem oder mehreren paarigen, hellen Flecken auf den Flügeldecken.
Lebensraum: Trockene, sandige Böden, Heidegebiete, alte Kiesgruben, an warmen Waldrändern mit stellenweise freiem Sand.
Verbreitung: Ganz Europa bis weit nach Sibirien. Auch in Nordafrika.
Häufigkeit: Häufig, heute stark rückläufig.
Fortpflanzung: Vollkerfe überwintern. Man trifft sie von Mai bis September. Die ♀ legen ihre Eier in wenige Millimeter tiefe Sandlöcher.
Nahrung: Die Larven graben sich in bis zu 40 cm tiefe Röhren in den Sand. Am Eingang lauern sie auf Beute, die meist aus Raupen und anderen Insektenlarven besteht. Sie ziehen die Beute in die Tiefe, beißen ihr den Kopf ab und saugen das Körperinnere aus.
Allgemeines: Sandlaufkäfer sind außerordentlich geschickte Läufer, die unter Grasbülten und in Nischen verschwinden und bei Gefahr überraschend schnell davonfliegen.

Cicindela silvicola Berg-Sandläufer

Merkmale: 1,2–1,5 cm lang. Die braungelbe Zeichnung der Körperoberseite ist typisch, eignet sich aber nicht absolut sicher zur Artbestimmung, da sie stark variiert und zahlreiche Formen ausbildet. Schwer bestimmbar, wie viele der über 700 in Mitteleuropa lebenden Laufkäfer!
Lebensraum: Sandige, trockene, sonnenbeschienene Stellen mit spärlicher Vegetation.
Verbreitung: Als montane Art findet man ihn mehr in den Gebirgen Mitteleuropas; im Süden bis Mittelitalien. In den ersten warmen Apriltagen erscheinen die Käfer. Häufiger trifft man sie im Hochsommer an trockenen Stellen.
Häufigkeit: Regelmäßig.
Allgemeines: Die in ihren Höhlen lauernden Larven verschließen die Öffnung mit ihrem Kopf und Halsschild. Fühler und Kiefer sind nach oben gestreckt. Die Beute wird mit den Augen entdeckt. Mit 6 Einzelaugen erfassen sie ein Blickfeld von fast 180 Grad. Nähert sich ein Insekt am Boden, packt die Larve zu und zerrt es in die Röhre.

Calosoma sycophanta
Großer Puppenräuber

Merkmale: 2,5–3,5 cm groß. An der Größe und an den kupfrig-grün glänzenden Flügeldekken zu erkennen. Heißt auch Kletterlaufkäfer.
Lebensraum: Laub- und Nadelwälder.
Verbreitung: Gemäßigte Zone Europas und Asiens. Diese Art und der Kleine Puppenräuber *(C. inquisitor)* wurden nach Amerika gebracht, um Larven und Raupen schädlicher Insekten als natürliche Feinde zu bekämpfen.
Häufigkeit: Regelmäßig, nirgends häufig.
Allgemeines: Larven und Käfer jagen tagsüber und nachts nach Insekten, besonders gern Schmetterlingsraupen auf Bäumen. Die Käfer können sehr gut fliegen und erscheinen dann in Gebieten mit Massenvermehrungen der Nonne. Doch schon im August graben sie sich 40 cm tief in den Boden, um hier zu überwintern. Kaum ein Laufkäfer wird so alt wie der Große Puppenräuber, dem man ein Alter von 4 Jahren nachweisen konnte. Dauer der Larvenzeit 2–3 Wochen. Ein Käfer frißt im Jahr etwa 400 Schmetterlingsraupen.

Calosoma inquisitor Kleiner Kletterlaufkäfer oder Kleiner Puppenräuber

Merkmale: Bis 2 cm groß. »Kleine Ausgabe« des Großen Puppenräubers. Im Unterschied zu diesem besitzt er keinen vollständig gerandeten Halsschild. Die Aufrandung ist nur an den Seiten ausgeprägt. Die Farbe der Flügeldecken wechselt: meist ist sie schwarz, aber auch grün oder blau.
Lebensraum: Laubmischwälder, Parkanlagen, auch in Obstgärten. Zwar jagt die Art gern an Baumstämmen und in Baumkronen, doch genauso häufig findet man sie am Boden.
Verbreitung: In Europa; im Südosten bis in den Kaukasus, im Süden bis nach Nordafrika.
Häufigkeit: Häufiger als der Große Puppenräuber. Starke Bestandschwankungen, meist nicht selten.
Nahrung: Vor allem Raupen und Puppen des Frostspanners. Wird daher von Forstleuten und Obstgärtnern sehr geschätzt.
Allgemeines: Im Süden Europas lebt er in den ausgedehnten Eichenwäldern. In der Lebensweise dem Großen Puppenräuber ähnlich.

Carabus coriaceus Lederlaufkäfer

Merkmale: Mit 4 cm Länge größter mitteleuropäischer Laufkäfer und einer der größten und eindrucksvollsten ganz Europas. Wird nur vom Riesenlaufkäfer (*Procerus gigas*) mit 6 cm Größe übertroffen. Diese Art lebt jedoch nur in Südosteuropa, so ist der Lederlaufkäfer leicht zu erkennen.
Lebensraum: Mischwälder, Gärten, Parks.
Verbreitung: In fast ganz Europa, fehlt in Großbritannien.
Häufigkeit: Häufig, doch stark rückläufig.
Nahrung: Schnecken, Raupen, Käfer; gehen auch an reife Früchte. Mit ihrem enormen Appetit sind sie in der Lage, ein Kartoffelfeld, auf dem 200 Kartoffelkäfer pro Quadratmeter leben, zu säubern!
Allgemeines: Bei Gefahr können diese Käfer nicht davonfliegen, da ihre Hautflügel zurückgebildet sind. Deshalb drohen sie, indem sie sich auf die Beine stellen und die kräftigen Mundwerkzeuge spreizen. Gleichzeitig spritzen sie aus der Hinterleibsdrüse ein stinkendes Sekret. Laufen auch schnell davon.

Carabus auratus Goldlaufkäfer oder Goldschmied

Merkmale: 2–3 cm groß. Sehr ähnlich dem Goldglänzenden Laufkäfer (*C. auronitens*), von dem man ihn an den Flügeldeckenrippen, dem ausgeschnittenen Hinterrand der Flügeldecken und dem größeren und breiteren Schild unterscheiden kann.
Lebensraum: Gärten, Wiesen und Felder.
Verbreitung: In Europa bis zur Oder. Bevorzugt warme Stellen.
Häufigkeit: Regelmäßig.
Fortpflanzung: Im April kommen die ersten Goldlaufkäfer aus ihren Überwinterungsquartieren. Nach der Begattung legt das ♀ die Eier, aus denen schon nach 3–10 Tagen, je nach Witterung, die kleinen Larven schlüpfen, die sich dreimal häuten und dann im Boden verpuppen, in eine kleine Höhle. Im Herbst erscheinen die frisch geschlüpften Käfer.
Nahrung: Schnecken, auch Kartoffelkäfer. Täglich nimmt ein Käfer das 1,3fache seines Körpergewichts zu sich. Der Goldlaufkäfer gilt daher als nützlich.

Carabus auronitens Goldglänzender Laufkäfer

Merkmale: Erreicht mit seinen 2,8 cm nicht ganz die Größe des Goldlaufkäfers. Zur Unterscheidung dieser ähnlichen Arten siehe *C. auratus*. Die Farben der Flügeldecken können stark variieren: rotgold oder grüngold, in seltenen Fällen auch glänzend blau. Die Ausbildung der Farbe ist von Luftfeuchtigkeit und Sonneneinstrahlung abhängig.
Lebensraum: Wälder der mittleren und höheren Lagen. Lebt dort unter Baumstümpfen und Baumrinden. Tagaktiv.
Verbreitung: West- und Mitteleuropa, fehlt in Großbritannien und Skandinavien.
Häufigkeit: Regelmäßig, doch nicht häufig.
Fortpflanzung: Die überwinternden Käfer erscheinen in den ersten warmen Apriltagen. Verpaarung wie bei *C. auratus*. Nach der Eiablage sterben die Käfer, so daß man im Frühjahr die überwinternde Generation und im Herbst die frisch geschlüpfen Käfer finden kann.
Nahrung: Wie Goldlaufkäfer. Nützlich.

Carabus nemoralis Hainlaufkäfer

Merkmale: 21–33 mm. Flügeldecken grün, bronze, blau oder purpurschwarz gefärbt, häufig zweifarbig. Die Elytren sind konvex gebogen mit auffallenden, gerade verlaufenden Grubenreihen. Diese Gruben weisen die Grundfarbe des Käfers auf.
Lebensraum: Bevorzugt in Laubwäldern, wo man sie vom zeitigen Frühjahr bis in den Spätsommer beobachten kann. An heißen Sommertagen legen sie ein Diapause ein. Überwinterung im Schutz von Baumstümpfen.
Verbreitung: Mittel- und Westeuropa.
Häufigkeit: Lokal nicht selten.
Nahrung: Raupen, Larven, Schnecken.
Allgemeines: Hainlaufkäfer sind nachtaktiv. Man kennt mehrere Unterarten. Er wurde nach Nordamerika eingeschleppt. Hält sich tagsüber versteckt unter Rindenstücken oder in morschen Baumstümpfen.

Platysma nigra

Merkmale: 1,7–2,1 cm. Schwarz, Flügel matt. Fühler lang und dünn, Halsschild am Grund leicht nach oben gebogen, die Seiten schwach und ebenfalls gebogen. Flügel sehr breit angelegt, oval, nach der Mitte länglich.
Lebensraum: Montane Wälder.
Verbreitung: In geeigneten Biotopen Mitteleuropas.
Häufigkeit: Als hochspezialisierte Art nur an wenigen Stellen häufig.
Fortpflanzung: Die ausgewachsenen Käfer überwintern in tiefen, selbstgegrabenen Höhlen im weichen Humus. Im Frühjahr Paarung und Eiablage, die ebenfalls in kleinen Gruben erfolgt. Larven graben sich zur Häutung ein. Im Herbst, wenn die jungen Käfer voll entwickelt sind, fressen sie sich einen Wintervorrat an.
Nahrung: Verschiedene Insekten und deren Larven.

Carabus cancellatus Körner›wanze‹

Merkmale: 1,6–2,5 cm groß. Körperfarbe Bronze mit grünlichen Beimischungen, in seltenen Fällen rein schwarz. Schwer bestimmbar!
Lebensraum: Offene Landschaft, meist Wiesen und Felder.
Verbreitung: Gemäßigte Zone Europas; im Norden bis Mittelskandinavien, im Süden bis Nordspanien, Mittelitalien, fehlt im übrigen Mittelmeerraum. Bis ins Hochgebirge anzutreffen.
Häufigkeit: Weit verbreitet und häufig.
Fortpflanzung: Die überwinternden Laufkäfer erscheinen im April und können bis September beobachtet werden, ehe sie sich wieder im Boden in etwa 50 cm Tiefe eine kleine Höhle graben, um hier zu überwintern. Das ♀ legt im Frühjahr 30–40 Eier in den Boden. Zwar leben die Larven oberirdisch, doch zu jeder Häutung graben sie sich ein: typisches Verhalten vieler Laufkäfer. Zur Verpuppung graben sie sich ein noch tieferes Loch als zur Larvenhäutung.
Nahrung: Käfer und Insektenlarven werden als Kartoffelkäfervernichter sehr geschätzt.

Elaphrus riparius (E. cupreus) Uferläufer oder Raschkäfer

Merkmale: Fast 1 cm groß. Die 6 in Mitteleuropa lebenden *Elaphrus*-Arten sind schwer bestimmbar. Sie ähneln kleinen Sandlaufkäfern, sind aber von diesen an den stark hervortretenden Augen und vor allem an den vier Reihen von innen grün oder blau gefärbten Augenflekken der Flügeldecken leicht zu unterscheiden.
Lebensraum: Nur an Ufern von Bächen, Flüssen oder Teichen zu finden. Die Käfer halten sich an vegetationsfreien Stellen auf, die immer wieder vom Wasser überflutet werden. Hier kann man sie recht gut beobachten.
Verbreitung: In Europa.
Häufigkeit: Auf ausgedehnten Uferflächen meist häufig.
Fortpflanzung: Wie die meisten Laufkäfer überwintern die im Herbst frisch geschlüpften Käfer tief im Boden eingegraben. Doch über die genaue Biologie, über die Anpassungen an das Leben in Wassernähe ist noch recht wenig bekannt.
Nahrung: Kleine Insekten und deren Larven.

Omophron limbatum Grüngestreifter Grundkäfer

Merkmale: 0,5–0,7 cm groß. Klein, rundlich, hochgebaut: untypische Merkmale für einen Laufkäfer! Dennoch gehört der Grundkäfer in diese Gruppe. An den langen Beinen und an dem Verhalten in freier Natur erkennt man ihn als Laufkäfer besser. Er ist stets grün-gelb gezeichnet.
Lebensraum: Streng an Wassernähe gebunden: Hier bewohnt er Sandbänke und Schlickflächen, über die er sehr flink läuft. Doch meist entdeckt man ihn gar nicht, da er tagsüber im Sand eingegraben ruht.
Verbreitung: Zwar in ganz Europa verbreitet, aber inselartig in artgleichen Gruppen, die untereinander keine Verbindung haben, aufgeteilt. Verbreitungsgebiet bis Nordafrika.
Häufigkeit: Meist selten. Da die Art jedoch gesellig auftritt, kann man sie in manchen Gebieten in größerer Anzahl finden.
Fortpflanzung: Siehe Goldlaufkäfer.
Nahrung: Nachts fangen diese Käfer Insekten, die sich auf dem Sand aufhalten.

Amara aenea Kanalkäfer

Merkmale: 0,8 cm groß. Ein Vertreter der Gattung der Kanalkäfer, die etwa 60 Arten in Mitteleuropa umfaßt und die nur schwer voneinander zu unterscheiden sind. Sie alle sind dunkel glänzend und oval in der Gestalt. Eine genaue Bestimmung gelingt oftmals nur über eine Genitaluntersuchung.
Lebensraum: Trockene, sonnenbeschienene Stellen mit kärglicher Vegetation. Besonders gut kann man sie in den heißen Mittagsstunden beobachten, wenn sie über den Sand huschen.
Verbreitung: Gemäßigte Zone Asiens und Europas.
Häufigkeit: Regelmäßig und häufig.
Fortpflanzung: Siehe Goldlaufkäfer.
Nahrung: Kanalkäfer lieben Gemischtkost: Sie fangen Insekten, die sie aussaugen, aber auch kauend schlucken, wie man Nahrungsresten aus ihrem Kropf entnehmen konnte, sitzen aber auch an milchigen Ähren, um diese zu verspeisen. Auch andere pflanzliche Kost wird nicht verschmäht.

Broscus cephalotes Kopfkäfer

Merkmale: 2 cm groß. An dem überdimensional großen Kopf, der ihm den Namen gegeben hat, und an dem vorn breiten und hinten eng zusammenlaufenden Halsschild ist dieser große Käfer gut zu bestimmen. Da ihm Grabbeine fehlen, gräbt er sich mit seinen kräftigen Mundwerkzeugen in den weichen Boden Gänge und kleine Höhlen. An den Vorderschienen liegen die Putzscharten: zwei oben und unten ansetzende starke Dornen. Damit putzen die Kopfkäfer ihre Fühler. Viele Käfer besitzen solche Putzscharten. Doch sind sie nicht so gut sichtbar wie beim Kopfkäfer.
Lebensraum: Niedere und mittlere Tallagen. Häufig auf sandigem Untergrund.
Verbreitung: In Europa weit verbreitet, besonders im Norden; im Süden bis Mittelitalien.
Häufigkeit: Regelmäßig. War früher sehr viel häufiger.
Fortpflanzung: ♀ graben zahlreiche Gänge, in die sie ihre Eier legen.
Nahrung: Bevorzugt Insektenlarven, die von der Höhle aus gejagt werden.

Poecilus cupreus Listkäfer

Merkmale: 1–1,3 cm groß. Man kennt allein in Mitteleuropa 11 Arten dieser Gattung (*Poecilus*). Sie unterscheiden sich teilweise an der Körperfarbe, die allerdings variieren kann. So ist die des Listkäfers meist kupfrig, manchmal auch blau, schwarz oder metallisch grün. Die Basalglieder der Fühler sind nicht rund, sondern im Gegensatz zu ähnlichen Arten kantig. Der Halsschild ist schmaler als die Basis der Flügeldecken. An diesen Merkmalen kann man die Gattung einigermaßen sicher bestimmen. Oftmals muß aber eine Genitaluntersuchung letzte Zweifel beseitigen.
Lebensraum: Trockenwarme Stellen, wie Wegränder, »Brennen« oder Hutweiden.
Verbreitung: Fast ganz Europa, bevorzugt aber in tieferen Lagen.
Häufigkeit: Sehr häufig. *P. versicolor* und *P. lepidus*, zwei sehr ähnliche Arten, treten ebenfalls häufig bei uns auf.
Allgemeines: Käfer überwintern als Vollkerf gut im Boden versteckt. Dämmerungsaktiv.

Zabrus tenebrioides Getreidelaufkäfer

Merkmale: 1,5 cm groß. Dunkler, hoch gewölbter und plump wirkender Käfer mit relativ kurzen Fühlern und kräftigen Laufbeinen.
Lebensraum: Getreidefelder und Ödflächen.
Verbreitung: In ganz Europa zu finden; im Norden selten. Im Osten bis Kleinasien.
Häufigkeit: Galt im vorigen Jahrhundert als gefährlicher Getreideschädling. Heute außerordentlich selten: Bei einer systematischen Aufsammlung von Laufkäfern befanden sich unter 20 000 Tieren nur 5 Getreidelaufkäfer.
Fortpflanzung: Meist überwintern die Käfer im Boden, gelegentlich auch Eier und kleine Larven, die sich dann im Frühjahr sehr rasch entwickeln und am Grün der Wintersaat fressen. Getreidelaufkäfer, die als fertig entwickelte ♀ überwintern, legen im Frühjahr die Eier. Nach der Eiablage sterben die ♀. Larven leben in selbstgegrabenen Höhlen in 20–30 cm Tiefe. Nachtaktiv.
Nahrung: Pflanzliches Material, vor allem unreife Getreidekörner, seltener Insektenlarven und Würmer.

Callistus lunatus Mondfleck

Merkmale: 0,5–0,7 cm groß. Aufgrund der auffälligen Zeichnung und der Tatsache, daß in Mitteleuropa nur eine Art dieser Gattung auftritt, kann man sie leicht bestimmen. Die Körperfarbe variiert, aber das Muster bleibt meist konstant.
Lebensraum: Warme, sonnenexponierte Stellen mit spärlicher Vegetation: an Südhängen, in alten Steinbrüchen, auf Ruderalflächen mit steppenähnlichem Charakter. Tagsüber unter Steinen verborgen, häufig mit anderen Laufkäfern vergesellschaftet. Bevorzugt auf Kalkböden.
Verbreitung: In Europa, doch nur an warmen Stellen. Der Mondfleck fehlt im kühlen Norden und in den Alpen. Schwerpunkt des Verbreitungsgebiets ist der Mittelmeerraum.
Häufigkeit: In Mitteleuropa selten; nur an einigen Stellen etwas häufiger.
Fortpflanzung: Der Mondfleck lebt gesellig. Nachtaktiv. Eiablage und Verpuppung im Boden. Larven leben in kleinen Höhlen.
Nahrung: Räuberisch von kleinen Insekten.

Brachinus crepitans Bombardierkäfer

Merkmale: Bis 1 cm groß. Alle 4 in Mitteleuropa lebenden Bombardierkäferarten sind zweifarbig blau-rot und tragen gestutzte Flügel.
Lebensraum: Auf Kalkböden mit spärlicher Vegetation unter Steinen, meist an Weg- und Feldrändern. Wärmeliebend.
Verbreitung: In ganz Europa, doch im Süden deutlich häufiger. Auch in Nordafrika und im Osten bis nach Sibirien.
Häufigkeit: Im allgemeinen nicht häufig, doch aufgrund der geselligen Lebensweise findet man meist mehrere Exemplare dieses eigenartigen Käfers.
Fortpflanzung: Wie bei anderen Laufkäfern.
Nahrung: Pflanzliche und tierische Kost.
Allgemeines: Bei Gefahr stößt der Bombardierkäfer hinten eine bläuliche Gaswolke aus, die mit einem Knall explodiert. Dabei kann er mehrmals nacheinander in eine bestimmte Richtung »schießen«. Zwei winzige Drüsen beidseitig des Afters stehen in Verbindung mit einer Sammelblase, in der das explosive Gemisch produziert wird.

Notiophilus biguttatus Eilkäfer

Merkmale: 0,5 cm groß. Klein, kupferfarben, mit auffallend großem Kopf und großen Augen. Körperseiten verlaufen parallel. In Mitteleuropa leben 8 Arten, die nur schwer zu unterscheiden sind.
Lebensraum: Fast überall anzutreffen. Bevorzugt unter Nadelstreu, Moosen und Steinen in Waldlichtungen, an Waldrändern, auch in verwilderten Gärten und Parkanlagen.
Verbreitung: In ganz Europa.
Häufigkeit: Häufigste Art unter den Eilkäfern. Überall zu finden.
Fortpflanzung: Vollkerfe überwintern mit vollausgebildeten oder mit kurzen Flügeln. Im Frühjahr Eiablage. Aus den Eiern schlüpfen schon nach wenigen Tagen kleine Larven, die sich im Boden unter der Nadelstreu verstekken. Verpuppung im Boden im Hochsommer. Im Herbst schlüpfen die fertigen Käfer, die sich bald darauf zur Überwinterung im Boden verkriechen.
Nahrung: Eilkäfer jagen in der Nacht nach verschiedenen Insekten und kleinen Tieren.

Dytiscus marginalis Gelbrandkäfer

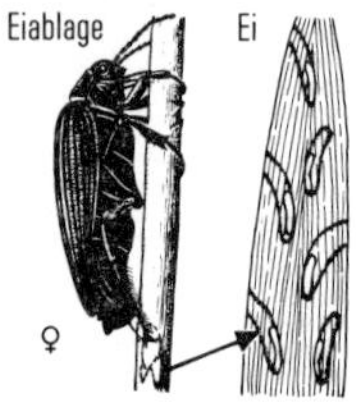

Merkmale: Mit 2,7 bis 3,5 cm Länge auffallend großer, kräftiger Schwimmkäfer. Er trägt einen deutlich gelben Rand an den Körperseiten, der nicht ganz so stark verbreitert ist wie beim nahe verwandten, etwas größeren und viel selteneren **Breitrand** *(Dytiscus latissimus)*. ♂ und ♀ zeigen einen deutlichen äußeren Geschlechtsunterschied. ♂ besitzen ziemlich glatte Flügeldecken (manchmal sind sie auch beim ♀ kaum gefurcht) und in der Aufsicht scheibenförmige Saugnäpfe an den Vorderbeinen. Um zwei größere gruppieren sich an die 150 kleinere, die insgesamt einen sehr wirkungsvollen Haftapparat ergeben, mit dessen Hilfe sich die ♂ bei der Paarung an den ♀ festhalten. Dieser Mechanismus wird benötigt, weil die Gelbrandkäfer überall am Körper eine wasserabweisende Substanz tragen, die sie vor Benetzung schützt. Kleine Saugnäpfe finden sich auch an den Mittelbeinen. Die ♀ tragen gefurchte Flügeldecken, die Saugnäpfe fehlen ihnen. Bei beiden Geschlechtern stehen an den Hinterbeinen in dichter Reihe Schwimmborsten, die sich beim Vorwärtsschlag anlegen, beim Rückwärtsrudern aufstellen und dadurch den Ruderwiderstand verstärken. Die Käfer halten sich sehr viel unter Wasser auf, müssen aber zum Luftholen an die Oberfläche kommen. Mit der Hinterleibsspitze durchstoßen sie das Oberflächenhäutchen und nehmen einen frischen Luftvorrat unter den Flügeldecken mit. Pro Stunde müssen sie vier- bis siebenmal Luft holen. Sie fliegen ausgezeichnet und besiedeln rasch neu entstandene Gewässer. In der Regel fliegen sie nachts auf die Suche nach neuen Wohngewässern. Dabei landen sie mitunter auf regennassen Straßen oder fliegen Lichtquellen an.

Lebensraum: Kleinere und mittelgroße Gewässer. Vorwiegend halten sich Gelbrandkäfer in der mit Wasserpflanzen dicht bewachsenen Uferzone auf. Das freie Wasser meiden sie nach Möglichkeit.

Verbreitung: Fast ganz Europa vom Mittelmeer bis nach Skandinavien; nach Osten reicht das Areal über Zentralasien bis nach Japan. Auch in Nordamerika kommt der Gelbrand vor.

Häufigkeit: Trotz der weiten Verbreitung meist nicht häufig, aber regelmäßig zu finden.

Fortpflanzung: Siehe Zwergschwimmer.

Nahrung: Räuberisch von größeren Wasserinsekten. Gelbrandkäfer können durchaus auch kleine, geschwächte Fischchen oder Molche erbeuten.

Hydroporus palustris Zwergschwimmer

Merkmale: 0,4 cm groß. Kenntlich an der gelblichen Flügeldeckenzeichnung.

Lebensraum: Große und kleine Gewässer aller Art, auch Tümpel und langsam fließende Bäche, wo man Zwergschwimmer in stagnierenden Seitenarmen findet.

Verbreitung: Großteil Europas vom Tiefland bis hoch ins Gebirge.

Häufigkeit: Stellenweise der häufigste Wasserkäfer.

Fortpflanzung: Die Paarung findet stets im Wasser statt. Das ♂ heftet sich mit Saugnäpfen an den Vorderbeinen am Halsschild des ♀ fest. So hängen beide mitunter minutenlang an der Wasseroberfläche, schwimmen aber bei Störungen auch dezimetertief hinab, um sich im Pflanzengewirr zu verbergen. Nach der Befruchtung versenkt das ♀ die Eier einzeln mit seinem Legebohrer in die Stengel von Wasserpflanzen. Schon nach kurzer Zeit schlüpfen die Larven. Sie müssen ebenfalls an der Wasseroberfläche Luft holen. Zur Verpuppung kriechen die Larven an Land. Hier graben sie sich im Boden ein, nachdem sie 5–6 Wochen im Wasser gelebt haben, und verbringen weitere 2 Wochen in Puppenruhe, bis die Käfer schlüpfen. Diese überwintern in der Regel.

Nahrung: Käfer und Larven leben räuberisch.

♀ darunter Larve

♂

Acilius sulcatus Furchenschwimmer

Merkmale: 1,5–1,8 cm groß. ♂ und ♀ sind sehr verschieden (Geschlechtsdimorphismus). Die ♀ tragen auf den Flügeldecken drei tiefe Furchen. Die keulenartige Verdickung an den Vorderbeinen fehlt ihnen. Die Flügeldecken der ♂ sind glatt. An den Vorderbeinen tragen sie ähnlich wie der Gelbrandkäfer je einen scheibenförmigen Saugnapf, mit dem sie sich bei der Paarung am ♀ festhalten. Der Halsschild ist die Anheftungsstelle. Er trägt eine charakteristische gelbe und schwarze Zeichnung. Beide Geschlechter sind mit ihrem abgeflachten Körper, der eine ideale Stromlinienform besitzt, sehr gute Schwimmer. Die mit Borstensäumen versehenen Hinterbeine dienen als Ruder.
Lebensraum: Stehende Gewässer, besonders bevorzugt an kleinen, wasserpflanzenreichen Tümpeln. Mitunter auch in Pfützen zu finden, wo sich die gut flugfähigen Käfer aber nicht lange aufhalten. Die Eiablage erfolgt nur an größeren, nicht austrocknenden Gewässern.
Verbreitung: Ganz Europa bis zum Polarkreis mit Ausnahme von Südspanien und Süditalien.
Häufigkeit: Meist häufig, besonders in pflanzenreichen Kleingewässern.
Fortpflanzung: Die Käfer überwintern in ihren Wohngewässern unter dem Eis, nicht selten in leeren Schneckenhäuschen versteckt. Im Frühjahr kommen sie hervor und verpaaren sich. Nur in Ausnahmefällen überwintern auch die Eier. Sie werden am Ufer abgelegt. Die Larven tragen am Kopf sehr kräftige Kieferzangen, mit denen sie nach Art der Gelbrandkäfer ihre Beute packen und aussaugen. Sie sind am Vorder- und Hinterende zugespitzt und stets deutlich kleiner als die Gelbrandlarven. Wie diese leben sie im Wasser. Verpuppung erfolgt an Land.
Nahrung: Käfer und Larven jagen im Wasser allerlei Getier, das sie überwältigen können, darunter auch Kaulquappen und Jungfische.

Gyrinus natator Taumelkäfer

Merkmale: 0,5–0,7 cm groß. Die häufigste der 11 in Mitteleuropa vorkommenden Arten von Taumelkäfern, die sich alle durch ihr auffallendes Schwimmen an der Wasseroberfläche auszeichnen. In Kreisen, Schlangenlinien und Wirbeln kurven sie umher. Ihr unbenetzbarer Rücken glänzt schwarz. Der Körper taucht nur knapp zur Hälfte ins Wasser. Die Augen sind in einen oberen und einen unteren Abschnitt geteilt, so daß die Taumelkäfer gleichzeitig über und unter Wasser sehen können. Die Trennwand liegt genau auf der Höhe des Wasserspiegels. Den Vortrieb beim Schwimmen erzeugen die zu Rudern verkürzten Mittel- und Hinterbeine. Nur das vordere Beinpaar ist normal ausgebildet. Bei Gefahr tauchen die Käfer blitzschnell unter. Sie können auch sehr gut fliegen und besiedeln rasch neue Gewässer.
Lebensraum: Stehende und langsam fließende Gewässer, vor allem Teiche und Tümpel.
Verbreitung: Weite Teile Europas in der gemäßigten Zone.
Häufigkeit: An nicht verschmutzten Gewässern häufig; meist in Gruppen anzutreffen.
Fortpflanzung: Die Käfer überwintern am Ufer oder im Wasser. Nach der Paarung heften die ♀ ihre Eier in Schnüren am Gewässergrund an abgestorbene Pflanzen. Bei der Paarung halten sich die ♂ mit ihrem zangenartig ausgebildeten ersten Beinpaar am Körper der ♀ fest. Die langen, dünnen Larven tragen zahlreiche behaarte Tracheenkiemen. Zur Verpuppung kommen sie ans Ufer und bauen sich einen Kokon.
Nahrung: Lebende und tote Kleintiere, die auf die Wasseroberfläche geweht werden oder kleine Wasserinsekten, die sie beim Schlüpfen überraschen. Die Beute wird von den Käfern mit den Vorderbeinen gepackt und mit den kräftigen Kiefern verzehrt.

Schwimmbewegung

Siehe auch S. 17

Helochares obscurus Teichkäfer

Merkmale: 0,5–0,6 cm groß. Häufiger Vertreter der großen Gruppe der Wasserkäfer (*Hydrophilidae*); nur teilweise an das Leben im Wasser gebunden. Manche findet man im Dung, auf faulenden Stoffen oder im Uferbereich zwischen Wasser und Land. Von Gelbrandkäfern an den Fühlern zu unterscheiden, die bei Wasserkäfern am Ende eine mehrgliedrige Keule tragen. Beinchen mit Schwimmhaaren. Sie bewegen sich alternierend. Auffallendstes Merkmal ist das Luftschöpfen: Sie halten den Kopf durch die Wasseroberfläche an die Luft, wo sie mit den »Keulen« der Fühler Luft einsaugen. Auch unter den Flügeln und auf der behaarten, wasserabstoßenden Bauchseite tragen sie Luftpolster; schwimmen häufig in Rükkenlage. **Lebensraum:** Kleine Gewässer. **Verbreitung:** Europa. **H:** Sehr häufig.
Fortpflanzung: Siehe Kolbenwasserkäfer.
Nahrung: Räuberisch. Larven und Käfer saugen die Beute leer, oft über Wasser, da sie keine spezialisierten Mundwerkzeuge zum Saugen unter Wasser besitzen.

Hydrous caraboides ∅ Kleiner Kolbenwasserkäfer oder Stachelwasserkäfer

Merkmale: Mit 1,5 cm Größe eine kleine »Ausgabe« des Großen Kolbenwasserkäfers, mit dem er den Lebensraum teilt und dem er auch in seiner Lebensweise sehr ähnelt.
Lebensraum: Stehende Gewässer mit zahlreichen Wasserpflanzen.
Verbreitung: In ganz Europa sowie in der gemäßigten Zone Asiens und Nordamerikas.
H: Regelmäßig. Früher sehr viel häufiger.
Fortpflanzung: Eier werden ebenfalls in kleinen, an der Wasseroberfläche treibenden Schiffchen abgelegt. Die Larven leben zwischen den Wasserpflanzen. Ausgewachsen verlassen sie das Wasser, um sich am Ufer zur Verpuppung einzugraben.
Nahrung: Käfer befressen Wasserpflanzen; Larven leben räuberisch. Sie saugen Muscheln und Wasserschnecken aus.
Allgemeines: Der Eikokon ist in zwei Hälften getrennt; oben ein dichtes Gewirr aus Gespinsten und Fasern, unten die Eier, eins neben dem andern. Dadurch stabile Schwimmlage.

Hydrous piceus Großer Kolbenwasserkäfer ∅

Merkmale: 4–5 cm groß. In Mitteleuropa leben zwei sehr ähnliche Arten. Sie gehören zu den größten Käfern Europas. Beim Luftholen schwimmen sie an der Wasseroberfläche und leiten mit den Fühlern die Luft auf die Bauchseite nach unten.
Lebensraum: Stehende Gewässer mit dichter Unterwasserflora, in deren Gewirr sie sich an Stengeln und Blättern festhalten.
Verbreitung: Gesamte Nordhemisphäre.
Häufigkeit: Früher sehr viel häufiger. *Geschützt!*
Fortpflanzung: Zur Eiablage verspinnt das ♀ ein an der Oberfläche treibendes Blatt zu einem Schiffchen, in das es etwa 50 Eier hineinlegt. Zum Schluß bringt es oben eine Art Schnorchel an, so daß die Luftzufuhr stets gewährleistet ist. Das Schiffchen treibt an der Wasseroberfläche.
Nahrung: Larven leben räuberisch im Wasser, die Käfer fressen Pflanzen, sind also keineswegs so schädlich, wie oft behauptet wird.

Ilybius obscurus Schlammschwimmer

Merkmale: Gut 1 cm groß. Schwer bestimmbar, da in Mitteleuropa eine ganze Reihe sehr ähnlicher Arten der Gattung *Ilybius* leben. Sie zählen zu den Schwimmkäfern (*Dytiscidae*), zu denen der Gelbrand gehört, dem sie in Verhalten und ökologischen Ansprüchen ähneln.
Lebensraum: Stehende Gewässer, vor allem wenn Laichkraut *(Potamogeton)* wächst.
Verbreitung: Weit in Europa.
Häufigkeit: Wie auch die anderen *Ilybius*-Arten nicht selten, doch örtlich stark rückläufig.
Nahrung: Larven und Käfer räuberisch.
Allgemeines: Die Larven kann man an den hellen Flecken auf dunklem Grund erkennen. Meist sitzen sie am Grund des Gewässers, obgleich sie gute Schwimmer sind. Am Prothorax liegen große Drüsen, die einen wirksamen Abwehrstoff produzieren. Dadurch werden sie für viele potentielle Feinde ungenießbar. Dieses Gift unterscheidet sich chemisch von dem der Gelbrandkäfer, die wie die meisten Schwimmkäfer ebenfalls einen Giftstoff produzieren.
Nahrung: Larven und Käfer räuberisch.

Ocypus olens Moderkäfer

Merkmale: 2,2–3,2 cm groß. Typischer Vertreter der Kurzflügler (*Staphylinidae*); an den kurzen Flügeldecken leicht zu erkennen. Darunter liegen kunstvoll zusammengefaltete Hautflügel, mit denen sie ausgezeichnet fliegen können. Die Kurzflügeligkeit ist zwar typisch für diese Käfergruppe, doch tritt sie auch bei einer Reihe anderer Käfer auf. Die Gruppe der *Staphyliniden* umfaßt in Mitteleuropa etwa 2000 Arten, die teilweise sehr schwer bestimmbar sind. Nur wenige bekommt man zu Gesicht, da sie ein zurückgezogenes Dasein führen. Allein 300 Arten leben in Gesellschaft von Ameisen in deren Bauten versteckt.
Lebensraum: Unter altem Laub in Mischwäldern.
Verbreitung: In ganz Europa.
Häufigkeit: Einer der häufigsten und größten unter den Kurzflüglern.
Fortpflanzung: Siehe *Staphylinus caesareus.*
Nahrung: Räuberisch von kleinen Tieren, aber auch von Aas.

Staphylinus caesareus

Merkmale: 1,8–2,2 cm groß. Einer der bunt gefärbten Kurzflügler mit roten Flügeldecken und gelben Haarflecken auf dem Hinterleib. Körper sonst schwarz.
Lebensraum: An Weg- und Waldrändern, wo man sie tagsüber häufig umherlaufen sieht.
Verbreitung: In Europa, doch nicht überall gleichermaßen häufig.
Häufigkeit: Im Hügelland Süddeutschlands häufig, sonst mäßig häufig bis selten.
Fortpflanzung: Schon im zeitigen Frühjahr kommen die ersten Käfer aus ihren Überwinterungsverstecken hervor. Die Eier werden nicht tief in den Boden gelegt. Bald schlüpfen die kleinen Larven, die sich nach 3 Häutungen im Boden in einer kleinen Höhle verpuppen. Einige Zeit später schlüpfen die Käfer. Die Gesamtentwicklung dauert 2–3 Monate. Pro Jahr 1 Generation.
Nahrung: Diese Käfer suchen in Aas und vermodernden Pflanzen nach Larven, die sie aussaugen.

Ontholestes tesselatus

Merkmale: Knapp 2 cm groß. Lang, sehr schmal und dicht behaart. Die schwarzen und gelben Haare bilden eine hübsche Marmorierung auf der Körperoberseite. Entfernt man die Haare, so ist das Tier schwarz wie die meisten anderen Kurzflügler. In Mitteleuropa treten 3 Arten auf, die sehr schwer bestimmbar sind. Auch mit anderen Gattungen der *Staphylinidae* haben sie große Ähnlichkeit.
Lebensraum: Auf vermoderndem Material in Gärten, Parks und Wäldern anzutreffen.
Häufigkeit: Regelmäßig und häufig.
Fortpflanzung: Die meisten Kurzflügler legen ihre Eier in den Boden. Einige Arten machen eine Ausnahme: ihre Larven schlüpfen schon bei der Eiablage, sind also fast lebendgebärend (*Ovoviviparie*).
Nahrung: Larven, aber auch Aas.
Allgemeines: In Mitteleuropa leben einige recht kleine Kurzflügler in Nestern von Vögeln und Säugetieren. Sie führen ein parasitisches Dasein und sind von der jeweiligen Wirtsart abhängig.

Paederus littoralis

Merkmale: 0,8 cm groß. Alle 10 in Mitteleuropa lebenden *Paederus*-Arten sind bunt gefärbt: metallisch blaue Flügeldecken und roter Halsschild. Schwer bestimmbar.
Lebensraum: An Ufern von Seen und Flüssen. Meist auf Kalkböden.
Verbreitung: In ganz Europa.
Häufigkeit: Regelmäßig.
Fortpflanzung: *Paederus*- und *Stenus*-Arten tragen am Hinterleib eine Drüse, aus der unangenehm riechende und ätzende Stoffe ausgestoßen werden. Diese dienen einerseits zur Feindabwehr, andererseits lösen sie die Oberflächenspannung des Wassers, wodurch ein Sog entsteht, der das Tier nach vorn zieht (Entspannungsschwimmer).
Nahrung: Lebende, doch häufiger tote Organismen, die am Spülsaum liegen.
Allgemeines: *Paederus*-Arten teilen den Lebensraum mit der Gruppe der *Stenus*-Arten, die – etwa gleich groß – allesamt schwarz gefärbt sind. Auch sie sind arten- und individuenreich.

Necrophorus vespilloides Gemeiner Totengräber

Merkmale: 1–2 cm groß. In Mitteleuropa kommen 8 Arten dieser Gruppe vor. Die beiden häufigsten, *N. vespilloides* und *N. vespillo*, unterscheiden sich nur wenig im äußeren Erscheinungsbild. Aber bei *N. vespilloides* ist der Halsschild stets glatt und ohne Behaarung, während er bei *N. vespillo* einen zum Rand hin verdichteten Pelz gelblicher Haare trägt. Der Name deutet auf die rötlichgelb-schwarze Zeichnung der Flügeldecken hin, die an Wespen erinnert und Feinde warnt.
Lebensraum: Gärten, Parks und Mischwälder.
Verbreitung: In Europa und Asien und fast überall im gemäßigten Klimabereich.
Häufigkeit: Regelmäßig und häufig; auch Licht anfliegend.
Fortpflanzung: Die Larven entwickeln sich in komplizierter Brutpflege an Aas.
Nahrung: Aas.
Allgemeines: Bei Berührung stoßen die Käfer ein nach Ammoniak riechendes, sehr unangenehmes Sekret aus.

Oeceoptoma thoracicum Rothalsige Silphe

Merkmale: Etwa 1,5 cm groß. Der auffallende rote Halsschild, der an den Seiten stark verbreitert ist, kennzeichnet diese Art. Nur wenige Käfer kann man so leicht bestimmen!
Lebensraum: Laubmischwälder, Gärten und verwilderte Parkanlagen, wo diese Käfer am Boden zwischen Moosen, Flechten, in faulenden Pilzen, auf Aas und an Kadavern, manchmal auch im Kot leben.
Verbreitung: Ganz Europa und Asien bis Japan.
Häufigkeit: Regelmäßig und häufig.
Fortpflanzung: Tauchen an einem Aas mehrere Käfer auf, beginnt der typische Kampf der Aaskäfer um die Beute. Dabei streiten ♀ nur mit ♀ und ♂ mit ♂ so lange, bis jeweils nur einer übrigbleibt. Diese bilden das Paar.
Nahrung: Bekannt ist die Vorliebe der Rothalsigen Silphe für Stinkmorcheln (*Phallus impudicus*), an deren Fruchtkörper sie fressen. Genauso häufig findet man sie an Aas. Sie ernähren sich auch räuberisch von Insekten.

Phosphuga atrata Schneckenaaskäfer

Merkmale: 1–1,5 cm lang. Der schnauzenförmig nach vorn ausgezogene Kopf ist für diesen tiefschwarzen Käfer charakteristisch. Damit dringt er in die Gehäuse von Schnecken ein.
Lebensraum: Wälder, Gärten und Parks, besonders an schneckenreichen Stellen mit reichlicher Bodenstreu, die nicht zu trocken und nicht sauer ist. Fehlt daher in reinen Nadelwäldern.
Verbreitung: Im größten Teil Europas, besonders in der Laubwaldzone.
Häufigkeit: Gewöhnlich nicht selten, in schneckenreichen Lebensräumen sehr häufig.
Fortpflanzung: Ähnlich der Gattung *Necrophorus*, aber nicht von Aas abhängig.
Nahrung: Schnecken. Er spürt sie mit Hilfe des Geruchssinns auf. Hat der Käfer eine frische Schleimspur entdeckt, so folgt er ihr, bis er die Schnecke erreicht hat. Zunächst saugt er den austretenden Schleim auf, dann tötet er die Schnecke mit einem Biß. Das eingespritzte Sekret löst die Weichteile der Schnecke auf.

Thanatophilus rugosus Totenfreund oder Schildaaskäfer

Merkmale: Gut 1 cm groß. Es gibt 3 Arten dieser Gattung in Mitteleuropa. Häufigster Totenfreund, am gehämmert aussehenden Halsschild erkennbar, ist der nahe verwandte *T. sinuatus*. Der ebenfalls ähnliche Rübenaaskäfer *(Blithophaga opaca)* besitzt einen glatten Schild und gelbe Haare. Er ist in Norddeutschland gebietsweise gefürchtet, da die Larven an jungen Rübenpflanzen und die Käfer an den Blättern fressen. Zu Massenvermehrungen kommt es nur selten.
Lebensraum: Totenfreunde treten überall auf, wo Aas und Kadaver liegen.
Verbreitung: In ganz Europa und Asien.
Häufigkeit: Regelmäßig und häufig.
Fortpflanzung: Siehe andere Aaskäfer, *Necrophorus vespillo* und *Oeceoptoma thoracicum*. Wie bei den meisten Aaskäfern überwintern die ausgewachsenen Käfer. Eine Ausnahme bildet *Necrophorus interruptus*, eine Art, bei der die Käfer im Frühjahr schlüpfen.
Nahrung: Aas.

Phausis (Lamprohiza) splendidula
Gemeines Glühwürmchen oder **Kleiner Leuchtkäfer**

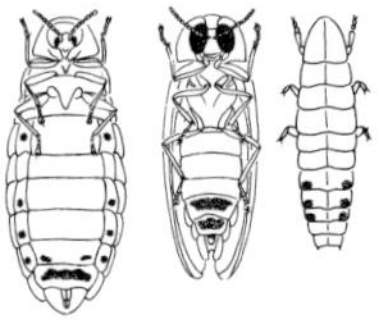

♀ ♂ Larve

Merkmale: Etwa 1 cm langer, am Tag wenig auffallender, an die Weichkäfer erinnernder Käfer mit ausgeprägten Geschlechtsunterschieden. Das ♀ trägt nur ganz kurze Flügelstummel und vermittelt dadurch den Eindruck einer Larve. Es ist gelbbraun oder leicht gefleckt und besitzt an der Unterseite des 5. und 6. Hinterleibsegments eine gelbliche Leuchtplatte. Dazu kommen speziell beim ♀ auch noch kleinere, leuchtende Flecken an den Seiten des 1. bis 5. Hinterleibsegments. Abends präsentiert es dieses Leuchtmuster den umherfliegenden ♂, die nur die Leuchtplatte besitzen. Sie sind dunkler als die ♀ und tragen voll ausgebildete Flügel, die ihnen einen ruhigen, kreisenden Flug in der späten Abenddämmerung ermöglichen. Ihr Körper ist fein dunkel behaart. Flügeldecken und Halsschild stehen an den Körperseiten ziemlich weit vor und verdecken am Tag die Beine des Käfers. Bei Helligkeit wirken die Leuchtorgane schwach wachsfarben. Sie können »ein-« und »ausgeschaltet« werden! Das Leuchtmuster ist typisch für die Art und sichert das Zusammenfinden der Geschlechtspartner. Die den ♀ ähnelnden Larven besitzen auch Leuchtorgane.

Lebensraum: Wiesen, Gärten, Parkanlagen.

Verbreitung: Gemäßigtes Europa bis weit nach Asien hinein.

Häufigkeit: Zur Schwärmzeit, in warmen Mittsommernächten, findet man das Glühwürmchen zumeist noch ziemlich häufig. Dennoch gingen die Bestände in vielen Gebieten in den letzten Jahrzehnten stark zurück.

Fortpflanzung: Die im Gras sitzenden ♀ signalisieren ihre Paarungsbereitschaft den umherfliegenden ♂ mit ihrem Lichtsignal. Eiablage am Boden.

Nahrung: Larven und Käfer fressen Schnekken.

Lampyris noctiluca **Großes Johannisglühwürmchen** oder **Großer Leuchtkäfer**

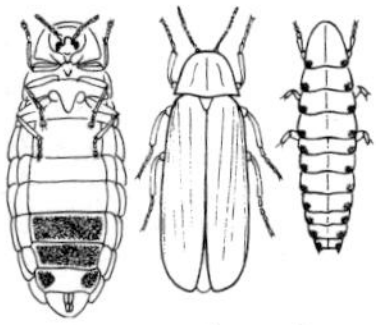

♀ ♂ Larve

Merkmale: 1–1,8 cm groß; deutlich größer als das Gemeine Glühwürmchen. Der verbreiterte und vorgewölbte Halsschild bedeckt ebenfalls den Kopf, trägt aber parallel zum Vorderrand eine glasklare Zone (»Panoramascheibe«), die im Gegensatz zum Glühwürmchen *L. splendidula* nicht in zwei Abschnitte unterteilt ist. Sonst im Körperbau und bezüglich der Geschlechtsunterschiede diesem recht ähnlich. Die ♀ tragen keine Flügelstummel. Sie klettern abends während ihrer »Leuchtphasen« gern auf Grashalme.

Lebensraum: Laubmischwälder, Gärten, Parkanlagen, besonders Gebiete mit Vorkommen von Johanniskraut (*Hypericum*).

Verbreitung: Heute inselartig in weiten Teilen Europas, insbesondere im gemäßigten Klimabereich, und weit nach Asien hineinreichend.

Häufigkeit: Erheblicher Rückgang in den letzten Jahrzehnten. Das Große Johannisglühwürmchen, dessen Flugzeit um die Sommersonnenwende liegt, war früher erheblich häufiger als heute. Die Rückgangsursachen sind nicht hinreichend bekannt.

Fortpflanzung: Die Geschlechter finden sich an den warmen Abenden im Juni und Juli aufgrund ihrer Leuchtsignale. Die ♂ besitzen sehr große Komplexaugen, mit denen sie das Leuchtmuster ihrer ♀ erkennen. Nach der Paarung legen die ♀ ihre Eier am Boden ab. Sie leuchten schon ein wenig durch die Schale. Nach 5 Häutungen verpuppen sie sich im Boden.

Nahrung: Schnecken, die mit einem Giftbiß getötet werden. Die Käfer fressen meist nicht mehr.

Allgemeines: Das »kalte Licht« der Glühwürmchen entsteht durch eine chemische Reaktion, bei der der Leuchtstoff (*Luciferin*) durch ein Enzym (*Luciferase*) oxydiert wird.

Leuchtorgan

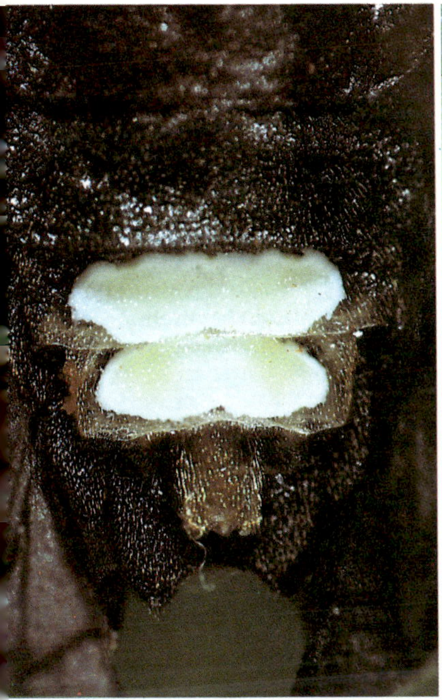

♂ ♀

Cantharis rustica Soldatenkäfer

Merkmale: 1–1,5 cm groß. Eine typische Art der Weichkäfer, die man an den schwach chitinisierten Flügeldecken erkennt. Daher auch die Bezeichnung »Weich«-Käfer. Meist sind sie schlank gebaut, von länglicher Gestalt und rot, blau oder gelb gefärbt, weshalb sie auch »Soldatenkäfer« genannt werden. *C. rustica* trägt lange schwarze Flügeldecken und einen roten Halsschild. Wie bei allen Weichkäfern sind die Fühler lang und vielgliedrig ohne Endkeule.
Lebensraum: Auf blühenden Wiesen und Sträuchern sitzen diese Weichkäfer in den Blütendolden.
Verbreitung: Fast ganz Europa.
Häufigkeit: Regelmäßig und häufig.
Fortpflanzung: ♀ legen im Boden die Eier ab. Die daraus schlüpfenden Larven sind dicht behaart. Halb erwachsen, überwintern sie am Boden. An warmen Wintertagen kommen sie heraus, weshalb sie der Volksmund auch »Schneewürmer« nennt.
Nahrung: Käfer und Larven leben räuberisch. Käfer jagen in Blütendolden nach Insekten.

Cantharis obscura Eichenweichkäfer

Merkmale: 1–1,2 cm groß. In Gestalt ein typischer Vertreter der Weichkäfer, an den äußeren gelben Flecken auf dem Halsschild zu bestimmen.
Lebensraum: Bevorzugt in Eichenwäldern, auch an Waldrändern und auf Lichtungen.
Verbreitung: In Europa weit verbreitet.
Häufigkeit: Nicht selten.
Fortpflanzung: Am Boden werden in wenigen Zentimetern Tiefe die Eier versteckt, aus denen die dichtbehaarten Larven schlüpfen, die halberwachsen am Boden überwintern. Im Frühjahr verpuppen sie sich und schlüpfen eine gute Woche später zum fertig entwickelten Weichkäfer. Pro Jahr 1 Generation.
Nahrung: Während Larven räuberisch von Schnecken leben, die sie mit ihrem Geruchssinn aufspüren, befressen die Eichenweichkäfer junge Eichentriebe, die sich dann schwarz verfärben und umknicken. Doch der Schadfraß ist wirtschaftlich bedeutungslos.
Allgemeines: In Mitteleuropa leben rund 80 verschiedene Weichkäferarten.

Cantharis fusca Gemeiner Weichkäfer

Merkmale: 1–1,5 cm groß. Mit dem roten Halsschild und den schwarzen Flügeldecken ähnelt dieser Käfer *C. rustica*. Zum Unterschied zu jenem verlaufen die Flügeldecken parallel nach hinten, ohne – wie beim Soldatenkäfer – schmaler zu werden.
Lebensraum: Bunte Blumenwiesen, wo man sie sehr häufig auf den Blütenköpfen der Doldengewächse antrifft. Auch auf blühenden Sträuchern an sonnenexponierten Waldrändern oder Böschungen.
Verbreitung: In Europa. Im Norden bis Südskandinavien, im Süden bis Norditalien und -spanien. Im Gebirge nicht über 1000 m
Häufigkeit: Im Sommer außerordentlich häufig. An manchen heißen Sommertagen sind die Blüten geradezu überfüllt.
Fortpflanzung: Siehe Soldatenkäfer.
Nahrung: Während die Käfer auf den Blüten nach kleinen Insekten jagen, ernähren sich die Larven am Boden räuberisch von Schnecken, die sie mit einem Giftbiß töten und auffressen, nicht aussaugen.

Rhagonycha fulva

Merkmale: Bis 1 cm groß. Ockerbrauner Käfer, manchmal am Ende der Flügeldecken schwärzlich überhaucht. Flügeldecken überdecken nicht ganz den Hinterleib, stets kann man die Spitze noch sehen. Die genaue Bestimmung ist problematisch, da aus Mitteleuropa allein 16 Arten der Gattung *Rhagonycha* bekannt sind. In einigen Fällen muß eine Genitalpräparation die sichere Artzugehörigkeit entscheiden.
Lebensraum: Auf bunten Blumenwiesen, wo man sie in den Dolden von Wildem Kümmel, Wilder Möhre, Geißfuß, Engelwurz und vielen anderen in großer Anzahl beobachten kann.
Verbreitung: In ganz Europa bis nach Südskandinavien. Im Osten bis in den Kaukasus. Vom Flachland bis 1000 m.
Häufigkeit: Überall häufig.
Fortpflanzung: Wie beim Soldatenkäfer.
Nahrung: Käfer und Larven leben räuberisch von Schadinsekten, weshalb sie wie die meisten Weichkäfer zu den Nützlingen zählen.

Malachius aeneus Zipfelkäfer

Merkmale: 0,7 cm groß. Bei allen Malachitkäfern, Zipfelkäfern oder auch Warzenkäfern, wie diese Tiere genannt werden (*Malachiidae* – in Mitteleuropa mit 50 Arten vertreten), ist der Körper nur schwach sklerotisiert. Flügeldecken und Körper sind auffallend bunt gezeichnet. Beim Zipfelkäfer zusätzlich deutliche Geschlechtsunterschiede: ♂ blaue Flügeldekken mit einem darüber hinausstehenden roten Hinterleib, ♀ dagegen rote Flügeldecken. Typisch für die *Malachiiden* sind auf der Körperunterseite ausstülpbare Hautlappen und die Exzitatoren der ♂, Drüsen, die einen Sexuallockstoff ausscheiden. Bei der Balz stülpt das ♂ die Lappen aus und gibt den Duftstoff ab. Die ♀ verbeißen sich in diese Hautblasen und werden durch den Duftstoff paarungswillig.
Lebensraum: Blumenwiesen.
Verbreitung: In großen Teilen Europas.
Häufigkeit: Überall und häufig.
Fortpflanzung: Siehe *M. bipustulatus.*
Nahrung: Larve und Käfer leben räuberisch, die Käfer auch von Blütenpollen.

Thanasimus formicarius Ameisenbuntkäfer

Merkmale: 0,7–1 cm groß. An der eigenartigen schwarz-weißen Zeichnung mit dem gelben Mittelteil kann man diesen Käfer, der wie eine Ameise rasch am Boden dahinläuft, erkennen. Er gehört zu den Buntkäfern (*Cleridae*), die durchweg bunt gezeichnet sind. In Europa leben nur etwa 27 von den weltweit über 3600 bekannten Arten.
Lebensraum: Nadelwälder.
Verbreitung: In Europa, Asien, Nordafrika und Nordamerika, wo er eingeschleppt wurde.
Häufigkeit: Regelmäßig.
Fortpflanzung: Von März bis Mai legen die ♀ unter Baumrinden ihre Eier ab. Kleine Larven ernähren sich von Abfallstoffen, größere von Borkenkäferlarven, die sie in ihren Gängen aufstöbern. Unter der Baumrinde verpuppen sie sich. Ameisenbuntkäfer zeigen keinen strengen Jahresrhythmus: mal überwintern Jungtiere, mal ausgewachsene Larven oder Puppen. Auffallend die Rosafärbung der Larven.
Nahrung: Borkenkäfer, deren Eier und Larven.

Malachius bipustulatus Malachitkäfer

Merkmale: 0,6–0,7 cm groß. Grün mit roten oder gelblichen Flügelspitzen und gleichfarbigen Flecken am Halsschild und an der Kopfspitze. In Mitteleuropa leben 16 sehr ähnliche Arten in unterschiedlicher Häufigkeit. Genaue Bestimmung erfolgt über die Lage der Exzitatoren (Duftstoffdrüsen der ♂). Bei Gefahr stülpen diese Käfer seitlich rote Hautfalten aus, die den Feind abschrecken sollen.
Lebensraum: Bunte Blumenwiesen, Wegränder und ähnliche Lebensräume.
Verbreitung: In ganz Europa und in großen Teilen der gemäßigten Zone Asiens.
Häufigkeit: Regelmäßig und stellenweise sehr häufig.
Fortpflanzung: Die Geschlechtspartner finden sich »chemisch«: Die ♂ sondern über die Exzitatoren artspezifische Duftstoffe aus, die das ♀ erkennt. Darauf folgt eine komplizierte Balz, bis es schließlich zur Begattung kommt. Larven leben in Rindenritzen oder Insektengängen, wo sie sich räuberisch ernähren.

Trichodes apiarius Bienenwolf

Merkmale: 1–1,6 cm groß. Gehört mit der metallisch rot-blauen Zeichnung der Flügeldekken und des Körpers zu den schönsten heimischen Käfern, von denen 4 verschiedene, untereinander recht ähnliche Arten in Mitteleuropa leben.
Lebensraum: Bevorzugt auf bunten Blumenwiesen, wo die Käfer in den Dolden verschiedenster Pflanzen sitzen und nach kleinen Insekten jagen.
Verbreitung: Früher in ganz Europa, heute vielerorts – vor allem im Norden – verschwunden. Im Osten erreicht der Bienenwolf Kleinasien und im Süden Nordafrika.
Häufigkeit: Selten.
Fortpflanzung: ♀ legen die Eier in die Nester wilder Bienen. Gelegentlich findet man sie auch in Honigbienenstöcken. Hier verpuppen sich die Larven. Doch aufgrund der Seltenheit der Tiere ist der Schaden unbedeutend.
Nahrung: Käfer ernähren sich von kleinen Insekten, Larven von Bienenbrut.

Anthaxia fulgurans

Merkmale: 0,5 cm groß. Dunkel und unscheinbar; damit untypisch für die sonst prächtig gefärbten Prachtkäfer (*Buprestidae*), von denen 118 Arten in Mitteleuropa nachgewiesen wurden. Die Hauptverbreitungsgebiete liegen in den Tropen, wo man etwa 1500 Arten, oftmals leuchtend metallisch gefärbt, kennt. *A. fulgurans* zeigt einen deutlichen Geschlechtsunterschied: ♂ tragen einen dunkelgrünen Schiller, ♀ dagegen einen roten mit grünem Mittelband.
Lebensraum: Wiesen und Waldränder. Als tagaktive Tiere halten sie sich um die Mittagsstunden in Doldengewächsen auf.
Verbreitung: Hauptsächlich in Mittel- und Südeuropa.
Häufigkeit: Mäßig häufig. Gehört aber zu den häufigeren unter den Prachtkäfern, die im allgemeinen sehr selten sind.
Fortpflanzung: Ei- und Larvalentwicklung unter Rindenstücken. Larven sind nackt, blind und tragen kräftige Mundwerkzeuge.
Nahrung: Larven fressen an Kräutern.

Lampra rutilans Lindenprachtkäfer ∅

Merkmale: 1,2–1,5 cm groß. Dieser Prachtkäfer gilt als schützenswertes Kleinod, da er einerseits einen herrlichen Grünschiller aufweist, andererseits sehr selten geworden ist.
Lebensraum: Alte Lindenalleen, Mischwälder, in denen auch noch morsche Bäume stehengeblieben sind. In einem forstwirtschaftlich modern betriebenen Wald hat der Lindenprachtkäfer keine Überlebenschancen.
Verbreitung: Als wärmeliebende Art vor allem im Süden Mitteleuropas und in den Mittelmeerländern. **Häufigkeit**: Selten.
Fortpflanzung: In den morschen Stämmen der Linden, in denen sich die Larven ihre Fraßgänge bohren, findet die ganze Larvalentwicklung statt. Fraßgänge sind arttypisch: flach, geschlängelt und von hinten nach vorn breiter werdend. Vor der Verpuppung legt die Larve ein Ausschlüpfloch für den Käfer an, der nach dem Schlüpfen den Stamm verläßt.
Nahrung: Von lebendem und totem pflanzlichem Material.

Chrysobothris affinis

Merkmale: 1,2–1,4 cm groß. Prächtig metallisch moosgrün gefärbt, mit vier hellen ovalen Flecken auf den Flügeldecken.
Lebensraum: Alte Laubholzbestände, alte Obstanlagen, wenn dicke, verfaulende Äste am Boden liegen. Gerade dieser Lebensraum ist in den vergangenen Jahren stark zurückgegangen.
Verbreitung: In Europa bis nach Südskandinavien, aber inselartig und sehr unterschiedlich häufig. Fehlt im Nordwesten Mitteleuropas. Gesamtverbreitung im Osten bis zum Iran, im Süden bis Nordafrika.
Häufigkeit: Regional nicht selten, vielerorts fehlend.
Fortpflanzung: Am besten kann man diese Prachtkäfer an sonnigen Tagen im Juni und Juli beobachten, wie sie auf abgestorbenen oder gefällten alten Eichen oder Obstbäumen sitzen. ♀ legen die Eier unter die Rinde oder in Ritzen. Larven bohren sich im morschen Holz Gänge, in denen sie bis zur Verpuppung bleiben. **Nahrung**: Pflanzlich.

Anthaxia quadripunctata Grubenhals-Prachtkäfer

Merkmale: 4,5–8 mm. Kleine Art, meist dunkel metallisch gefärbt. An den charakteristischen kleinen Gruben am Halsschild kenntlich.
Lebensraum: Laubmischwälder, wo man die Käfer unter morschem Holz oder unter feuchtem Laub entdecken kann. In den warmen Mittagsstunden suchen sie Blüten zur Nahrungssuche auf, wobei sie gelbe Farben bevorzugen.
Verbreitung: Ganz Europa.
Häufigkeit: Von den 25 Arten dieser Gattung, die in Europa leben, ist die dargestellte Art eine der häufigsten. Da sie gesellig lebt, trifft man diese Käfer meist in größerer Anzahl beisammen.
Fortpflanzung: Eiablage im Splint von Nadelbäumen wie Tannen, Fichten und Lärchen. Die geschlüpften Larven bohren sich bald darauf Gänge ins morsche Holz. Die Larven sind länglich, dünn, nackt, blind und beinlos. Sie bewegen sich mit ihren kräftigen Mundwerkzeugen fort, mit denen sie auch die Gänge bohren. Zur Verpuppung arbeiten sie sich tief ins Holz.

Coccinella septempunctata Siebenpunkt-Marienkäfer

Merkmale: 0,5–0,8 cm groß. Mit den sieben schwarzen Punkten auf den roten Flügeldecken ist der Siebenpunkt-Marienkäfer leicht bestimmbar. Damit gehört er zu den wenigen der fast 100 in Mitteleuropa lebenden Marienkäferarten, die jedermann erkennt. Die anderen Arten schwanken außerordentlich stark in Körperfarbe und Musterung. Doch allen gemeinsam ist die rundliche Gestalt. Die Punkte oder Flecken können ganz verschieden gestaltet sein: schwarz auf hellem Grund oder umgekehrt. Alle Marienkäfer tragen kurze Fühler mit keulenförmigem Ende. Marienkäfer sind als Blattlausvertilger hochgeschätzt. Sie sollen über 250 volkstümliche Namen besitzen!

Lebensraum: Fast überall gegenwärtig: in freier Flur, im Wald, in Parks und Gärten, auch in Häusern, wo sie an Blumentöpfen zu finden sind oder auf Dachböden überwintern.

Verbreitung: In ganz Europa.

Häufigkeit: Außerordentlich häufig, manchmal in großen Massen auftretend.

Fortpflanzung: Bei Gefahr stellen sich Marienkäfer tot: sie lassen sich fallen und rühren sich nicht vom Fleck. Bei großer Gefahr geben sie eine gelbliche Flüssigkeit ab, die manche Feinde, zum Beispiel Ameisen, recht wirksam abwehrt. Ameisen, die davon geleckt habe, putzen sich hinterher intensiv. Doch käferfressende Käfer oder Vögel lassen sich von der gelben Flüssigkeit nicht abhalten, Marienkäfer in großen Mengen zu verzehren.
Im Frühjahr legen die ♀ bis zu 400 Eier auf die Blattunterseite oder in Spalten ab. Nach einer Woche schlüpfen die bunt gezeichneten, sehr beweglichen Larven. Sie leben von Blattläusen, die sie in der Umgebung finden, aber auch von Eiern der Marienkäfer. So passiert es immer wieder, daß zuerst geschlüpfte Larven die Eier des Geleges fressen, aus dem sie geschlüpft sind. Die Larven durchlaufen vier Stadien. Die Entwicklungsdauer hängt von der Außentemperatur ab. Hohe Temperaturen beschleunigen die Entwicklung. Bei der Verpuppung schlüpft die Larve nicht ganz aus der Haut, sondern heftet sie mit einem Sekret am Untergrund fest. Auch die Puppe weist ein buntes Muster auf. Die Gesamtentwicklung der Marienkäfer dauert 30–60 Tage. Pro Jahr 2 Generationen. Marienkäfer können sich ungemein rasch vermehren; doch ganz entscheidend ist dabei die Nahrungsangebot: Bei Massenvermehrung der Blattläuse kommt es mit einiger Verzögerung zur Massenvermehrung der Marienkäfer.

Nahrung: Da Marienkäfer sich überwiegend von Blatt- und Schildläusen ernähren, gelten sie als Nützlinge. Bei einem Versuch wurde nachgewiesen, daß eine Larve während ihrer Entwicklung allein 3100 Schildläuse verzehrt! Marienkäfer werden häufig für die biologische Schädlingsbekämpfung eingesetzt.

Propylaea quatuordecimpunctata 14-Punkt-Marienkäfer

Merkmale: Etwa 4 mm groß. Kaum ein Käfer verfügt über eine solche Formenvielfalt wie der 14-Punkt! In der wissenschaftlichen Literatur sind über 100 verschiedene Formen beschrieben, die man teilweise sogar für eigenständige Arten hielt. Meist sind die Käfer gelb und tragen schwarze Punkte, deren Ausdehnung so stark schwankt, daß der Gelbanteil fast ganz verschwinden kann.

Lebensraum: Fast überall in Wäldern, Gärten, Parkanlagen, auch in Feldern und besonders häufig auf Wiesen.

Verbreitung: In fast ganz Europa, vom Süden bis zum Polarkreis.

Häufigkeit: Regelmäßig und sehr häufig.

Fortpflanzung: Mit etwa 400 Eier pro ♀ ist das Vermehrungspotential der Marienkäfer außerordentlich hoch. Doch meist verhindert die Sterblichkeit der Larven, daß es zur Massenvermehrung kommt. Nur unter günstigen Bedingungen der Witterung und bei sehr gutem Blattlausangebot vermehren sich die Marienkäfer stark. Die fertig entwickelten Käfer überwintern im Schutz der Bodenstreu, dringen aber auch in menschliche Siedlungen ein, um auf Dachböden zu überwintern.

Nahrung: Blattläuse; als sehr effektive Blattlausvernichter geschätzt.

Typische Marienkäferlarve

Hippodamia tredecimpunctata 13-Punkt-Marienkäfer

Merkmale: Bis 0,7 cm groß. Seinen Namen erhielt dieser Marienkäfer von den 13 schwarzen Punkten, die auf den roten Flügeldecken liegen. Halsschild heller, mit schwarzer Zeichnung. Diese Art weist eine hohe Farben- und Zeichnungsvielfalt aus, von ganz rot bis schwarz, letztere Varianten selten.
Lebensraum: Auf nassen oder feuchten Wiesen; Tiere halten sich bevorzugt auf Igelkolben, Seggen, Binsen oder Schilf auf. Man findet sie in Wiesentälern, aber auch im Hügelland.
Verbreitung: In Europa, im Osten bis nach Sibirien.
Häufigkeit: Nicht selten, doch aufgrund der speziellen Biotopansprüche nicht überall.
Fortpflanzung: Die jungen Käfer überwintern. Im zeitigen Frühjahr erscheinen die ersten. Doch im Spätsommer, wenn die junge Generation voll entwickelt ist, kann man die meisten 13-Punkte finden.
Nahrung: Blattläuse, die auf Seggen und Binsen leben. Gerne auch Weidenblattläuse.

Calvia decemguttata

Merkmale: 0,6–0,7 cm groß. Die gelben Punkte auf mittelbraunen Flügeldecken sind kein Bestimmungsmerkmal, da es eine Reihe ähnlicher Arten in Mitteleuropa gibt, die untereinander sehr nahe verwandt sind. Ob es sich um *C. decemguttata* oder beispielsweise um *C. quatuordecimguttata* handelt, muß der Spezialist unterscheiden, der eine Reihe eindeutiger Bestimmungsmerkmale kennt.
Lebensraum: Als feuchtigkeitliebende Art findet man diesen Marienkäfer an Bachsäumen, in nassen Wiesen und Sümpfen.
Verbreitung: In Europa nicht überall zu finden. Fehlt im kühlen Norden. Hauptverbreitungsgebiete liegen im mittleren und südlichen Mitteleuropa, im Mittelmeerraum und im milden Teil Sibiriens bis nach Japan.
Häufigkeit: Sehr unterschiedlich: manchmal selten oder fehlend, dann wieder massenhaft.
Fortpflanzung: Wie die meisten Marienkäfer überwintern die vollentwickelten Tiere am Boden oder in Baumspalten.
Nahrung: Verschiedene Blattlausarten.

Anatis occellata Augenmarienkäfer

Merkmale: Mit 1 cm Größe gehört der Augenmarienkäfer zu den größten seiner Familie (*Coccinellidae*). Seinen Namen erhielt er von den schwarzen Punkten in hellem Hof auf rotbraunem Untergrund. Da bei manchen Tieren die helle Umrandung – also die »Augen« – fehlt, kann das Aussehen sehr verschieden sein. Immer schwarz-gelber Halsschild.
Lebensraum: Nur in Nadelwäldern, doch auch unter Nadelbäumen in Gärten oder Parkanlagen. Vom Tiefland bis ins Hochgebirge.
Verbreitung: In Europa, Asien und Amerika.
Häufigkeit: Regelmäßig, manchmal häufig.
Fortpflanzung: Schon früh im Jahr tauchen die Augenmarienkäfer aus ihren Überwinterungsquartieren unter der Nadelstreu hervor. Ihre Larven tragen eine graue Grundfarbe und schwarz-gelbe Flecken.
Nahrung: Larven leben wie die Eltern räuberisch von verschiedenen Blattläusen.
Allgemeines: Diese Käfer sind nützliche Helfer des Forstmanns bei der Bekämpfung verschiedener Blattlausarten.

Psyllobora vigintiduopunctata 22-Punkt-Marienkäfer

Merkmale: Wird knapp 0,5 cm groß. An den 22 kleinen schwarzen Punkten auf den leuchtendgelben Flügeldecken und dem Halsschild leicht zu bestimmen.
Lebensraum: Bevorzugt an warmen, sonnenbeschienenen Waldrändern, Wegrainen, Ödflächen und ähnlichen Plätzen mit spärlicher Vegetation. Vom Flachland bis in etwa 1000 m aufsteigend.
Verbreitung: In Europa. Gesamtverbreitung reicht bis weit nach Asien hinein.
Häufigkeit: Regelmäßig, in günstigen Biotopen manchmal sehr häufig.
Fortpflanzung: Wie Siebenpunkt-Marienkäfer.
Nahrung: Der 22-Punkt ist auf Mehltaupilze spezialisiert.
Allgemeines: Es gibt noch andere Nahrungsspezialisten unter den sonst lausfressenden Marienkäfern: So ernährt sich *Stethorus punctillum*, ein winziger Marienkäfer, bevorzugt von der Spinnmilbe »Rote Spinne«, einem gefürchteten Schädling.

Anobium punctatum Gemeiner Holzwurm

Merkmale: 0,5 cm groß. Der dunkle, unscheinbare Käfer ist wenig auffällig, dennoch als »Holzwurm« allgemein bekannt, da die Larven dieses Käfers in alten Holzbalken oder Möbeln große Schäden anrichten. Schon manches alte Bauernhaus fiel buchstäblich den Holzwürmern zum Opfer!
Lebensraum: In freier Natur in morschen Bäumen oder Ästen. Häufiger jedoch in Gebäuden als Kulturfolger.
Verbreitung: In Europa und Asien bis zum nördlichen Polarkreis. In Amerika und Australien eingeschleppt.
Häufigkeit: Unterschiedlich, örtlich häufig.
Fortpflanzung: Der Käfer legt im Holz die Eier ab. Die Larven erinnern an Engerlinge mit ihren kurzen Beinen und kräftigen Mundwerkzeugen, mit denen sie die Gänge ins trockene Holz nagen. Sie leben vom Holz, im Holz und verpuppen sich auch hier. Gesamtentwicklungszeit kann mehr als 1 Jahr dauern.
Nahrung: Das Überleben im Holz, d. h. das Aufschließen der ansonsten unverdaulichen Zellulose, wird den Larven durch symbiontische Mikroorganismen ermöglicht.
Allgemeines: Tabakkäfer, Brotkäfer und Totenuhr ziehen bei Gefahr ihren Kopf unter dem kapuzenartig vorgezogenen Halsschild zurück.

Dermestes lardarius Gemeiner Speckkäfer

Merkmale: Knapp 1 cm lang. Dunkler, dicht behaarter Käfer mit gelbbraunem Band.
Lebensraum: In freier Natur selten. Viel häufiger in menschlichen Behausungen, Vorratskammern, Lagerhallen, aber auch in Vogel- und Säugetiernestern.
Verbreitung: Durch Verschleppung weltweit.
Häufigkeit: Manchmal sehr häufig.
Fortpflanzung: ♀ legen ihre Eier in Vorräte. Die Larven häuten sich fünf- bis siebenmal. Bei schlechtem Nahrungsangebot können sie wesentlich mehr Häutungen durchlaufen, ehe sie die Größe zur Verpuppung erreichen.

Pyrochroa coccinea Scharlachroter Feuerkäfer

Merkmale: 1,5–1,8 cm groß. Flügeldecken und Halsschild intensiv rot, Kopf dreieckig und wie die Beine glänzend schwarz. Fühler auffallend lang, kräftig und kammförmig gezähnt.
Lebensraum: Laubmischwälder und Auen.
Verbreitung: Weite Bereiche Europas.
Häufigkeit: Nicht selten.
Fortpflanzung: Eiablage unter Rindenstücken und in Spalten von Stämmen oder gefällten Bäumen. Die flach gebauten Larven jagen nach Larven von Bock- und Prachtkäfern.
Nahrung: Käfer saugen Nektar und fressen Blütenpollen. Larven räuberisch.

Stegobium paniceum Brotkäfer

Merkmale: 0,4 cm groß. Schädling.
Lebensraum: An Menschen gebunden. In freier Natur selten. Häufiger in Vorratshallen, in Brot und anderen Lebensmitteln, selbst in Schokolade, scharfen Gewürzen oder in giftigen Medikamenten.
Verbreitung: Durch Verschleppung weltweit.
Häufigkeit: Regelmäßig, auch sehr häufig.
Fortpflanzung: Der Käfer legt seine Eier in Brot, Backwaren, Schokolade und ähnliches. Larven durchlaufen hier die verschiedenen Stadien und verpuppen sich. Ein ausgeprägter Jahreszyklus fehlt: Das ganze Jahr über schlüpfen Käfer, die Eier ablegen.

Variimorda fasciata Stachelkäfer

Merkmale: Knapp 1 cm groß. Auffallend lang ausgezogener Hinterleib, mit dem in der Blüte schlängelnde, manchmal springende Bewegungen ausgeführt werden.
Lebensraum: In Blüten aller Art.
Verbreitung: In Europa flächendeckend.
Häufigkeit: Regelmäßig, massenhaft.
Fortpflanzung: Die kleinen Larven bohren sich in Blüten, verpilztes Holz, Baumschwämme, aber auch in Äste und Stämme von Pflaumenbäumen, wo sie Schäden anrichten können. Verpuppung nach mehreren Häutungen.
Allgemeines: Aus Mitteleuropa kennt man 118 Arten, die sich sehr ähnlich sehen.

Meloë proscarabaeus Pflasterkäfer, Ölkäfer oder Maiwurm

Merkmale: 1–3,5 cm groß. ♂ stets deutlich kleiner, nur wenig mehr als 1 cm lang. Blauschwarze Käfer. ♀ fallen durch den enorm aufgetriebenen Hinterleib auf.
Lebensraum: Blühende Wiesen der Ebene.
Verbreitung: In Europa.
Häufigkeit: Unterschiedlich, nirgends häufig.
Fortpflanzung: Mit 2000–4000 produziert das ♀ ungewöhnlich viele Eiern. Doch nur wenige erreichen das Käferstadium, da die Larven einen hochkomplizierten Entwicklungsprozeß durchlaufen müssen. Die kleine Larve im ersten Stadium trägt am Fuß drei klauenähnliche Gebilde, mit denen sie sich im Pelz einer Wildbiene festklammert. Der Volksmund gab ihr den Namen Dreiklauer (*Triungulinus*). Von der Biene läßt sich zunächst die Larve ins Nest tragen, wo sie sich zunächst von Bieneneiern, später – in eine fußlose Made verwandelt – von Honig ernährt. Nach der Häutung verläßt sie den Bienenstock. Nach 2 weiteren Häutungen, verpuppt sie sich.

Lagria hirta Wollkäfer

Merkmale: 0,8–1 cm groß. Der Käfer ist stets dicht behaart. Leicht bestimmbar.
Lebensraum: In lichten Wäldern, in Wiesentälern und an feuchten Standorten.
Verbreitung: Vom Tiefland bis ins Gebirge in ganz Europa. Nach Osten endet das Verbreitungsgebiet in Sibirien.
Häufigkeit: Regelmäßig und häufig.
Fortpflanzung: ♀ legen am Boden unter Falllaub ihre Eier ab, aus denen nach wenigen Tagen die Larven schlüpfen. Diese ernähren sich bis zur Verpuppung von vermoderndem, pflanzlichem Material. Sie sind dicht behaart. Verpuppung im Boden, wo die Puppe auch überwintert. Im Frühjahr schlüpfen die Wollkäfer.
Allgemeines: Um die Zellulose als Nahrung nutzen zu können, sind die Wollkäfer auf symbiontisch lebende Mikroorganismen angewiesen. Diese leben in Ausstülpungen des Darms. Abgelegte Eier werden mit Darmsekreten beschmiert. Die Symbionten wandern durch die Eihaut ins Ei.

Lytta vesicatoria Spanische Fliege

Merkmale: 2 cm groß. Blaugrün gefärbter Käfer, dessen Biologie der des Ölkäfers ähnelt.
Lebensraum: Warme Laubwälder und Waldränder. In den ersten Sommermonaten sitzen die Käfer und die kleinen Larven in den Blüten des Ligusters, Flieders und der Esche.
Verbreitung: In Mitteleuropa unregelmäßig. Hauptverbreitungsgebiet im Mittelmeerraum.
Häufigkeit: Unregelmäßig, doch gelegentlich auch in Mitteleuropa Massenvorkommen.
Fortpflanzung: In den Blüten sitzend, warten die kleinen Larven, auch Dreiklauer genannt, auf Wildbienen, in deren Pelz sie sich festklammern und von denen sie sich in ihre Nester tragen lassen. Vom Honig gut ernährt, verlassen sie diese nach der 2. Häutung, um sich außerhalb in eine unbewegliche Raupe zu verwandeln. Bis zum Käferstadium nehmen sie keine Nahrung mehr zu sich.
Allgemeines: Spanische Fliegen sind hochgiftig. Pulverisiert wurden sie im Mittelalter als Medizin genutzt. Sie enthalten das Gift Cantharidin, von dem 0,03 g einen Menschen töten.

Cteniopus sulphureus Schwefelkäfer

Merkmale: Der kanpp 1 cm lange, gelbliche Käfer fällt durch sein gruppenweises Vorkommen auf Blütendolden der Wilden Möhren und anderer Doldengewächse auf. Er fühlt sich weich an. Er zählt zur Familie der Pflanzenkäfer (*Alleculidae*), von denen in Mitteleuropa etwa 30 Arten vorkommen.
Lebensraum: Wegränder, Triften, Böschungen, lichte Laubwälder oder Auen in klimatisch günstigen Lagen.
Verbreitung: Hauptsächlich in den Wärmegebieten Mittel- und Südeuropas.
Häufigkeit: In den lokalen Vorkommen meist nicht selten und stets gesellig.
Fortpflanzung: Die Larven leben am Boden in morschem Holz. Sie verpuppen sich hier und kommen dann im Hochsommer zur Paarung auf die Doldenblüten.
Nahrung: Pflanzlich; wenn sehr zellulosereiche Nahrung aufgenommen wird, helfen symbiontische Mikroorganismen in Ausstülpungen des Darms bei der Verwertung.

Abgabe einer Abwehrsubstanz

Tenebrio molitor Mehlkäfer

Merkmale: Etwa 2 cm groß. Die schwarze Körperfarbe gab der Familie den Namen Schwarzkäfer (*Tenebrionidae*), die in Mitteleuropa mit knapp 80 Arten vertreten ist. In den Tropen lebende *Tenebrioniden* können durchaus bunt gefärbt sein.
Lebensraum: Zwar kommt der Mehlkäfer in freier Natur gar nicht so selten vor, so etwa in Wäldern, in buschreichem Gelände, in Gärten oder Parkanlagen. Doch sein Auftreten in Häusern und Vorratshallen ist durch seinen beträchtlichen Schadfraß bekannter.
Verbreitung: Heute ist der Mehlkäfer Kosmopolit. Der Mensch trug ihn in alle Erdteile.
Häufigkeit: Regelmäßig und häufig.
Fortpflanzung: Befruchtete freilebende ♀ legen ihre Eier in der Laubstreu oder (in Kellern vorkommend) in Mehl und anderen Lebensmitteln ab. Die gelbbraunen Larven werden »Mehlwürmer« genannt. Der Zoohandel züchtet sie als Lebendfutter für insektenfressende Arten – Vögel, Reptilien, Amphibien, Kleinsäuger – in großem Umfang.

Blaps mortisaga Totenkäfer

Merkmale: 2–3 cm groß. Großer schwarzer Käfer. 6 sehr ähnliche Arten, die zur selben Gattung gehören, leben in Mitteleuropa. Von diesen schwer unterscheidbar. Am Hinterende liegen Stinkdrüsen, deren Sekret außerordentlich unangenehm riecht. Der Käfer spritzt es bei Gefahr in Richtung Feind. Die hinten spitz ausgezogenen Flügeldecken sind miteinander verschmolzen, so daß der Käfer nicht mehr fliegen kann.
Lebensraum: In freier Natur unter Laub und lockerem Humus. Meist in Kellern und Vorratslagern. Führt ein verborgenes Dasein.
Verbreitung: In ganz Europa und Teilen von Asien.
Häufigkeit: Regelmäßig, manchmal häufig.
Fortpflanzung: Larven leben in verschiedenen Nahrungsmitteln. In freier Natur ernähren sie sich von pflanzlichen, verrottenden Stoffen. Larven verpuppen sich dort, wo sie leben. Käfer, die in freier Natur vorkommen, zeigen einen Jahreszyklus, nicht aber solche, die in Kellern wohnen.

Oedemera femorata Scheinbockkäfer

Merkmale: 0,8–1 cm groß. Charakteristisch für Scheinbockkäfer (*Oedemeridae*) sind die nach hinten schmaler werdenden Flügeldekken, die den Hinterleib und die Hautflügel freigeben. Die 30 in Mitteleuropa lebenden Arten sind schwierig zu unterscheiden. *O. femorata* ist eine der häufigsten. Ein gutes Geschlechtsmerkmal sind die stark verdickten Schenkel der ♂. Flügeldecken bei allen Arten weich.
Lebensraum: Käfer sitzen auf sonnenbeschienenen Blüten an Waldrändern und in Tälern.
Verbreitung: In weiten Teilen Europas mit Schwerpunkt im Süden.
Häufigkeit: Meist häufig.
Fortpflanzung: Die Larven leben in morschem Holz oder in toten Pflanzenstengeln, wo sie minieren. In Aussehen und Lebensweise erinnern sie an Bockkäferlarven. Verpuppung im Boden. Puppe überwintert. Im Juni und Juli des folgenden Jahres schlüpfen die Käfer.
Nahrung: Ausgewachsene Käfer fressen nur Pollen, Larven dagegen auch anderes pflanzliches Material.

Opatrum sabulosum Staubkäfer

Merkmale: Bis 1 cm groß. Mittelbrauner Käfer mit mehreren Rippen auf den Flügeldecken. Er unterscheidet sich im Körperbau stark von *Tenebrio molitor* und *Blaps mortisaga*. Typisch für die Schwarzkäfer, deren Gestalten so stark variieren, daß sie jeder Käferfamilie ähneln. Die Körperfarbe schwankt mit dem Untergrund: auf dunklen Böden dunklere Tiere.
Lebensraum: Staubkäfer lieben Wärme und sandigen Untergrund. So findet man sie häufig auf Ruderalflächen an Südhängen, an Böschungen, an Straßen- und Waldrändern.
Verbreitung: In ganz Europa.
Häufigkeit: Regelmäßig und häufig.
Fortpflanzung: Aus den im Boden abgelegten Eiern schlüpfen kleine Larven, die sich von den Pflanzen der Umgebung ernähren. Spezielle Nahrungsansprüche stellen sie nicht. So kommt es hin und wieder vor, daß die Larven ober- und unterirdisch Kulturpflanzen so stark befressen, daß Schäden entstehen. Die Entwicklung benötigt 2 Jahre. Die Larve überwintert zweimal.

Lucanus cervus Hirschkäfer ∅

Merkmale: ♂ 3,5–8 cm groß (mit »Geweih«), ♀ mit 2,5–5 cm Größe deutlich kleiner. Bestes Unterscheidungsmerkmal der Geschlechter ist das Fehlen des Geweihs bei den ♀. Dies gilt jedoch nicht immer. In manchen Zeiten können sich bei schlechter Ernährung auch sogenannte Hungermännchen ohne Geweih ausbilden. Diese lassen sich dann von den richtigen ♀ kaum unterscheiden. Das Geweih des ♂ bilden die stark vergrößerten Oberkiefer. Mit diesen können die Tiere nicht mehr fressen. Sie dienen dem Kampf. Die Nahrungsaufnahme erfolgt bei den Hirschkäfern in besonderer Weise: Sie saugen mit ihren rotbraunen Unterlippen den Saft verschiedener Bäume, ganz besonders den der Eiche auf. Die mächtigen Vorderkiefer der ♀ eignen sich gut zum Aufbeißen der Rinde, um an den süßen Saft der Eiche zu gelangen.

Lebensraum: Streng gebunden an das Vorhandensein alter Eichenwälder, wo man die Hirschkäfer vor allem an vermodernden Eichenstümpfen, heruntergefallenen Ästen oder auf den Bäumen sitzend finden kann. Naturnaher Waldbau ist für die Existenz der Hirschkäfer wichtig!

Verbreitung: In den meisten Teilen der Laubwaldzone Europas.

Häufigkeit: Ursprünglich waren Hirschkäfer in Mitteleuropa so häufig, daß jedes Kind mit ihnen spielte und die Geweihe regelrecht sammeln konnte. Heute stellen Hirschkäfer große Raritäten dar. Sie mußten in die »Rote Liste der gefährdeten Tierarten« aufgenommen werden. Dies ist sicher nicht auf die Sammeltätigkeit von Käferfreunden zurückzuführen, sondern auf die grundlegende Umstellung der Forstwirtschaft. Solange jeder morsche Zweig, jeder löchrige Baum und jeder größere Baumstumpf aus dem Wald entfernt wird, besteht für die schönsten und größten heimischen Käfer keine Überlebenschance! Die Unterschutzstellung der Hirschkäfer verbietet das Sammeln, Töten und Entfernen der Tiere aus ihrem Lebensraum, aber sie schreibt keinen bestimmten Waldbau vor, so daß die Unterschutzstellung der Hirschkäfer nahezu keine positiven Auswirkungen auf die Bestandsentwicklung haben kann.

Fortpflanzung: Hirschkäfer sind dämmerungsaktiv. In den warmen Abendstunden suchen sie Saftstellen auf. Begegnen sich hier mehrere ♂, so kommt es zu anhaltenden Kämpfen. Die ♂ gehen aufeinander los, die Geweihe verhaken sich, und einer versucht den anderen wegzuheben. Ziel ist es, den Gegner vom Baumstumpf zu werfen. Aber auch die ♀ werden vertrieben. Am Ende eines stundenlangen Kampfs bleibt ein Paar zurück. Nun stellt sich das ♂ über das ♀. Dabei sind die Köpfe stets gleich ausgerichtet. In dieser Stellung harren sie mehrere Tage aus. Da sie immer über einer Saftstelle stehen, können sie Nahrung zu sich nehmen. Das ♂ steckt seine »Zunge« durch die Mandibeln des ♀. Nach erfolgreicher Begattung legt das ♀ die Eier in einen morschen Baumstumpf oder in die Erde nahe eines Wurzelstocks. Die Entwicklung der Larven erfordert 3–5 Jahre, je nach Nahrungsangebot und Temperatur. Gut genährte Larven werden bis zu 10 cm lang. Sie erinnern an einen dicken Engerling. Kurz vor der Verpuppung bauen sie sich eine sogenannte Puppenwiege, um sich darin zu verpuppen. Männliche Puppenwiegen sind stets größer als die der weiblichen Tiere. Die Mandibelanlage ist bauchseitig nach innen ausgerichtet. In einer männlichen Puppenwiege, die faustgroß angelegt ist, kann der Käfer ohne Raumnot seine mächtigen Geweihe entwickeln. Noch im Herbst schlüpfen die Käfer, verbleiben aber bis zum Frühjahr im Versteck. Erst im warmen Frühsommer, im Juni oder Juli, tauchen sie im Freien auf.

Nahrung: Ausgewachsene Käfer saugen den Saft verschiedener Laubbäume, ganz besonders gern den der Eichen. Während ♀ mit ihren Kieferzangen in der Lage sind, selbst Saftstellen aufzubeißen, müssen ♂ fließende Saftstellen finden. Sie orientieren sich mit ihrem Geruchssinn. Dabei werden sie von Duftstoffen der ♀, die diese von den Saftstellen aussenden, indem sie Kot in alle Richtungen spritzen, angelockt. Larven leben von pflanzlichen Stoffen in morschen Baumstubben oder im Wurzelwerk der alten Eichen.

Allgemeines: Tiere mit einem kleineren Geweih werden der Form *capreolus* zugeordnet. Übersetzt heißt dies Rehgeweih.

Siehe auch S. 12

♂ ♂

♀

♂ ♂

Dorcus parallelopipedus
Balkenschröter oder Zwerghirschkäfer

Merkmale: 2–3,2 cm groß. Kleine »Ausgabe« des Hirschkäfers, stets ohne Geweih. Beide Geschlechter tragen einen mächtigen Kopf und starke Mandibeln zum Beißen.
Lebensraum: Laubmischwälder.
Verbreitung: In ganz Europa, doch im Norden seltener als im Süden. Gesamtverbreitung reicht bis nach Kleinasien.
Häufigkeit: Wesentlich häufiger als der Hirschkäfer. Doch auch die Bestände dieser Art zeigen rückläufige Tendenz.
Fortpflanzung: Die Eier werden in den Boden abgelegt. Hier leben sie mehrere Jahre.
Nahrung: Käfer lecken den Saft verschiedener Bäume. Larven fressen pflanzliches Material, bevorzugt im Wurzelwerk.
Allgemeines: Lebensweise und Nahrungsansprüche des Balkenschröters ähneln stark denen des Hirschkäfers. Allerdings sind Balkenschröter nicht so streng an alte Eichen gebunden. Sie leben auch an Linden, Buchen, Eichen, Ulmen, Lärchen, Kiefern, Obstbäumen.

Platycerus caraboides Rehschröter

Merkmale: 1–1,4 cm groß. In Größe und Aussehen erinnert der Rehschröter eher an einen Laufkäfer. Die Körperfarbe variiert stark, doch Blautöne herrschen vor. Mal schimmert er metallisch blau, grün, blauviolett oder blauschwarz. Von dem etwas größeren *P. caprea* nur schwer zu trennen. Diese beiden Arten werden häufig miteinander verwechselt.
Lebensraum: Tiefere Tallagen in Laubmischwäldern. *P. caprea* findet man in mittleren und höheren Lagen bis ins Gebirge, ebenfalls in Mischwäldern.
Verbreitung: Nur in West- und Mitteleuropa, fehlt im Norden und Süden.
Häufigkeit: *P. caraboides* und *P. caprea* sind inselartig und unregelmäßig zu finden. Doch gelegentlich treten sie in größeren Massen auf.
Fortpflanzung: Ähnlich wie beim Hirschkäfer, Larven entwickeln sich in faulem, morschem Laubholz, meist an Eichen und Buchen.
Nahrung: Im Sommer schlüpfende Käfer fressen Knospen der Eichen und Buchen.

Sinodendron cylindricum
Kopfhornschröter

Merkmale: Etwa 1,5 cm groß. Tiefschwarz mit zylindrischem Körper. Geschlechter deutlich unterschieden: ♂ erkennbar an dem nach hinten gebogenen Horn auf dem Kopf, das dem ♀ fehlt. Es ist bei ihm nur in Form einer Erhöhung angedeutet. Die biologische Bedeutung des Horns ist noch nicht klar, doch spielt es wahrscheinlich bei Auseinandersetzungen mit Rivalen eine Rolle.
Lebensraum: Der Kopfhorn-, auch Baumschröter genannt, lebt in Laubmischwäldern von Berglandschaften. Fehlt in Tallagen.
Verbreitung: In Europa weit bis nach Sibirien.
Häufigkeit: Regelmäßig, doch nicht häufig.
Fortpflanzung: ♀ legen im Boden in der Nähe vom Wurzelwerk der Buchen die Eier ab. Die daraus schlüpfenden Larven leben hier mindestens 3 Jahre, ehe sie sich eine Puppenwiege bauen, in der sie sich verpuppen. Man kann überwinternde Larven, Puppen oder Käfer finden. **Nahrung:** Saft verschiedener Laubbäume, bevorzugt den der Buche.

Odontaeus armiger

Merkmale: Bis 1 cm groß. Leicht bestimmbar. Kleiner, kurzer, stark gewölbter Körper. ♂ kenntlich an dem schmalen, an der Basis beweglichen Horn auf dem Kopf; ♀ tragen an dieser Stelle eine Querleiste mit zwei kleinen Höckern. Tiefschwarz.
Lebensraum: Dieses unscheinbare Tier findet man in Laubmischwäldern, auch in Auen und Tallagen.
Verbreitung: Inselartig in Europa.
Häufigkeit: Man findet *O. armiger* nur einzeln oder in wenigen Exemplaren. Größere Massenentwicklungen sind nicht bekannt.
Fortpflanzung: *O. armiger* wird in die Familie der Blatthornkäfer (*Scarabaeidae*) eingeordnet. Über seine Lebensweise und Ansprüche ist wenig bekannt. Doch dürften sie denen anderer Blatthornkäfer ähneln. Siehe auch Maikäfer.
Allgemeines: *Scarabaeiden* sind eine außerordentlich formenreiche Gruppe. Weltweit kennt man 20 000 Arten, davon in Europa über 700 und in Mitteleuropa mehr als 200!

Melolontha melolontha Feldmaikäfer

Merkmale: Der 2–3 cm lange Feldmaikäfer unterscheidet sich vom sonst recht ähnlichen Waldmaikäfer durch die schmale, lanzettartige Form der nagelartigen Verlängerung an der Hinterleibsspitze (*Pygidium*). Außerdem ist das Bruststück glänzend schwarz. Die Flügeldecken tragen einen fast lackartigen Glanz. Ihre Farbe ist meist hell- bis mittelbraun, kann jedoch variieren. Die ♂ tragen 7 lange Fiederblättchen an den Fühlern, die ♀ 5 kurze. Die Unterseite des Hinterleibs weist auffallende weiße Keile auf dem schwarzen Untergrund auf. Flugzeit der Käfer je nach Gebiet von Ende April bis Anfang Juni; in Mitteleuropa zumeist Anfang Mai (Hauptflugphase).

Lebensraum: Wiesen, Gärten und Kulturland bis in etwa 1000 m Höhe, vorzugsweise an Waldrändern und in Obstgärten.

Verbreitung: Mitteleuropa und südliches Nordeuropa; fehlt im Mittelmeerraum.

Häufigkeit: Um die Jahrhundertwende und die erste Hälfte des 20. Jahrhunderts sehr häufig mit Massenflügen, die Laubwälder und Obstanlagen kahlfraßen. Danach starker Bestandsrückgang und gegenwärtig fast überall selten bis sehr selten geworden. Lokale Vorkommen schwanken stark in der Häufigkeit.

Fortpflanzung: Die im Herbst aus der Puppe geschlüpften Käfer überwintern in der Erdhöhle. Im Frühling schwärmen sie dann wie auf ein geheimes Kommando fast gleichzeitig in der Abenddämmerung aus. Sie sammeln sich an den jungen Trieben von Laubbäumen. Nach dem ersten Fraß paaren sich die Maikäfer. Die begatteten ♀ legen ihre Eier in kleinen Erdhöhlen im Wiesenboden ab. Sie geben etwas Kot dazu und versorgen damit die schlüpfenden Engerlinge mit Symbionten, die sie zur Verdauung der Wurzelnahrung benötigen. Je nach Klimagebiet dauert die Entwicklung 3–4 Jahre. Die Engerlinge verursachen in Gärten und Obstkulturen bei massenhaftem Auftreten Schäden an den Wurzeln. Käfer wie Engerlinge wurden daher massiv bekämpft.

Nahrung: Käfer: Blätter verschiedenster Laubhölzer, Engerlinge sind reine Wurzelfresser.

Melolontha hippocastani Waldmaikäfer

Merkmale: Mit etwa 2,5 cm Länge etwas schwächer als der nahe verwandte, äußerlich recht ähnliche Feldmaikäfer. Im Gegensatz zu diesem trägt der Waldmaikäfer eine knotenartig verdickte Spitze des Hinterleibfortsatzes und eine bräunliche, leicht behaarte Brust. Die Flügeldecken wirken heller und nicht so markant gerippt.

Lebensraum: Lichte Wälder, Waldränder, vorzugsweise im Bergland und in Heidegebieten.

Verbreitung: Östlich in Mitteleuropa, besonders in Nord- und Ostdeutschland und im Alpengebiet. Vorkommen inselartig.

Häufigkeit: Obgleich nie selten, erreichte der Waldmaikäfer nicht annähernd die Massen, in denen der Feldmaikäfer auftrat. Scheint sich etwas beständiger in seinem Vorkommen gehalten zu haben.

Fortpflanzung: Ähnlich wie beim Feldmaikäfer müssen auch die Käfer noch Nahrung zu sich nehmen, bevor sie sich verpaaren. Offenbar geschieht dies im Zusammenhang mit der Kotproduktion, die für die Infizierung der Engerlinge notwendig ist; denn sie beherbergen in ihrem Darm symbiontische Mikroorganismen, die ihnen die Zellulose und die Inhaltsstoffe der Wurzeln, von denen sie sich ernähren, aufschließen und entgiften. Vielleicht beruht der Rückgang der Maikäfer auf dem neuzeitlichen Einsatz von Wurzelschutzchemikalien, welche die Darmflora der Engerlinge schädigen und damit Einfluß auf die Bestandsentwicklung nehmen.

Allgemeines: Die Flugzeit der Käfer richtet sich nach der Jahreszeit, der Bodentemperatur und der momentanen Witterung. Dadurch gelingt ihnen zumeist ein fast gleichzeitiger Schwärmflug gerade dann, wenn das junge Laub weit genug herangewachsen ist. Die Käfer fressen nachts. Morgens lassen sie sich leicht vom Baum schütteln, wenn sie noch starr sind. Wegen des verhältnismäßig großen Gewichts fliegen die Käfer in charakteristischer »Schräglage« und erzeugen dabei einen lauten Brummton.

Siehe auch S. 12, S. 276

Polyphylla fullo Walker

Merkmale: 2,5–3,6 cm groß. Stattlicher Käfer, der an seiner Größe und Färbung mit keiner anderen Art verwechselt werden kann.
Lebensraum: Auf sandigen Böden in Heidegebieten, Kiefernwäldern, auch in Weinbergen.
Verbreitung: Inselartig in ganz Europa. Östliche Verbreitungsgrenze verläuft an der Wolga.
Häufigkeit: Der Walker, eine Maikäferart, tritt nur sporadisch und regional begrenzt häufiger auf. Normalerweise selten.
Fortpflanzung: Wie beim Maikäfer beginnt die Aktivität in den Abendstunden. Die Käfer streben mit geradlinigem Flug dem hellen Horizont zu und suchen nach dunklen Silhouetten, wie Waldränder oder Baumgruppen. Das ♀, kenntlich an den 5 kurzen Fühlerblättern (im Gegensatz zum ♂ mit 7 langen), legt nach der Paarung, die auf dem Fraßbaum erfolgt, die Eipakete in den Sand oder lockeren Boden. Die Engerlinge befressen die Wurzeln von Gräsern, aber auch von Rebstöcken. Ausgewachsene Käfer findet man an Kiefern, wo sie sich von deren Nadeln ernähren.

Anomala dubia Julikäfer

Merkmale: 1,2–1,5 cm groß. Ähnlich dem Gartenkäfer, doch fehlt dem Julikäfer die dichte Behaarung. Halsschild und Kopf kräftiger gefärbt, wirkt zweifarbig grün-braun. Kopf und Halsschild mit blauem oder grünem Glanz.
Lebensraum: Heidegebiete, Kiefernwälder, Flußniederungen, Sandböden.
Verbreitung: In Mitteleuropa.
Häufigkeit: Regelmäßig und häufig.
Fortpflanzung: Julikäfer trifft man von Mai bis August an warmen Tagen. Bei kühler Witterung verstecken sie sich. Hauptflugzeit im Juli. Regionale, witterungsbedingte Unterschiede beschleunigen oder verzögern die Flugzeit. So liegt diese in Norddeutschland deutlich später als im Süden. Der Käfer ruht und frißt im süddeutschen Raum häufig auf Weiden, in Norddeutschland mehr auf Birken. Biologie siehe Maikäfer. Gesamtentwicklung 2 Jahre.
Nahrung: Käfer befressen die Blätter verschiedener Bäume, gelegentlich auch Kiefernnadeln. Raupen an Wurzeln von Getreide, Gräsern und Sträuchern. Kein Schadfraß.

Phyllopertha horticola Gartenkäfer

Merkmale: Etwa 1 cm groß. Flügeldecken braun, Halsschild und Kopf dunkel grünblau schillernd. Körper dicht behaart. Leicht bestimmbar.
Lebensraum: Gärten, Parkanlagen, Wiesen, Waldränder.
Verbreitung: Flächendeckend in ganz Europa. Östliche Arealgrenze liegt in der Mongolei.
Häufigkeit: Der häufigste Maikäfer – ähnliche Käfer in Mitteleuropa.
Fortpflanzung: An warmen Juniabenden graben sich die im Herbst geschlüpften und in der Puppenwiege überwinternden Gartenkäfer heraus. Auftauchende ♀ werden sehr schnell von den dicht über dem Boden fliegenden ♂ aufgespürt und begattet. Nur kurze Zeit später legen die ♀ im Boden die Eier ab, kommen erneut aus dem Boden, um nochmals befruchtet zu werden und nochmals Eier abzulegen.
Nahrung: Käfer fliegen an Rosen und anderen Blütensträuchern. Sie befressen deren Blätter. Larven leben an Wurzeln von Klee, Getreide oder Gräsern, werden aber nie schädlich.

Amphimallon solstitiale Junikäfer

Merkmale: 1,4–1,8 cm groß. Dicht behaart, mittel- bis hellbraun mit gelblichen Tönen. Flügeldecken, Halsschild und Kopf gleichgefärbt. ♂ an den breiteren und größeren Fühlerblättchen zu erkennen.
Lebensraum: Fast überall in offener Landschaft: in Wiesentälern, Gärten, an Weg- und Feldrainen, sofern diese nicht mit Chemikalien bearbeitet werden, welche die Larven der Junikäfer vergiften.
Verbreitung: In ganz Europa und fast in ganz Asien außerhalb der subtropischen und tropischen Bereiche. Vom Tiefland bis ins Gebirge.
Häufigkeit: Regelmäßig und häufig.
Fortpflanzung: Siehe Maikäfer. Junikäfer schwärmen an warmen Juniabenden vor Einbruch der Dämmerung in großer Anzahl. Verpaarung und Eiablage an wenigen Abenden. Gesamtentwicklung dauert 2–3 Jahre. Larven leben im Boden und verpuppen sich hier im Frühjahr. Wochen später schlüpfen die Käfer.
Nahrung: Engerlinge an Wurzeln von Gräsern, Wildkräutern, manchmal in Aufforstungen.

Scarabaeus pius Pillendreher

Merkmale: 2–3 cm groß. Tiefschwarz mit kräftigen Mundwerkzeugen, zu Grabschaufeln umgewandelt. Leicht zu bestimmen.
Lebensraum: Warme, trockene, spärlich bewachsene Flächen mit sandigem Untergrund.
Verbreitung: Im Mittelmeerraum mit Nordafrika, gelegentlich in Südosteuropa, jedoch nicht bodenständig.
Häufigkeit: Im Mittelmeergebiet stellenweise häufig.
Fortpflanzung: Pillendreher tragen ihren Namen zu Recht: ♂ und ♀ formen kleine Kugeln aus Mist, die sie – rückwärts laufend – wegrollen. Während ♂ Löcher in den sandigen Boden graben, wartet das ♀ ab. Es steigt dann mit der Kugel ins Loch und formt sie in eine Birne um. Auf der Spitze legt sie ein Ei ab. Die daraus schlüpfende Larve lebt hier, solange der Vorrat reicht. Danach verpuppt sie sich.
Nahrung: Käfer bereiten sich aus Mist Nahrungskugeln, die sie ebenfalls vergraben.
Allgemeines: Die alten Ägypter verehrten die Pillendreher und gaben sie in Gräber.

Hoplia farinosa Goldstaub-Laubkäfer

Merkmale: 1 cm groß. Leicht erkennbar an den dichten Schuppen, die silbrig gelblich oder grünlich, manchmal bräunlich, wie mit glänzendem Puder bestäubt, schimmern.
Lebensraum: Offene Landschaft mit Feldgehölzen, Parkanlagen, Mischwälder, verwilderte Gärten, Waldränder und Wiesen. Tagsüber unter Grasbüscheln oder im Laub.
Verbreitung: In Süddeutschland, im Alpen- und Voralpenraum häufig. In Mittel- und Norddeutschland unregelmäßig. Meidet Ebenen.
Häufigkeit: Unterschiedlich. Im Mittel- und Hochgebirge stellenweise häufig.
Fortpflanzung: In der Dämmerung finden sich die Partner und verpaaren sich. Die Orientierung erfolgt über Geruchssinn. Wie bei vielen nachtaktiven Tieren leitet auch das Mondlicht den Flug. Bei kurzen Flugstrecken wird die Stellung des Mondes auf einen Punkt im Käferauge fixiert, so daß das Tier damit eine bestimmte Flugrichtung einhalten kann.
Nahrung: Die Engerlinge ernähren sich von Pflanzenwurzeln, verursachen keine Schäden.

Serica brunnea Rotbrauner Laubkäfer

Merkmale: 1–1,5 cm groß. Mittelbraun mit gerippten Flügeldecken, eiförmige Gestalt und stärker gewölbt als ein Maikäfer, an den er erinnert, mit dem er jedoch der viel geringeren Größe wegen nicht zu verwechseln ist.
Lebensraum: Mischwälder, Parks, verwilderte Gärten, busch- und baumbestandene, freie Landschaft. Die Käfer findet man unter Moos und Steinen, wo sie tagsüber ruhen.
Verbreitung: Sehr weit in Europa.
Häufigkeit: Regelmäßig und häufig.
Fortpflanzung: Die Käfer werden in der Abenddämmerung aktiv. Flugzeit von Juni bis Juli. Die ♀ legen kleine Eipakete in den lockeren Boden. Die daraus schlüpfenden Engerlinge benötigen 2 Jahre, ehe sie sich im Boden in einer Puppenwiege verpuppen und nochmals überwintern. **Nahrung**: Engerlinge leben von Wurzeln verschiedener Pflanzen. Bei großer Häufigkeit soll es in Forstkulturen gelegentlich zu Schäden kommen. Dort nagen sie an Fichten- und Kiefernwurzeln. Käferweibchen fressen Jungtriebe.

Oryctes nasicornis Nashornkäfer ∅

Merkmale: 2–4 cm groß. Unverwechselbar! ♂ tragen auf dem Kopf ein nach hinten gebogenes Horn und auf dem Halsschild tiefe Auskerbungen und Erhöhungen. Der Schild des ♀ ist glatt, und anstelle des Horns findet man nur ein kleines Hornschild. Schild und Horn sind dunkel, oft schwarz, die Flügeldecken braun.
Lebensraum: Eichenwälder, wo sich die Larven in vermodernden Stubben aufhalten. Früher fand man Engerlinge des Nashornkäfers in Eichenlohhaufen der Gerbereien. In Mist- und Sägemehlhaufen sind die engerlingähnlichen Larven mitunter ebenfalls zu finden.
Verbreitung: Großteil Europas.
Häufigkeit: Selten. *Gefährdet*!
Fortpflanzung: Käfer lecken Saft von Eichen. Die Engerlinge – die man an den rotumrandeten Atemöffnungen von den gelbumrandeten der Maikäfer unterscheiden kann – brauchen 2–3 Jahre und werden bis zu 12 cm lang, ehe sie sich verpuppen. Käfer fliegen ab Mai.
Nahrung: Engerlinge fressen vermoderndes Holz. Keine Schäden!

Cetonia aurata Rosenkäfer

Merkmale: 1,5–2 cm groß. An den leuchtend grünblau schillernden Flügeldecken, dem gleichfarbigen Halsschild und Kopf gut zu erkennen. Die Käfer erinnern in Farbe und Gestalt an die Goldkäfer (*Potosia*), von denen in Mitteleuropa 7 Arten leben. Von diesen unterscheidet man sie an Rinnen und Erhebungen auf der Körperunterseite, nicht aber an der Färbung und Zeichnung der Flügeldecken.

Lebensraum: Buschreiche Landschaft, Gärten, Parks, Waldränder. In den warmen Mittagsstunden findet man die Käfer auf den Blüten sitzend. Im Mittelmeerraum auf reifen Feigen.

Verbreitung: In ganz Europa.

Häufigkeit: Im Süden häufiger als im Norden; an Südhängen häufiger als an Nordhängen.

Fortpflanzung: Käfer findet man von April bis September. Ihre Larven leben im Boden, häufig in alten Baumstubben oder in Nestern der Waldameise.

Nahrung: Käfer ernähren sich von Pollen und Nektar, reifen Früchten, Larven von Mulm und abgestorbenen Wurzeln. Kein Schadfraß!

Aphodius rufipes

Merkmale: 1–1,2 cm groß. Schwarz mit roten Beinen. Typischer Vertreter der Dungkäfer, die weltweit mit 300 Arten, davon 80 in Mitteleuropa, vorkommen. Nicht ganz leicht zu bestimmen. Kann mit dem ebenfalls häufigen *Oxyomus sylvestris* verwechselt werden; von diesem an der Furche des Halsschildes zu unterscheiden.

Lebensraum: Überall, wo Kuhdung anfällt.

Verbreitung: In ganz Europa, ebenso in Südostasien, in Südafrika sowie in Süd- und Nordamerika. In den Prärien, wo der Mensch extensive Viehwirtschaft betreibt, fand der Dungkäfer eine neue Heimat.

Häufigkeit: Regelmäßig und häufig.

Fortpflanzung: Vom Geruch des Dungs angelockt, stellen sich zahlreiche Dungkäfer an einem Kuhfladen ein. Die Käfer lecken den Saft, verpaaren sich hier und legen im Dung auch ihre Eier ab. Junglarven leben von pflanzlichen Resten und kommen zur Verpuppung, wenn der Kot nicht total austrocknet. Die Entwicklung verläuft meist rasch genug.

Trichius rosaceus Pinselkäfer

Merkmale: 1–1,2 cm groß. Dieser hübsche, auffallend gezeichnete Käfer kann stark variieren, bleibt aber leicht zu erkennen. Die schwarz-gelb gezeichneten Pinselkäfer sind mit den Rosenkäfern nahe verwandt. Ihr Körper ist stets dicht behaart.

Lebensraum: Lichte Wälder, Parklandschaft mit eingestreuten Wiesen.

Verbreitung: In ganz Europa. Im Süden auch in höheren Lagen. Östlich bis zum Kaukasus. Im Mittel- und Hochgebirge, Alpenvorland.

Häufigkeit: Inselartige Verbreitung. Stellenweise häufig.

Fortpflanzung: Von Juni bis Juli trifft man Pinselkäfer auf Blüten von Disteln, Margeriten, Rosen u. a. Hier findet die Verpaarung statt. Die kleinen Larven leben im Mulm verschiedener Laubhölzer und benötigen mindestens 2 Jahre, ehe sie sich verpuppen.

Nahrung: Käfer ernähren sich von verschiedenen Blütenteilen, vor allem von Pollen; Larven nehmen Mulm, den sie mit Hilfe von symbiontischen Bakterien als Nahrung nutzen.

Aphodius fimetarius Dungkäfer

Lebensraum: 0,5–0,8 cm groß. Rote Flügeldecken, schwarzer Halsschild und Kopf sind keine eindeutigen Kennzeichen dieses Dungkäfers. Es gibt noch eine Reihe sehr ähnlicher Arten in Mitteleuropa, so daß die genaue Bestimmung vom Fachmann erfolgen muß.

Lebensraum: Man findet den Dungkäfer überall dort, wo Pferde- und Kuhmist anfällt. Man trifft ihn von Tallagen bis Bergweiden.

Verbreitung: Ganz Europa, nördliches Asien, auch in Nordafrika und Nordamerika.

Häufigkeit: Sehr häufig!

Fortpflanzung: ♀ legen ihre etwa 30 Eier in halb ausgetrockneten Dung. Die Entwicklung bis zur Verpuppung dauert nur wenige Wochen. Nach dem letzten Häutungsstadium gräbt sich die Larve in den Boden ein, um sich zu verpuppen.

Nahrung: Käfer und Larven fressen pflanzliches Material, das sie dem Dung entnehmen.

Allgemeines: Manche Dungkäfer sind an den Kot bestimmter Tierarten gebunden, zum Beispiel *A. cervinus* an Hirsch- und Rehdung.

Geotrupes stercorarius Großer Roßkäfer

Merkmale: Mit 1,5–2,5 cm Länge größter heimischer Mistkäfer. Schwarz mit kräftigen, behaarten Beinen.
Lebensraum: Überall, wo Mist anfällt. Gern gesehen in Gärten, wo sie für natürliche Düngung und Auflockerung des Bodens sorgen.
Verbreitung: In ganz Europa, im Osten bis nach Japan. Fehlt in höheren Lagen.
Häufigkeit: Regelmäßig und häufig.
Fortpflanzung: An windstillen Frühjahrsabenden graben sich die Käfer aus dem Boden, wo sie in der Puppenwiege überwinterten. Dicht über dem Boden schwärmen sie aus und suchen einen Misthaufen. Dort finden sie den Geschlechtspartner. Nach der Paarung graben sie unter dem Misthaufen einen 50 cm tiefen Schacht, von dem aus mehrere, rund 20 cm lange Seitenlinien ausgehen. Sie werden mit Mist bis auf den Eingang aufgefüllt. Am Ende legt das ♀ das Ei ab. Die Larve verbleibt bis zur Verpuppung im Gang und schlüpft 2–3 Jahre später.

Onthophagus fracticornis Kotfresser

Merkmale: Knapp 1 cm groß. Braun mit gelblicher Tönung. Nicht leicht von den 19 anderen, in Mitteleuropa lebenden Kotfresserarten zu unterscheiden. Bei vielen von ihnen tragen die ♂ auf dem Kopf Hörnchen oder Höcker, die ♀ aber nur ein oder zwei Querleisten. Die Arten gleichen sich in ihren Ansprüchen.
Lebensraum: Da sie jede Art von Kot annehmen, findet man sie überall.
Verbreitung: In ganz Europa.
Häufigkeit: Regelmäßig und häufig.
Fortpflanzung: Ähnlich wie Mistkäfer graben die ♀ tiefe Gänge in den Boden. ♂ warten ab oder tragen die Erde weg, welche die ♀ aus den Gängen nach oben geschafft haben. Im reichverzweigten Stollensystem wird in jeder Kammer nur ein Ei abgelegt und diese dann ganz mit Kot aufgefüllt. Die Larvenzeit dauert nur 4 Wochen. Danach Verpuppung und Schlüpfen des Käfers, der im Boden überwintert und erst im kommenden Frühjahr geschlechtsreif die Kammer verläßt.
Nahrung: Larve und Käfer Säugetierkot.

Geotrupes vernalis Frühlingsmistkäfer

Merkmale: Mit maximal 2 cm Größe eine kleine »Ausgabe« des Großen Roßkäfers. Nicht immer ist er schwarz, häufig schillert er dunkelblau oder violett.
Lebensraum: Wie beim Großen Roßkäfer.
Verbreitung: Fast ganz Europa.
Häufigkeit: Häufiger als der Große Roßkäfer.
Fortpflanzung: Sehr ähnlich wie beim Großen Roßkäfer. Die Schächte führen nicht so tief in den Boden und haben ein trichterförmiges Aussehen. Am Ende des Stollens gräbt das ♀ zahlreiche, 20 cm lange Seitengräben, in die es je ein Ei ablegt. Erst danach füllt es die Gänge und Stollen bis nach oben hin mit Mist. Die Larven ernähren sich vom Mist und verpuppen sich noch im selben Sommer. Im Herbst schlüpfen die Käfer, verbleiben aber bis zum Frühjahr in der Puppenwiege, wo der Frühlingsmistkäfer schon zeitig erscheint. Die Puppenkammer liegt sicher geschützt in etwa 50 cm Tiefe.
Nahrung: Larven und Käfer ernähren sich von Mist, wichtige Zersetzungstätigkeit!

Copris lunaris Mondhornkäfer

Merkmale: 1,5–2,4 cm groß. Schwarz mit längsgerippten Flügeldecken. ♂ kenntlich am langen Horn und an den charakteristischen Ausbildungen des Halsschildes, ♀ tragen ein wesentlich kürzeres Horn. In der Mitte des Halsschildes liegt ein unscheinbarer Buckel.
Lebensraum: Viehweiden, da Mondhornkäfer Kuhmist vorziehen. Nur selten auf Pferdemist.
Verbreitung: Europa. Von Süden nach Norden hin seltener werdend.
Häufigkeit: Regelmäßig. Nicht allzu häufig.
Fortpflanzung: Beide Geschlechter bauen unter Kuhmist gemeinsam tiefe Gänge und geräumige Kammern, in die 7–8 sogenannte Kotbirnen (wegen der Form des Kots) eingetragen werden. In jeder Kammer entwickelt sich eine Larve, die bis zur Verpuppung in einem überreichen Nahrungsangebot lebt. Noch im selben Sommer verpuppen sich die Larven im leergefressenen Gang. Im Herbst schlüpft der Käfer, verbleibt aber bis zum nächsten Frühjahr hier im sicheren Versteck.
Nahrung: Larve und Käfer bevorzugt Kuhmist.

Rhagium inquisitor Kleiner Zangenbock

Merkmale: 1–2,2 cm groß. Auf den braungrau unregelmäßig gemusterten Flügeldecken erkennt man 2 dunkle Querbinden, die nur in seltenen Fällen verwischt sind. Farbintensität schwankt. Die Fühler der ♂ sind länger als bei den ♀ (Kennzeichen aller Bockkäfer).
Lebensraum: Nadelwälder, Parkanlagen.
Verbreitung: In ganz Europa. Auch in der gemäßigten Zone Asiens und Nordamerikas.
Häufigkeit: Häufigste Art der Zangenböcke.
Fortpflanzung: ♀ legen ihre Eier unter leicht abbrechender Rinde von Nadelhölzern ab. Die Larven fressen hier und verbleiben unter der Rinde bis zur Fertigentwicklung des Käfers. Gesamtdauer 2 Jahre. Der Kleine Zangenbock sucht am Tag auf Blüten nach Pollen oder hält sich auf morschem Holz auf, wo man ihn bei der Paarung und Eiablage beobachten kann. Käfer schlüpfen im Herbst, verbleiben aber in der Puppenwiege bis zum folgenden April.
Nahrung: Die Larve lebt unter der Rinde von morschen Holzresten, Käfer nehmen Pollen und andere Blütenteile.

Rhagium mordax Laubholzzangenbock oder **Schrotzangenbock**

Merkmale: 1,3–2,2 cm groß. Körperfarbe schwankt zwischen mittelbraun und dunkelgrau. Gut zu erkennen an den beiden großen dunklen Punkten in der Mitte der Flügeldecken, die den anderen Zangenböcken fehlen.
Lebensraum: Laubmischwälder, selten in Nadelwäldern.
Verbreitung: Im größten Teil Europas.
Häufigkeit: Regelmäßig, aber nicht häufig.
Fortpflanzung: Unter gelockerter Rinde von Eichen und Buchen legen die ♀ ihre Eier ab. Nach einem zweijährigen Larvenstadium bauen sich die Larven mit Sägespänen eine Puppenwiege. Verpuppung im Sommer. Schlüpfen der Käfer im Herbst. Erst im Frühjahr erscheinen die Käfer auf den Bäumen. In den warmen Mittagsstunden fliegen sie auf Blüten, um dort Pollen und kleine Blütenteile abzunagen.
Nahrung: Da die Larven nur unter der Rinde minierend leben, nicht aber ins Kernholz eindringen, verursachen sie keine Schäden.

Ergates faber Mulmbock

Merkmale: Mit 6 cm Größe einer unserer größten und bekanntesten Bockkäfer. Geschlechter deutlich unterscheidbar: Fühler des ♀ erreichen kaum die Hälfte der Körperlänge, die des ♂ überragen den Körper. Halsschild des ♀ ist kleiner und mit unregelmäßiger Oberfläche, beim ♂ größer und regelmäßiger gestaltet.
Lebensraum: Ausgedehnte Kiefernwälder mit Altholzbeständen.
Verbreitung: Früher bis weit nach Westen. Heute westlich der Elbe nur selten.
Häufigkeit: Heute sehr selten geworden!
Fortpflanzung: Von Juli bis September fliegen in der Dämmerung die Käfer an Blüten und an alte, morsche Kiefern. Unter der Rinde legt das ♀ 200 bis 300 Eier ab, von denen nur wenige das Käferstadium erreichen, denn die Entwicklung beansprucht 4 Jahre. Larven erreichen die stattliche Größe von 8 cm! Sie bohren im Holz unregelmäßige Gänge.
Nahrung: Als Holzfresser galt der Mulmbock früher als Schädling.

Prionus coriarius Sägebock

Merkmale: 1,8–4,5 cm groß. Sehr kräftiger, dunkelbraun bis schwarz gefärbter Bockkäfer. Fühler des ♂ 12gliedrig, stark gezähnt und kräftig; beim ♀ fein und zart gezackt. Halsschild beider Geschlechter deutlich gesägt.
Lebensraum: Laubmischwälder, seltener in Nadelwäldern.
Verbreitung: Großteil Europas; fehlt im hohen Norden, bis Westsibirien und Nordafrika.
Häufigkeit: Regelmäßig und häufig, doch nie in großen Massen auftretend
Fortpflanzung: Dämmerungsaktiv. Balz Juli und August, begleitet von Zirptönen durch Reiben der Flügeldecken an einer Leiste auf den Hinterschenkeln. Die Larven wachsen in morschen Baumstümpfen heran, graben sich tiefer ein und benagen die Wurzeln. Nach 14 Häutungen erreichen sie nach 3–4 Jahren die stattliche Länge von 5 cm! Im Boden bauen sie eine Puppenwiege, aus der der Käfer im folgenden Sommer schlüpft.
Nahrung: Wurzeln verschiedener Laubhölzer, selten an Nadelbäumen. Kein Schadfraß!

Spondylis buprestoides Waldbock

Merkmale: 1,2–2,5 cm groß. Schwarzer, walzenförmiger Körper mit ungewöhnlich kurzen Fühlern. Untypisch für einen Bockkäfer!
Lebensraum: Nadelwälder, Parkanlagen, manchmal in trockenen Masten und Pfählen.
Verbreitung: Ganz Europa. Östlich bis Japan.
Häufigkeit: Nur in geeignetem Biotop häufig.
Fortpflanzung: Hauptsächlich dämmerungsaktiv, doch auch bei Tag und in der Nacht fliegen Waldböcke. Nachts orientieren sie sich nach dem Mondlicht und geraten daher häufig in »Lichtfallen«, zum Beispiel eine Straßenlaterne oder ein beleuchtetes Haus. ♀ legen in trockene Kiefern-, seltener in Fichtenstümpfe ihre Eier. Larven brauchen 2 Jahre bis zur Verpuppung. Sie beißen Gänge in die Wurzeln und tragen so zur Humifizierung der Stümpfe bei. Tagsüber verstecken sich Waldböcke unter lokkerer Rinde von Fichten, Kiefern und anderen Nadelbäumen.
Nahrung: Morsches Holz. Mit den starken Zangen bohren sie sich tief bis in die Wurzeln ein.

Leptura livida Halsbock

Merkmale: Etwa 1 cm groß. Kenntlich am schwarzen, runden und hochgewölbten Halsschild und an den gelbbraunen Flügeldecken.
Lebensraum: Waldnahe Blumenwiesen.
Verbreitung: In ganz Europa vom Flachland bis in hohe Lagen der Alpen.
Häufigkeit: Regelmäßig und häufig, manchmal auf engem Raum in großer Anzahl.
Fortpflanzung: Flugzeit Juli bis August. ♀ legen mit einem besonders gebauten Legerohr die Eier in die Humusschicht oder in Astspalten, die unter der Erdoberfläche liegen. Der Untergrund muß trocken und warm sein. Die Larven verlassen nie den Boden. Sie halten sich in 2–6 cm Tiefe auf. Im Herbst des zweiten Jahres bauen sie eine Puppenwiege, in der sie überwintern. Verpuppung erst im Frühjahr. Nach etwa 2 Wochen schlüpfen die Käfer. Erst nach weiteren 8–10 Tagen voll ausgefärbt.
Nahrung: Käfer nehmen in Korbblütlern, am häufigsten in der Schafgarbe, Pollen und Nektar auf. Die Larven leben von Holz und verschiedenen Pilzmyzelien.

Leptura rubra Rothalsbock

Merkmale: 1–2 cm groß. Leuchtend rot gefärbt. ♀ größer und kräftiger, mit rotem Halsschild, im Gegensatz zum schwarzen des ♂. In Mitteleuropa 18 zum Teil sehr ähnliche Arten. Schwer bestimmbar. Bestimmungsmerkmal: Art der Ausrandung der Augeninnenseite.
Lebensraum: Waldnahe Wiesen. Tagaktiv, besonders in den warmen Mittagsstunden. Von Juni bis September trifft man die Käfer auf Doldenblüten und Nadelholzstubben.
Verbreitung: Europa, östlich bis Sibirien, südlich bis Nordafrika. In mittleren und höheren Lagen häufiger als in niederen.
Häufigkeit: Regelmäßig, in Gebirgen teilweise sehr häufig.
Fortpflanzung: In Stubben von Fichten, Tannen oder Kiefern legen die ♀ ihre Eier. Im Lauf von 2 Jahren bohren die Larven gewundene Gänge ins Holz. Verpuppung am selben Ort.
Nahrung: Larven ernähren sich vom morschen Holz des Stubben und der Wurzeln; Käfer befressen Blüten und Pollen von verschiedenen Korbblütlern.

Toxotus cursor Schulterbock

Merkmale: 1,5–3 cm groß. Die Färbung des Schulterbocks schwankt außerordentlich: Er kann längsgestreift, rötlich, oft auch ganz schwarz sein. Der Körper ist kräftig, nach hinten schmaler werdend. Tagaktiv.
Lebensraum: Waldränder, Lichtungen und waldnahe Blumenwiesen.
Verbreitung: Europa. **Häufigkeit:** Häufig.
Fortpflanzung: Von Mai bis August leben die Käfer. ♀ legen die Eier im Boden ab, wo die Larven in morschen Fichten- und Kiefernstrünken Gänge bohren und sich von den »Sägespänen« ernähren. Sie bevorzugen Altholz. Da sie zur Zersetzung der Baumstümpfe beitragen, schätzt der Forstmann ihre Hilfe. Die Larven können die Zellulose des Holzes mit Hilfe von Bakterien aufschließen. Diese kleinen Helfer leben in Ausstülpungen des Darms. Schon die Eier werden mit den symbiontischen Hefen beschmiert. Gelingt dies nicht, so gehen die frischgeschlüpften Larven nach kurzer Zeit ein.
Nahrung: Käfer leben von Pollen und Nektar der Korbblütler. Larven fressen morsches Holz.

Tetropium castaneum
Fichtensplintbock

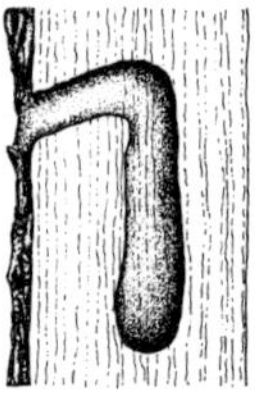

Merkmale: 1–1,8 cm groß. Typischer Bockkäfer mit langgestrecktem Körper und gesägten Fühlern. Farbe der Flügeldecken rötlich, braun oder tiefschwarz. Beine hell.
Lebensraum: Fichtenwälder. Den Käfer findet man von Mai bis Juli auf kränklichen Bäumen. Fichten, die auf zu feuchtem Grund stehen oder vom Windbruch geschädigt wurden, können innerhalb weniger Jahre vom Fichtensplintbock zum Absterben gebracht werden.
Verbreitung: Europa, nach Osten bis Japan.
Häufigkeit: Unterschiedlich. In manchen Jahren Massenvermehrung.
Fortpflanzung: ♀ legen unter lockerer Rinde die Eier ab. Nach 1–2 Wochen schlüpfen die Larven, die sich in den Splint einbohren.
Nahrung: Holz, daher gefürchteter Schädling!

Strangalia melanura
Geschwärzter Schmalbock

Merkmale: 1 cm groß. Tiefschwarzer Körper. Flügeldecken der ♀ rötlich mit schwarzen Umrandungen, die der ♂ gelblich. ♀ kräftiger gebaut. Von *S. bifasciata* schwer unterscheidbar.
Lebensraum: Waldlichtungen, Waldränder, Blumenwiesen in der Nähe von Laubmischwäldern. Von Mai bis September sitzen die Käfer auf Schafgarbe und anderen Blüten.
Verbreitung: Ganz Europa.
Häufigkeit: Regelmäßig und teilweise sehr häufig.
Fortpflanzung: Larven findet man vom Sommer bis zum Frühjahr in Eichen- und Ahorn-, seltener in Fichten- und Kiefernholz. Gänge sind dicht mit Nagsel (Sägespänen) gefüllt. Larven verpuppen sich in einem hakenförmigen Gang, aus dem sich die Käfer den Weg nach außen selbst bohren müssen.
Nahrung: Morsches und verfaulendes Holz.
Allgemeines: Im Gebirge leben auf Almwiesen eine Reihe sehr ähnlicher, äußerst seltener Schmalböcke.

Strangalia maculata
Gefleckter Schmalbock

Merkmale: 1,5–2 cm groß. Mit den *Leptura*-Arten zusammen zählen die 14 bei uns heimischen *Strangalia*-Arten zu den »Blütenbökken«, so genannt, weil sie im Sommer auf Blüten zu finden sind. Schmalböcke (*Strangalia*) zeichnen sich durch ihre langgestreckte, nach hinten stark verschmälerte Gestalt aus. Die unteren Ecken des Halsschildes laufen spitz aus im Gegensatz zu den Halsböcken (*Leptura*). Viele Schmalböcke tragen gelb-braun punktierte Flügeldecken. Das Muster schwankt stark, so daß es nicht als Merkmal herangezogen werden kann. Arten schwer bestimmbar!
Lebensraum: Von Mai bis August findet man den Gefleckten Schmalbock häufig auf Blüten von verschiedenen Korbblütlern. Larven leben im Laub-, seltener im Nadelholz.
Verbreitung: Weite Teile Europas.
Häufigkeit: Regelmäßig und häufig.
Nahrung: Käfer ernähren sich von Pollen und Blütenteilen, Larven vom faulenden Holz. Keine Schadwirkung, da nur im Moderholz.

Judolia cerambyciformis

Merkmale: 0,8–1,1 cm groß. Erinnert in der Färbung an den Gefleckten Schmalbock, doch wirkt seine Gestalt stets kürzer und gedrungener. Fleckzeichnung variabel. Von einigen *Judolia*-Arten schwer unterscheidbar.
Lebensraum: Käfer findet man von Juli bis August auf Blüten sitzend. Sie erscheinen an Waldrändern und -lichtungen. Bevorzugt auf Bergwiesen
Verbreitung: Weite Teile Europas.
Häufigkeit: Regelmäßig, teilweise häufig.
Fortpflanzung: Obgleich dieser Käfer auffällt und häufig beobachtet werden kann, ist seine Lebensweise noch wenig erforscht. Larven findet man in Laubhölzern wie Eiche, Birke, Kastanie, seltener in Fichte und Kiefer. Zur Verpuppung bauen sie eine kleine Erdhöhle. Hauptfeinde vieler Bockkäfer sind Spechte, die mit ihrem kräftigen Schnabel das Holz aufklopfen und die Larven aus den Gängen ziehen.
Nahrung: Käfer leben von Pollen und Blütenteilen, Larven von morschem Holz. Kein Schadfraß.

Cerambyx cerdo Eichenheldbock

Merkmale: 2,5–5,3 cm groß. Einer der schönsten und größten Käfer Europas.
Lebensraum: Eichenwälder und Parkanlagen mit alten Eichen.
Verbreitung: Ursprünglich in ganz Europa. Heute in Mitteleuropa ausgestorben. Regelmäßig noch in Ost- und Südosteuropa zu finden.
Häufigkeit: In Europa selten.
Fortpflanzung: Larven leben in der ersten Zeit unter der Rinde, wandern später tiefer in den Splint und schließlich in das Kernholz der Eichen. Der Baum stirbt nicht ab, aber das Holz wird durch die fingerdicken Gänge zerstört. Nach 3–4 Jahren bohren die knapp 10 cm langen Larven einen hakenförmigen Gang, auf dessen Grund sie sich verpuppen. Noch im Herbst schlüpft der Käfer, kommt aber erst im Mai hervor. Käfer von Mai bis August.
Nahrung: Käfer lecken den Saft von Eichen.
Allgemeines: Eichenheldböcke gehen normalerweise nicht an gesunde Eichen. Ihr Auftreten zeigt Schädigungen an, die meist andere Ursachen haben. Dämmerungsaktiv.

Aromia moschata Moschusbock

Merkmale: 1,3–4,3 cm groß. Leuchtend metallisch blau oder blaugrün gefärbt. Unverwechselbar!
Lebensraum: Auwälder, Bach- und Flußufer, an denen Weiden, Erlen und Pappeln stehen. Bevorzugte Baumart ist die Weide. Von Juni bis August trifft man die Käfer auf Blüten oder auf Weiden, häufig auf alten Kopfweiden.
Verbreitung: Großteil Europas.
Häufigkeit: Regelmäßig, häufig.
Fortpflanzung: Larven leben in dünnen und dicken Ästen der Weide, wo sie teilweise Schäden verursachen können. Stark befallene Bäume sterben nach einigen Jahren ab. Moschusböcke sind berühmt dafür, daß sie einen aromatischen Duftstoff abgeben: Sie nehmen aus der Futterpflanze Salizylsäure auf, die in den Duftdrüsen chemisch umgewandelt wird. Larvenentwicklung mehrjährig.
Nahrung: Käfer saugen den Saft von Weiden, Ahorn und Birke. Larven fressen Holz von Weiden, Pappeln und selten von Erlen. Dabei dringen sie tief ins Holz ein.

Cerambyx scopolii Kleiner Eichenbock

Merkmale: Mit 1,7–3 cm Größe und ähnlichem Aussehen ist er der »kleine Bruder« des größeren Eichenheldbocks. Er wird auch **Buchenspießbock** genannt, da er nicht nur auf Eichen, sondern auch auf Buchen gefunden wird, sogar an alten Obstbäumen.
Lebensraum: Laubmischwälder und alte Obstkulturen. Von Mai bis Juli auf Blüten.
Verbreitung: In Europa.
Häufigkeit: Nicht überall häufig.
Fortpflanzung: Ähnlich wie beim Eichenheldbock. Schadwirkung geringer. Entwicklung beansprucht 2 Jahre. Der hakenförmige Gang, auf dessen Grund die Puppenwiege liegt, wird mit einem Deckel verschlossen, der als Schutz vor natürlichen Feinden, wie Spechte, Ameisen, Buntkäfer oder Schlupfwespen, die den Larven eifrig nachstellen, dienen soll. Spechte jagen auch die Käfer.
Nahrung: Käfer lecken den Saft von Laubbäumen und nehmen Pollen und Nektar aus Blüten. Larven fressen Holz von Buche, Hainbuche, Birke, Eiche, Ulme und Obstbäumen.

Rosalia alpina Alpenbock ∅

Merkmale: 1,5–3,8 cm groß. Einer der schönsten Käfer Europas. Unverwechselbar aufgrund der hellblauen Behaarung und der blau-schwarzen Zeichnung von Flügeldecken und Halsschild. Die Fühler des ♂ sind länger als der Körper, beim ♀ etwa körperlang.
Lebensraum: Alte Laubmischwälder. In Mitteleuropa auf Buchen, im Süden auch auf Esche, Walnuß und Hainbuche.
Verbreitung: In Mitteleuropa vielerorts ausgestorben. Fundorte liegen in Oberbayern, Österreich und der Schweiz. Regelmäßig im Osten der ČSSR und in Südeuropa. Ab 1500 m.
Häufigkeit: Selten. *Steht unter Naturschutz!* Zwar dürfen die Tiere nicht mehr gesammelt werden, doch noch wichtiger wäre der Biotopschutz: Der Alpenbock braucht alte Bäume!
Fortpflanzung: ♀ legen unter der lockeren Rinde alter Buchen ihre Eier ab. Nach mehreren Jahren im Altholz oder in morschen Buchenstubben verpuppen sie sich nur wenige Zentimeter tief im Boden. Von Juni bis September trifft man die Käfer an.

Bockkäfer

Monochamus sutor Langhornbock

Merkmale: 1,5–2,5 cm groß. Einfarbig schwarz gekörnt, mit außerordentlich langen Fühlern, die der Gattung *Monochamus* den Namen gegeben hat. In Mitteleuropa leben 4 verschiedene Arten Langhornböcke, von denen *M. sutor* der häufigste ist.
Lebensraum: Geschlossene Nadelwälder in höheren Lagen. Der Langhornbock, auch **Schusterbock** genannt, meidet Flachland.
Verbreitung: Mittelgebirge und Alpen.
Häufigkeit: Verbreitet. War früher häufiger.
Fortpflanzung: In der Rinde von Kiefern und Fichten nagt das ♀ einen Eitrichter, in den es jeweils ein Ei hineinlegt. Die Larve bohrt sich unter die Rinde und später ins Holz, wo die breiten, unregelmäßig angelegten Gänge das Holz für den Forstmann entwerten. Im ersten Jahr überwintert die Larve im Holz; im zweiten Jahr baut sie sich eine Puppenwiege, in der sie den Winter über ruht, um sich im Frühjahr zu verpuppen. Von Juli bis September findet man die Käfer auf der Rinde von Fichte und Kiefer sitzend.

Saperda populnea Kleiner Pappelbock

Merkmale: 1–1,5 cm groß. Pappelböcke erkennt man an den etwa körperlangen Fühlern, parallel verlaufenden Flügeldeckenseiten und nicht verdickten Schenkeln; den Kleinen Pappelbock an der schwarz-gelben Behaarung der Flügeldecken, die ihm ein fleckiges Aussehen gibt.
Lebensraum: In Auwäldern, an Bach- und Flußböschungen. Bevorzugt Zitterpappeln und Weiden.
Verbreitung: Im größten Teil Europas, in Nordafrika, Ostasien und Nordamerika.
Häufigkeit: Regelmäßig und häufiger als der Große Pappelbock.
Fortpflanzung: An dünnen Ästchen nagt das ♀ eine hufeisenförmige Vertiefung, in deren Mitte es ein Loch unter die Rinde beißt und darin ein Ei versteckt. Das Loch wird mit einer Gallerte verschlossen, die das pflanzliche Gewebe zur Kallusbildung anregt. Die Larve frißt in den ersten Wochen den Kallus. Später dringt sie ins Holz ein. Entwicklungszeit 2 Jahre.
Nahrung: Holz und Saft der Bäume.

Saperda carcharias Großer Pappelbock

Merkmale: 2–3 cm groß. Kräftiger Käfer, dunkel gekörnt, gelblich oder grau behaart. In Mitteleuropa leben 7 ähnliche Arten.
Lebensraum: Auwälder, Pappelpflanzungen, Fluß- und Bachufer.
Verbreitung: In Europa.
Häufigkeit: Im allgemeinen nicht zu häufig, doch in Pappelpflanzungen mit einem überreichen Nahrungsangebot für die Käfer gelegentlich Massenvermehrung mit Schadfraß.
Fortpflanzung: In Bodennähe beißen die ♀ kleine Eitrichter in die Rinde von Pappeln und Weiden, in die jeweils nur ein Ei gelegt wird. Im ersten Jahr überwintert das Ei. Im Frühjahr schlüpft die Larve, die zunächst unter der Rinde frißt und erst später ins Kernholz eindringt. Von außen kann man an kleinen Holzwucherungen den Verlauf der Gänge erkennen. Nach 2 oder 3 Jahren verpuppt sich die Larve in der Puppenwiege, die im Gang angelegt wurde. Von Juni bis September findet man den Großen Pappelbock an Pappeln, wo er große Löcher in die Blätter frißt.

Pyrrhidium sanguineum Rothaarbock

Merkmale: 1–1,2 cm groß. Leuchtend gelbrote Flügeldecken; im selben Ton auch der Halsschild gefärbt. Ober- und Unterseite tragen feine rote Härchen, an denen man den Rothaarbock gut erkennen kann.
Lebensraum: Laubmischwälder von der Ebene bis in höhere Lagen. Bevorzugt warme Gebiete.
Verbreitung: In ganz Europa, doch in nördlichen Bereichen sehr viel seltener.
Häufigkeit: Regelmäßig, stellenweise häufig.
Fortpflanzung: Schon im April tauchen die ersten Rothaarkäfer auf Eichen, Eschen, Buchen und Hainbuchen auf. Bis Juni sind sie tagsüber und nachts zu beobachten. ♀ legen ihre Eier in Eichenstubben oder gerne in lagerndes sonnenbeschienenes Holz. Wie bei allen Bockkäfern beißen die Larven einen Gang ins Holz, dessen Verlauf arttypisch ist. Die Gänge des Rothaarbocks sind relativ kurz (60 cm) und verbreitern sich rasch. Die Larve verpuppt sich tief im Holz. Der Käfer muß sich im folgenden Frühjahr durchs Holz beißen, ehe er ans Licht kommt.

Anaglyptus mysticus Zierbock

Merkmale: 0,5–1,3 cm groß. An der schwarz-weiß-roten Zeichnung der Flügeldekken, die variieren kann, gut erkennbar.
Lebensraum: Laubmischwälder, Weißdorn.
Verbreitung: Mittleres und südliches Europa. Fehlt in Norddeutschland und Skandinavien.
Häufigkeit: In geeigneten Biotopen nicht selten. Inselartige Verbreitung.
Fortpflanzung: Larven leben in verschiedenen Laubhölzern. Entwicklungszeit mindestens 2 Jahre. Gelegentlich überwintert der Käfer unter loser Rinde.
Nahrung: Larven fressen Holz, die Käfer Pollen und kleine Blütenteile, meist Weißdorn.

Cyrtoclytus capra

Merkmale: 0,7–1,4 cm groß. Mit der schwarz-gelben Zeichnung auf Flügeldecken und dem Halsschild imitiert der Käfer den Körper einer Wespe. Freßfeinde sollen durch Warnfarbe abgeschreckt werden.
Lebensraum: Von Mai bis Juli trifft man Widderböcke in Laubmischwäldern, auf Lichtungen und an Waldrändern auf Blüten oder Buchen.
Verbreitung: Waldgürtel Europas.
Häufigkeit: Regelmäßig und häufig.
Fortpflanzung: Larven entwickeln sich in Eiche, Buche, Haselnuß und anderen Laubhölzern. Verpuppung 10 cm im Holz.

Molorchus minor Kurzdeckenbock

Merkmale: 0,6–1,6 cm groß. An den kurzen Flügeldecken und den stark verdickten Schenkeln leicht zu bestimmen.
Lebensraum: Laubmischwälder. Käfer treten von Mai bis Juli an Blüten auf oder suchen auf totem Holz nach günstigen Plätzen für die Eier.
Verbreitung: Weite Teile Europas.
Häufigkeit: Regelmäßig und häufig.
Fortpflanzung: Larven leben unter der Rinde. Zur Verpuppung bohren sie einen Hakengang ins Holz. In der Puppenwiege überwintert der frisch geschlüpfte Käfer.
Nahrung: Larven fressen Holz und morsches pflanzliches Material, Käfer Pollen und Blüten.

Plagionotus arcuatus Wespenbock

Merkmale: 0,6–2 cm groß. Ähnlich dem Widderbock, doch kräftiger gebaut.
Lebensraum: Sonnige Laubmischwälder.
Verbreitung: In Europa.
Häufigkeit: Regelmäßig, stellenweise häufig.
Fortpflanzung: ♀ legen ihre Eier unter die Rinde von Eichen, seltener von anderen Laubbäumen. Larven leben im Bast, wo sie ein weitverzweigtes Gangnetz anlegen, das dicht mit Nagespänen angefüllt ist. Zur Verpuppung nagen sie ein hakenförmiges Loch tief ins Holz hinein. **Nahrung:** Von Mai bis Juni besuchen die Käfer Blüten; Larven fressen das Holz toter oder kranker Bäume.

Pachyta quadrimaculata Vierfleckbock

Merkmale: 1,1–2 cm groß. Die vier schwarzen Flecke auf den leuchtendgelben Flügeldekken gaben der Art den Namen und stellen zugleich ein gutes Artkennzeichen dar.
Lebensraum: Bergnadelwälder bis 1350 m.
Verbreitung: Im Norden Skandinaviens und im alpinen Raum.
Häufigkeit: Unterschiedlich, meist häufig.
Fortpflanzung: Von Juni bis August. Larven entwickeln sich unter der Rinde von Fichten. Zur Verpuppung graben sie sich in Humus ein.
Nahrung: Je nach Höhenlage und Witterung suchen die Vierfleckböcke auf Blüten, besonders auf Mädesüß, nach Pollen und Nektar.

Agapanthia villosoviridescens Scheckhornbock

Merkmale: 1–2,3 cm groß. Stark hell-dunkel behaart, wirkt fleckig. Später haarlos.
Lebensraum: Ödland, Laubholzlichtungen, in der Krautschicht von Parks und Gärten.
Verbreitung: In Europa.
Häufigkeit: Regelmäßig und häufig.
Fortpflanzung: Von Mai bis September fliegen die Käfer, auch **Nessel**- und **Distelbock** genannt, in der dichten Vegetation der höheren Krautschicht. Bei Gefahr lassen sie sich zu Boden fallen. Larven entwickeln sich in Kerbel, Kratzdistel und anderen krautigen Pflanzen, nicht aber in Holz! Verpuppung im Boden.

Donacia semicuprea Schilfkäfer

Merkmale: Etwa 1 cm lang. Die Gattung *Donacia* trägt metallisch glänzende Flügeldecken. 21 Arten in Mitteleuropa. Schwer bestimmbar. Ihr Metallschiller – bläulich, grünlich oder kupferfarben – ist nicht arttypisch.
Lebensraum: Uferzonen von Seen, Teichen, Tümpeln und Altwässern, an Wiesengräben.
Verbreitung: In ganz Europa.
Häufigkeit: Regelmäßig im Sommer, stellenweise häufig. Besonders auf Röhrichthalmen.
Fortpflanzung: Die ♀ legen nach der Paarung, die meist in der Ufervegetation erfolgt, ihre Eier knapp über oder unter Wasser in Gallert eingehüllt ab. Die Larven besitzen zwei Anhänge am Hinterleib, mit denen sie luftführende Gewebe der Pflanzen unter Wasser anstechen und so ihren Sauerstoffbedarf decken. Verpuppung in luftgefülltem Kokon unter Wasser. Die Käfer schlüpfen im Herbst, bleiben aber im Kokon bis zum Frühjahr.
Nahrung: Blätter und weiche Stengelabschnitte von Wasser- und Uferpflanzen. Die Larven saugen unter Wasser an Pflanzen.

Cryptocephalus sericeus Fallkäfer

Merkmale: 0,8 cm groß. Metallisch grün schillernder Käfer, vorn und hinten gestutzt, ovale Gestalt. Von den mehr als 70 anderen Arten, die in Mitteleuropa auftreten, schwer unterscheidbar. Meist tragen sie den Kopf unter ihrem Halsschild verdeckt. Bei Gefahr lassen sie sich zu Boden fallen.
Lebensraum: Blumenwiesen, Feldraine, Waldränder, Magerrasen.
Verbreitung: In Europa. Fehlt im Mittelmeerraum und in weiten Bereichen Skandinaviens.
Häufigkeit: Regelmäßig und manchmal sehr häufig.
Fortpflanzung: Von Mai bis Juli sitzen die Käfer in den Blüten gelbblühender Korbblütler (*Compositae*), zum Beispiel in Margerite, Kamille oder Alant. Wie die Sackkäferlarven leben auch ihre Larven in einer Hülle, mit der das ♀ das Ei umgeben hat, und die größtenteils aus Kot besteht. So geschützt, kriechen die Larven frei auf den Pflanzen umher.
Nahrung: Pflanzlich.

Clytra quadripunctata Vierpunkt-Ameisenblattkäfer

Merkmale: 0,8–1,1 cm groß. An den vier schwarzen Punkten auf dunkelgelben Flügeldecken kann man die 3 in Mitteleuropa lebenden Ameisen- oder Sackkäfer erkennen. Die Arten gleichen sich stark im Aussehen, sind aber leicht nach ihren unterschiedlichen ökologischen Ansprüchen zu trennen: So lebt *C. laeviuscula* auf Weiden und *C. quadripunctata* auf Birken, Weißdorn und nur selten auf Weiden.
Lebensraum: Feldgehölze, Wegränder, Trokkenrasen, Waldränder.
Verbreitung: Weite Bereiche Europas.
Fortpflanzung: Das ♀ umgibt das Ei mit einer Kothülle und setzt es auf einem Ast, auf einem Ameisennest oder einfach auf dem Boden ab. Frischgeschlüpfte Larven, die niemals den Kotsack verlassen, klammern sich ans Bein einer vorbeikommenden Ameise und lassen sich in den Ameisenhaufen tragen. Verpuppung im Kotsack. Entwicklungszeit 2–4 Jahre.
Nahrung: Käfer fressen Blätter. Larven leben von Ameiseneiern und -larven.

Lema melanopus Rothalsiges Getreidehähnchen

Merkmale: Knapp 0,5 cm groß. Tritt in zahlreichen Farbvarianten auf: ganz blau oder grün oder Halsschild und Beine rot mit blauen oder grünen Flügeldecken. In Mitteleuropa leben 7 ähnliche Arten. Den Namen »Hähnchen« erhielten diese Käfer von dem Zirpton, den sie bei Gefahr abgeben: Sie reiben die Flügeldekken über einer auf dem Rücken liegenden gerippten Kante.
Lebensraum: Wiesen, Getreidefelder.
Verbreitung: Europa, Nordafrika, Sibirien, Nordamerika (dort eingeschleppt).
Häufigkeit: Regelmäßig, manchmal häufig.
Fortpflanzung: Von April bis September trifft man die Käfer auf Ähren sitzend an, wo sie fressen, sich paaren und ihre Eier einzeln oder in kleinen Gruppen ablegen. Frisch geschlüpfte Larven umgeben sich mit einer schützenden Kothülle, einem schleimigen Überzug, weshalb die Larven manchmal für Schnecken gehalten werden. So verpuppt sich die Larve.
Nahrung: Getreide. Gelegentlich Schadfraß.

Lilioceris lilii Lilienhähnchen

Merkmale: 0,6–0,8 cm groß. Mehr oder weniger intensiv rot bis rotbraun gefärbt, mit dunklem Kopf und dunklen Beinen.
Lebensraum: Feuchtwiesen, Ufer, Gärten und Parkanlagen mit Lilien.
Verbreitung: Inselartig in Europa, Sibirien und Nordafrika.
Häufigkeit: Nicht häufig, doch in Kulturen manchmal Massenvermehrung mit Schadwirkung.
Fortpflanzung: Von April bis Juni leben die Käfer auf Maiglöckchen, Lilien, Kaiserkrone oder der Schachblume, wo sie sich paaren und die Eier ablegen. Nach einer dreimonatigen Entwicklungszeit der Larven verpuppen sie sich. Im September schlüpfen die Käfer und verkriechen sich zur Überwinterung. Die Larven umgeben sich mit einer schleimigen, schützenden Kothülle. Damit sind sie für insektenfressende Singvögel ungenießbar.
Nahrung: Pflanzlich.
Allgemeines: Nahe verwandt ist das **Spargelhähnchen** *(Crioceris asparagi)*.

Agelastica alni Erlenblattkäfer

Merkmale: 0,6–0,7 cm groß. Dunkelblau schillernd. Stets auf Erlen.
Lebensraum: Auwälder, Bachufer.
Verbreitung: Europa und gemäßigte Zonen Asiens. In Amerika eingeschleppt.
Häufigkeit: Neigt zu Massenentwicklungen.
Fortpflanzung: Anfang Mai kommen die ersten Käfer aus ihren Winterquartieren aus der Laubstreu hervor. ♀ erkennt man an dem stark aufgetriebenen Hinterleib. Schon bald darauf legen sie auf der Blattunterseite in kleinen Eipaketen mehrere hundert Eier ab. Die tiefschwarzen Larven verteilen sich und skelettieren die Blätter bis auf die Rippen. Bei Massenvorkommen können ganze Erlenwälder entlaubt werden. Die Bäume sterben aber nicht ab. Zur Verpuppung graben sich die Larven in den Boden. Im Herbst desselben Jahres schlüpft die neue Generation. In nassen Jahren ertrinken die meisten Puppen. Nach einem Jahr mit Massenentwicklung werden die Erlenblattkäfer meist wieder selten.
Nahrung: Erlenblätter.

Dlochrysa fastuosa Goldglänzender Blattkäfer

Merkmale: 0,5–0,6 cm groß. Flügeldecken und Halsschild in schillernden Goldtönen mit rotgoldenem oder grüngoldenem Ton. Trotz Farbvariationen gut erkennbar. Kopf wird unter dem Halsschild verborgen getragen.
Lebensraum: Ruderalflächen, Gärten, Waldränder. Fast überall, wo Brennesseln oder Taubnesseln stehen.
Verbreitung: Ganz Europa, nach Osten bis Japan.
Häufigkeit: Regelmäßig und häufig.
Fortpflanzung: Von April bis August trifft man die Käfer auf Brennesseln (*Urtica*), Taubnesseln (*Lamium*) und dem Hohlzahn (*Galeopsis*) an. Standorttreu. Eiablage auf Futterpflanze.
Nahrung: Pflanzlich. Die Larven nehmen dabei die Giftstoffe der Pflanze auf. Sie schützen sich dadurch, daß sie die Giftstoffe in ihrem Körper einlagern und nicht mit dem Kot ausscheiden.
Allgemeines: *Dlochrysa* ist nahe mit den *Chrysomela*-Blattkäfern verwandt, die eine ähnliche Lebensweise haben.

Lochmaea capreae Weidenblattkäfer

Merkmale: 0,5 cm groß. Mittel- bis dunkelbrauner Blattkäfer, oberseits kahl. In Mitteleuropa leben 3 ähnliche Arten.
Lebensraum: Weidenbestände in Flußniederungen, Auen und Gärten.
Verbreitung: Große Teile Europas.
Häufigkeit: Regelmäßig und häufig.
Fortpflanzung: Im April erscheinen die ersten Käfer aus ihren Winterquartieren. ♀ legen ihre Eipakete unter Moos, Steinen oder in Erdnischen unter der Futterpflanze. Junge Larven klettern auf die Bäume, um Blätter zu fressen. Zur Verpuppung graben sich die ausgewachsenen Larven einige Zentimeter tief im Boden ein. Noch im selben Jahr schlüpfen die Käfer, die einige Zeit Laub fressen, ehe sie sich dort zur Winterruhe verstecken. Bei Massenauftreten können Weidenblattkäfer an Weiden, Pappeln oder Birken Kahlfraß verursachen. Da es sich um schnellwüchsige Bäume handelt und Massenentwicklungen nie anhalten, sterben die Bäume nicht. **Nahrung:** Blätter von Weiden (*Salix*) und anderen Weichhölzern.

Melasoma populi Pappelblattkäfer

Merkmale: Gut 1 cm groß. Flügeldecken gelbrot, Halsschild und Kopf blau. Die ovale und hochgewölbte Gestalt zeigt den typischen Blattkäfer. Von der Gattung *Melasoma* gibt es in Mitteleuropa 8 Arten, die gut unterscheidbar sind. Pappelblattkäfer sind an den schwarzen Spitzen der Flügeldeckenenden zu erkennen.
Lebensraum: Laubmischwälder, Pappeln.
Verbreitung: Sehr weit in Europa. Gesamtverbreitung reicht über das gemäßigte Asien bis in den subtropischen Bereich hinein.
Häufigkeit: Regelmäßig, in manchen Jahren Massenvermehrung.
Fortpflanzung: Wenn an schönen Apriltagen die ersten Pappelblattkäfer aus ihren Winterquartieren aus dem Boden hervorkommen, verpaaren sie sich. Schon wenige Tage später legen die ♀ ihre Eipakete, bestehend aus 20–30 Eiern, ab. Insgesamt sind es mehrere hundert Eier. Nach einigen Tagen schlüpfen die schwarzen Larven, die rasch heranwachsen. Sie fressen die Blätter verschiedener Pappelarten bis auf die Rippen ab. Dann wandern sie weiter zum nächsten Blatt. In warmen, trockenen Jahren können Massenentwicklungen die Pappeln total entlauben. Im letzten Larvenstadium wird die Larvenhaut fest an die Rinde geheftet, und die Puppe verbleibt darin. In der Fachsprache ist dies eine Stürzpuppe. Nach einer knappen Woche schlüpfen die Käfer. Die Entwicklung vom Ei bis zum Käfer dauert nur wenige Wochen, so daß es in günstigen Jahren (warm und trocken) zu mehreren Generationen und zu einer außerordentlich starken Vermehrung des Pappelblattkäfers kommen kann. Besonders Pappelmonokulturen sind dafür anfällig. In natürlich gewachsenen und gesunden Wäldern sind Massenvermehrungen extrem selten, da die Pappeln keine geschlossenen Bestände bilden, sondern im Wald verteilt stehen. Dadurch wird das Auffinden eines neuen Baums für die Larven bedeutend erschwert. Viele von ihnen sterben, ehe sie den nächsten erreichen. In Pappelreinbeständen dagegen stellt das Überwechseln von einem Baum zum anderen kein Problem dar.

Leptinotarsa decemlineata Kartoffelkäfer

Merkmale: Etwa 1 cm groß. An den 10 schwarzen Linien auf den gelben Flügeldecken – je 5 auf jeder Seite – und den schwarzen Punkten auf dem gelben Halsschild leicht zu erkennen. Kann mit keiner anderen Art verwechselt werden.
Lebensraum: Kartoffelfelder, Gärten, Laubmischwälder.
Verbreitung: Ursprüngliche Heimat Nordamerika, wo der Käfer an den dort heimischen Nachtschattengewächsen lebt. 1874 gelangten die ersten Käfer nach Europa, wo sie sich rasch über den ganzen Kontinent verbreiteten. Heute ist der Kartoffel- oder **Coloradokäfer**, wie er nach seiner ursprünglichen Heimat auch benannt wird, weltweit verbreitet, teils vom Menschen verschleppt, teils durch eigene Ausbreitung.
Häufigkeit: Regelmäßig mit Massenentwicklung.
Fortpflanzung: Käfer kommen im Frühsommer aus ihren Winterquartieren im Boden hervor. Auf der Blattunterseite von Nachtschattengewächsen, zu denen die Kartoffel gehört, aber auch die Tollkirsche, der Tabak und der Stechapfel, legt das ♀ 20–30 Eier in kleinen Paketen ab. Die Gesamtproduktion eines ♀, das 2 Jahre alt werden kann, erreicht 2400 Eier! Kleine Larven zeigen eine weinrote Farbe, ältere sind orangerot. Nach 2–4 Wochen verpuppen sich die Larven und verwandeln sich 24 Tage später in Käfer. In warmen Jahren sind 2 Generationen in Mitteleuropa durchaus normal. Das führt zu explosionsartiger Vermehrung, die jedoch heute durch Bekämpfungsmaßnahmen des Menschen und durch natürliche Feinde stark eingedämmt wird. Von Vergiftungsaktionen sieht man wieder weitgehend wegen schädlicher Nebenwirkungen ab. Bester Schutz ist das Absammeln.
Nahrung: Blätter verschiedener Nachtschattengewächse (*Solanaceae*).
Allgemeines: Der Kartoffelkäfer hat sich in Europa so gut eingelebt, daß er trotz großer Anstrengungen nicht mehr ausgerottet werden kann.

Siehe auch S. 277

Cassida vibex Schildkäfer

Merkmale: 0,7–0,9 cm lang. Grasgrün mit charakteristischem, schildartig geformtem Körper. Flügeldecken und Brustschild passen so zueinander, daß sie den insgesamt flach gebauten Körper des Schildkäfers wie eine kompakte, flache Schale bedecken. Der Kopf ist kaum zu sehen. Meist ragen nur die dünnen Fühler unter dem Brustschild hervor. Gleiches gilt für die äußeren Glieder der Beine. Bei Gefahr drückt sich der Käfer so an die Unterlage, daß der Schildrand direkt darauf aufliegt. Kopf, Fühler und Beine verschwinden darunter vollständig. Während der ähnliche Grüne Schildkäfer C. viridis einheitliches Grün auf der Oberseite trägt, erkennt man C. vibex an den dunklen Flecken im Zentrum der Flügel und an den beiden Punkten auf den Elytren. In Mitteleuropa kommen etwa 30 verschiedene, schwer voneinander unterscheidbare Schildkäferarten vor. Ihre grüne Farbe verschwindet bei getrockneten und präparierten Exemplaren.
Die grünlichen oder schwärzlichen Larven tragen zahlreiche gefiederte Dornen an den Körperseiten.
Lebensraum: Wiesen, Raine und Hecken.
Verbreitung: Gemäßigte Zone Eurasiens.
Häufigkeit: Nicht selten, lokal häufig.
Fortpflanzung: Die ♂ besitzen ein ausstülpbares Begattungsorgan, mit dem sie unter den Panzer des ♀ reichen können. Die ♀ legen ihre Eier auf den Futterpflanzen ab, wo sie sich schnell entwickeln. Mitunter trifft man alle Stadien auf der gleichen Futterpflanze.
Nahrung: Überwinternde Käfer befressen im Frühjahr junge Triebe verschiedener Kräuter, insbesondere von Lippenblütlern. Häufig sind Käfer und Larven auf Blättern der Kohldistel zu finden, wo sie runde Löcher fressen.
Allgemeines: Larven der Schildkäfer halten auf ihrer Schwanzgabel die Reste der letzten Larvenhäutung fest und klappen sie auf den Rücken, um sich vor Freßfeinden zu schützen. Aus demselben Grund bedecken sie sich gerne mit Kot. Auch Gelege werden vom Muttertier zum Schutz mit Kot überzogen.

Phyllotreta undulata Gewelltstreifiger Kohlerdfloh

Merkmale: 2,5 cm groß. Dunkler Käfer mit je einem gelben Längsstreifen auf den Flügeldekken. Schwer bestimmbar, da weitere 11 gelbgestreifte Flohkäfer im selben Gebiet auftreten können. In Mitteleuropa leben 23 Arten der Gattung *Phyllotreta*, die schwarz, blau oder gelb-schwarz gezeichnet sind. Ihren Namen verdanken sie dem Sprungvermögen ihre kräftigen Hinterbeinschenkel; sie springen meterhoch.
Lebensraum: Felder und Wiesen.
Verbreitung: Großteil Europas, Asiens und Nordamerikas, wohin er eingeschleppt wurde.
Häufigkeit: Regelmäßig, auch massenhaft.
Fortpflanzung: Im Frühjahr erscheinen die überwinternden Käfer und fressen die jungen Triebe von Kohl und anderen Pflanzen. Eiablage im Boden. Larven leben im Boden von zarten Wurzeln. In einer kleinen Höhle verpuppen sie sich, Käfer schlüpfen noch im Herbst.
Nahrung: Wurzeln und Blätter von Kohl und Rettich. In manchen Jahren Kahlfraß.

Hispella atra Stachelkäfer

Merkmale: 0,3–0,4 cm groß. Dieser über und über mit Stacheln bedeckte Käfer trägt seinen Namen zu Recht! Vermutlich ahmt er einen dornenbesetzten Samen nach, den man in trockenen Gebieten, wo auch der Stachelkäfer zu Hause ist, besonders häufig findet. Die Art kann mit keiner anderen verwechselt werden.
Lebensraum: Trockenrasen mit spärlicher Vegetation. Nur in warmen Gegenden.
Verbreitung: Südliches Mitteleuropa, vor allem im Mittelmeerraum und in Nordafrika. Im nördlichen Mitteleuropa inselartige Verbreitung.
Häufigkeit: Unregelmäßig, selten.
Fortpflanzung: Im Boden überwintern die im Herbst geschlüpften Käfer. Vor der Eiablage müssen sie noch fressen: Man nennt dies den Reifungsfraß. Erst danach legen die ♀ ihre Eier in kleinen Gruppen auf der Blattunterseite ab. Die Larven bohren sich in Gräser ein. Häufig findet man sie in Rispengras oder in der Quecke, wo sie sich verpuppen.
Nahrung: Gräser.

Larve mit Kot

Otiorrhynchus niger Mittlerer Schwarzer Rüsselkäfer

Merkmale: 1 cm. Kennzeichen aller Rüsselkäfer ist der rüsselartig verlängerte Kopf. Der Rüssel kann lang und dünn, aber auch kurz und dick sein. An seiner Spitze sitzen die Mundwerkzeuge. Die meisten der weltweit verbreiteten 40 000 Arten tragen einen runden, hochgewölbten, stark sklerotisierten Körper und sind dunkel gefärbt. Doch gibt es auch rote, grüne und blaue Rüsselkäfer. Aus Mitteleuropa kennt man etwa 1200 Arten. 170 davon gehören zur Gattung *Otiorrhynchus*, die einander so ähnlich sind, daß man sie nur mit Spezialkenntnissen unterscheiden kann. Ein gemeinsames Kennzeichen ist die lappenartige Verbreiterung der Rüsselspitze (Lappenrüßler).
Lebensraum: Nadelwälder mit Fichten.
Verbreitung: Nadelwaldgebiete Europas in mittleren und höheren Lagen. Fehlt in der Tiefebene. Aufgrund geographischer Isolation entstanden in verschiedenen Gebirgen eigenständige Rassen, so beispielsweise in Frankreich in Valais und Chalais die Rasse *mequignoni*.
Häufigkeit: Verbreitet und meist häufig.
Fortpflanzung: Larven leben in langen Gängen in morschen Bäumen und in Wurzeln gefällter Fichten. Zur Verpuppung bohren sich die Larven einen hakenförmigen Gang ins Holz. Am unteren Ende liegt die Puppe. Der Käfer schlüpft erst im kommenden Jahr. Käfer sind nachtaktiv.
Nahrung: Larven leben im Boden von Wurzeln. Käfer befressen Fichtennadeln. Obgleich diese Käfer 2 Jahre alt werden können, brauchen sie nicht mehr als 1–2 g Nahrung!
Allgemeines: Die Gattung *Otiorrhynchus* kann man von den anderen Gattungen der Familie der Rüsselkäfer am Rüssel unterscheiden, der bei ihnen vorne lappenartig verbreitert ist.
Bei den verschiedenen Arten von Otiorrhynchus ist Parthenogenesis weit verbreitet. ♀ können also ohne Befruchtung Eier legen, aus denen Larven schlüpfen. Diese Larven entwikkeln sich jedoch stets zu weiblichen Käfern. Aus diesem Grund findet man in freier Natur nur selten Männchen des Mittleren Schwarzen Rüsselkäfers.

Polydrosus spec. Glanzrüßler

Merkmale: 0,6–0,8 cm groß. Allein in Mitteleuropa treten 26 *Polydrosus*-Arten auf. Sie unterscheiden sich in Größe und Färbung: grün, braun oder schwarz mit blauen Punkten. Schwer bestimmbar.
Lebensraum: Laubmischwälder, Nadelwälder, Böschungen, Feldgehölze, Gärten und verwilderte Parkanlagen.
Verbreitung: Laubwaldzone Europas.
Häufigkeit: Regelmäßig, stellenweise häufig.
Fortpflanzung: In manchen Gegenden fand man bis heute noch kein ♂. Die ♀ produzieren Nachwuchs ohne Befruchtung. Dadurch erhalten die Nachkommen alle Erbanlagen von der Mutter und können wiederum nur ♀ werden. Im größten Teil des Verbreitungsgebiets kommen allerdings auch ♂ vor, und hier finden Verpaarung, Eiablage, Schlüpfen der Larven und Verpuppung wie bei den meisten anderen Käfern statt. Nachtaktiv.
Nahrung: Larven leben unterirdisch an Wurzeln verschiedener Laubbäume und Kräuter.

Hylobius abietis Großer Brauner Rüsselkäfer

Merkmale: 0,8–1,3 cm groß. Braun mit gelben Flecken. Die Art kann leicht verwechselt werden, doch sie ist die bekannteste und häufigste der Rüsselkäfer.
Lebensraum: Nadelwälder.
Verbreitung: Von Europa bis Japan.
Häufigkeit: Regelmäßig, in manchen Jahren Massenvorkommen.
Fortpflanzung: ♀ legen ihre Eier in Stöcke frisch gefällter Fichten und Kiefern. Die Larven leben unterirdisch an Wurzeln und morschen Baumstümpfen. Sie sind unschädlich. Zur Verpuppung bohren die Larven einen hakenförmigen Gang ins Holz, an dessen Ende die Puppe liegt. Im Frühjahr schlüpft der Käfer.
Allgemeines: Schadwirkung durch den Käfer. Sie befressen nicht nur das Kambium und die Rinde der Nadelbäume, sondern werden auch ungewöhnlich alt: 3–6 Jahre! Bei Massenauftreten befallen sie zunehmend Jungfichten und -kiefern. Sie können ganze Schonungen kahlfressen, so daß die Bäumchen absterben.

Curculio glandium Eichelbohrer

Merkmale: 0,5–0,8 cm groß. Auffallend langer, schmaler Rüssel, der beim ♀ größer ist als beim ♂. In Mitteleuropa leben 11 sehr ähnliche Arten, die schwer bestimmbar sind.
Lebensraum: Eichenwälder, Parks.
Verbreitung: Laubholzzone Europas und Asiens.
Häufigkeit: Regelmäßig und unterschiedlich häufig. Im nördlichen Mitteleuropa selten.
Fortpflanzung: Mit Hilfe des langen Rüssels bohren ♀ in die noch weichen Eicheln ein kleines Loch und verstecken darin ein Ei. Beim Wachsen der Eichel verschließt sich das Loch, so daß man später einer Eichel nicht mehr ansieht, ob sie eine Larve enthält oder nicht. Die Larve ist bein- und augenlos. Sie frißt den heranwachsenden Eichelkern und läßt sich mit ihm zu Boden fallen. Dann bohrt sie ein Loch nach außen und vergräbt sich im weichen Boden, um sich hier zu verpuppen. Die Puppe überwintert, und im Frühjahr schlüpft der junge Eichelbohrer.
Nahrung: Eicheln. Miunter Schadfraß.

Curculio nucum Haselnußbohrer

Merkmale: Knapp 1 cm groß. Langer Rüssel, mittel- bis dunkelbraune Farbe. Ähnelt stark 11 weiteren *Curculio*-Arten Mitteleuropas.
Lebensraum: Auwälder, Waldränder, Gärten, Parks mit Haselvorkommen.
Verbreitung: Im Norden bis Südskandinavien, sonst weit verbreitet in Europa.
Häufigkeit: Wesentlich seltener als der Eichelbohrer.
Fortpflanzung: Siehe Eichelbohrer. Im Mai oder Juni sticht das ♀ die noch weiche, grüne Haselnuß an, um darin ein Ei unterzubringen. Hat die Larve die Nuß ausgefressen, fällt diese vorzeitig ab. Nun verläßt die ausgewachsene Larve die Nuß, um sich im Boden einzugraben und dort zu überwintern. Sie kann dort bis zur Verpuppung bis zu 3 Jahren liegen. Im Mai erscheinen die frisch geschlüpften Käfer.
Nahrung: Käfer fressen Blätter verschiedenster Laubbäume und Sträucher. Larven können nur in Haselnußkernen heranwachsen.
Allgemeines: Viele Rüsselkäfer sind streng nahrungsspezifisch.

Liparus glabrirostris Großrüßler

Merkmale: 1,7–2,1 cm groß. Zusammen mit einigen ähnlichen Arten ist er der größte Rüsselkäfer Mitteleuropas. Schwer bestimmbar wie die meisten der 1200 in Mitteleuropa lebenden Rüsselkäferarten.
Lebensraum: Wiesen, Hänge, Geröllhalden in mittleren und größeren Höhen der Mittel- und Hochgebirge, gerne an feuchten Stellen.
Verbreitung: Inselartig mit Schwerpunkt im südlichen Mitteleuropa.
Häufigkeit: Stellenweise häufig, nach Norden zu abnehmend.
Fortpflanzung: ♀ stechen Wurzelstöcke von Pestwurz (*Petasitis officinalis, P. albus*) an und legen ein Ei hinein. Larve miniert im Wurzelstock. Zur Verpuppung gräbt sie sich in den Boden. Käfer leben auf Pestwurz und an Huflattich (*Tussilago farfara*), wo sie an den Blättern nagen. Da Pestwurz auf feuchtem Untergrund stehen, trifft man Großrüßler oft an Gebirgsbächen.
Nahrung: Larven fressen die Wurzeln der Pestwurz, Käfer die Blätter (auch Huflattich).

Byctiscus betulae Rebenstecher

Merkmale: 0,5–0,7 cm groß. Metallisch grün oder blau glänzend. Von zahlreichen ähnlichen Arten nur schwer zu trennen.
Lebensraum: Laubmischwälder, Hecken, Gärten, Parkanlagen.
Verbreitung: In der gemäßigten Zone Europas und Sibiriens bis nach Japan.
Häufigkeit: Regelmäßig. Nur gelegentlich häufig mit Schadfraß an Weintrauben.
Fortpflanzung: Vertreter der Blattroller: ♀ wickeln ein Blatt auf und verstecken darin ein Ei. Das Blatt welkt, fällt ab, und im absterbenden Rest entwickelt sich die Larve, die sich zum Verpuppen in den Boden eingräbt. Im Herbst schlüpfen die Käfer, verbleiben aber bis zum Frühjahr im Boden. Mit Erscheinen des ersten Grüns an Büschen und Bäumen kommen auch die Käfer, um an den Knospen und zarten Blättern so lange zu fressen, bis sie geschlechtsreif sind (Reifungsfraß). Findet man in einer Blattrolle mehrere Eier, so dürften diese von mehreren ♀ stammen. Ein ♀ rollt pro Tag 2 Blätter, insgesamt 20–30.

Byctiscus populi Pappelblattroller

Merkmale: Etwa 0,5 cm groß. Schwer bestimmbarer, grün oder blau metallisch glänzender Rüsselkäfer. ♂ erkenntlich an zwei spitzen Dornfortsätzen auf dem Halsschild.
Lebensraum: Pappelkulturen, Auwälder; Bach-, Fluß- und Seeufer mit Pappelarten. Bevorzugt Zitterpappel oder Espe.
Verbreitung: Gemäßigte Zone Europas.
Häufigkeit: Regelmäßig, manchmal an einem Baum eine größere Anzahl von Käfern.
Fortpflanzung: Ähnlich dem Rebenstecher. ♀ rollen oder »nähen« nur sehr junge Pappelblätter zusammen. Durchmesser einer Blattrolle 3 mm. An der Oberseite klebt das ♀ innen ein Ei an. Bald fällt das Blatt zu Boden, da es beim Zusammenrollen mehrfach verletzt wurde und rasch welkt. Die Larve wächst am Boden im Schutz des Blatts heran. Zur Verpuppung verläßt sie den »Kokon« und gräbt sich im Boden ein. Die Larve kann 1 oder 2 Jahre über liegen, ehe sie sich verpuppt und schlüpft.
Nahrung: Käfer fressen Pappelblätter, Larven vermoderndes pflanzliches Material.

Attelabus nitens Eichenblattroller oder **Roter Eichenkugelrüßler**

Merkmale: Etwa 0,5 cm groß. Rot oder rotbraun gefärbt mit hoch aufgewölbtem Rücken. Gut bestimmbar.
Lebensraum: Eichen, Parks, Waldränder.
Verbreitung: Gemäßigtes Europa.
Häufigkeit: Regelmäßig und meist häufig.
Fortpflanzung: Man nennt die Art auch **Tönnchenwickler**, da seine Blattrolle an eine Dose oder ein Tönnchen erinnert: Sie wird in kompliziertem Verhaltensablauf konstruiert und beherbergt mehrere Eier. Zum Schluß beißt das ♀ den Stiel des jungen Eichenblatts ab, so daß es zu Boden fällt. Die Larve lebt vom welkenden Blatt und kriecht wie ihre Verwandten zur Verpuppung in den Boden, wo bald darauf der Käfer schlüpft. Nur an Eichen zu finden.
Allgemeines: Typisch für die Blattroller ist, daß jede Art ein eigenes kompliziertes Verfahren entwickelt hat, ihre Eier in ein Blatt einzuwickeln. Am Muster der Blattrolle kann man die Rüsselkäferart leichter bestimmen als am Käfer selbst.

Deporaus betulae Birkenblattroller

Blattrolle

Merkmale: Knapp 0,5 cm groß. Metallisch schwarz glänzend, schwer bestimmbar. Bestes Kennzeichen im Feld sind im Sommer die zusammengerollten Birkenblätter, die die Anwesenheit des Birkenblattrollers verraten.
Lebensraum: Gärten, Parks, Straßenalleen, Moore, lichte Wälder. An Birken gebunden.
Verbreitung: Gemäßigte und warme Zone Europas und Sibiriens. Nordafrika.
Häufigkeit: Regelmäßig und häufig.
Fortpflanzung: Auf der Blattunterseite fertigt das ♀ mit dem Rüssel eine runde Tasche, in die sie das Ei hineinlegt.
Nahrung: Die Larve ernährt sich vom welkenden Blatt und verpuppt sich im Boden.
Allgemeines: Die Gattung *Deporaus* trägt im Deutschen den Namen Trichterwickler, da die Blattrollen wie Tüten aussehen.

Apoderus coryli Haselblattroller

Merkmale: 0,6–0,8 cm groß. In Färbung und Gestalt ähnlich dem Eichenblattroller, doch am viel schmaleren Halsschild gut zu erkennen. Oberschenkel rot, beim Eichenblattroller schwarz. Unterschiedlicher Rüssel (vgl. Bild).
Lebensraum: Laubwälder, Parks und Gärten.
Verbreitung: Europa, Sibirien bis Japan.
Häufigkeit: Regelmäßig und häufig.
Fortpflanzung: Käfer trifft man von Mai bis August. Während des Winters schlafen sie im Boden eingegraben. ♀ wickeln in typischer Blattrollerart Haselblätter, die jedoch nicht welken und abfallen. Larvalentwicklung und Verpuppung finden am Baum im Blatt statt. Noch im selben Herbst schlüpft die junge Käfergeneration, die sich bald zur Überwinterung zurückzieht. In einer Blattrolle bringt das ♀ 1–4 Eier unter. In günstigen Jahren entwickelt sich eine 2. Generation. In diesem Fall überwintern die Larven in den abgefallenen Blattrollen am Boden und verpuppen sich im Frühjahr. **Nahrung:** Blätter von Hasel, seltener auch Erlen und Birken.

Chlorophanus viridis Schönrüßler

Merkmale: 0,8–1,1 cm groß. Blaugrüner Rüsselkäfer, der an den dicht gelbgrün beschuppten Seiten des Halsschildes und der Flügeldecken zu erkennen ist. Die 4 in Mitteleuropa lebenden *Chlorophanus*-Arten sind allerdings schwer unterscheidbar, doch *C. viridis* ist der häufigste unter ihnen.
Lebensraum: Auen und andere Feuchtgebiete, wo diese Käfer auf Weiden oder in der Krautschicht auf Nesseln sitzen.
Verbreitung: Weit in Europa.
Häufigkeit: Regelmäßig und häufig.
Allgemeines: Obgleich dieser Rüsselkäfer nicht selten bei uns ist, weiß man nur wenig über seine Biologie und Ökologie. Larven leben wahrscheinlich im Boden und ernähren sich von Wurzeln verschiedener Weiden- oder Erlenarten. Die außerordentlich große Vielfalt unter den Rüsselkäfern kann nur bruchstückhaft aufgezeigt werden. Zur genauen Artbestimmung und zur Vertiefung der Angaben über Biologie und Ökologie wird auf die Literatur verwiesen.

Sitophilus granarius Kornkäfer

Merkmale: 25–35 mm. Kastanienbraun bis schwarz gefärbt, ohne weiße Flecken auf den Flügeln. Diese weisen auf der Oberseite feine, parallele Linien auf. Auf dem Halsschild befinden sich zahlreiche dicht nebeneinander stehende Punkte.
Lebensraum: Die Entwicklung findet im Getreide statt; so in Weizen, Roggen, Gerste, Hafer, Buchweizen, Hirse; seltener auch in Kastanien, Eicheln oder in Teigwaren. Man trifft den Kornkäfer in Vorratslagern, Getreidespeichern und Warenhäusern, doch praktisch nie an Kulturpflanzen in der freien Natur.
Verbreitung: Weltweit.
Häufigkeit: Manchmal massenhaft.
Fortpflanzung: In Europa treten 3–4 Generationen pro Jahr auf. Anfang März schlüpfen die kleinen Larven. Im Alter von 8 Tagen erscheinen sie im Getreide zur Nahrungsaufnahme, wo sie 30–35 Tage verbleiben. Danach Verpuppung; eine Woche später schlüpfen die Käfer. Sie erreichen ein Alter bis 2½ Jahre.
Allgemeines: Weltweiter Getreideschädling!

Pissodes pini Kiefernaltholzrüßler

Merkmale: 0,5–0,9 cm groß. Dunkelbraun mit gelblichen, unterschiedlich großen Flecken auf Halsschild und Flügeldecken. Die 8 *Pissodes*-Arten Mitteleuropas leben streng an eine Baumart gebunden: der Kiefernaltholzrüßler an kranken und toten Kiefern, andere an Fichten oder Tannen.
Lebensraum: Nadelwälder mit Kiefern.
Verbreitung: Großteil Europas, fehlt in Süditalien und Südspanien.
Häufigkeit: Regelmäßig, bei gelegentlichem Massenauftreten Schadfraß. Gefürchteter Schädling!
Fortpflanzung: ♀ legen unter die abblätternde Rinde kranker oder toter Kiefern ihre Eipakete ab. Larven bohren unregelmäßige Gänge unter der Rinde. In einem faserigen Gespinst verpuppen sie sich. Die Käfer schlüpfen bald danach. Sie können mehrere Jahre alt werden und bleiben das ganze Jahr über fortpflanzungsfähig, so daß man nebeneinander Eier, Larven, Puppen und Käfer antrifft.
Nahrung: Pflanzlich.

Phyllobius argentatus Grünrüßler

Merkmale: 0,4 bis 0,6 cm groß. Leuchtend grün mit rötlichen Schenkeln, die auch dunkel sein können. Formen- und artenreiche Gattung mit 10 Untergattungen und 25 Arten. Grün oder graubraun gefärbt, tragen hellere und dunklere Schuppen, wirken fleckig. Schwer zu bestimmen.
Lebensraum: Laubmischwälder, verwilderte Parks und große alte Gärten; meist in Laubbäumen, seltener auf Nadelbäumen.
Verbreitung: Gemäßigte Zone Europas und Asiens.
H: Regelmäßig, stellenweise sehr häufig.
Fortpflanzung: Während die Käfer oben in Bäumen leben und die Blätter befressen, findet man deren Larven im Boden an den Wurzeln. Im Boden Verpuppung und Überwinterung in einer von der Larve gebauten Puppenwiege.
Nahrung: Kleine Larven benagen zarte Wurzeln, doch später können sie empfindlichen Schadfraß verursachen, wenn sie die kräftigen Wurzeln abschaben oder auch oberirdisch kleine Bäume entrinden.

Ips typographus Buchdrucker

Merkmale: 0,4–0,6 cm lang. Ein kleiner, walzenförmiger, schwarz glänzender Käfer mit bräunlicher Behaarung und kräftigen, etwas an Dungkäfer erinnernden Beinen. Fühler kurz mit deutlich abgesetzter Keule am Ende. Hinterende der Flügeldecken scharf abgeschnitten und an jeder Seite mit 4 deutlichen Zähnchen besetzt. Kopf unter dem großen Bruststück verborgen. Brustschild und Flügeldecken schließen in gleicher Breite aneinander, so daß der Käfer an den Seiten gleich breit ist und dadurch sehr präzise in seine Fraßgänge paßt.
In Mitteleuropa kommen weitere 7 Arten der Gattung vor, die schwer zu bestimmen sind. Der Buchdrucker übertrifft sie aber alle in der Regel an Häufigkeit.
Lebensraum: Nadelwälder, Bestände von Fichten.
Verbreitung: Nadelwaldzonen Europas und Nordasiens. Im Gebirge bis zur Baumgrenze.
Häufigkeit: Sehr unterschiedlich; gelegentlich Massenentwicklung. Der Buchdrucker befällt als sogenannter »Sekundärschädling« Bäume, die durch andere Ursachen, zum Beispiel Raupenfraß, geschädigt worden sind. Aber bei Massenvermehrung geht er auch an völlig gesunde Bäume. Bei den letzten großen Kalamitäten in den ersten Jahren nach dem Zweiten Weltkrieg betrug der Verlust an Fichten rund 30 Millionen Festmeter. Die moderne Forstwirtschaft bietet allerdings dem Buchdrucker kaum mehr Chancen zur Massenvermehrung.
Fortpflanzung: Der Buchdrucker gehört zu den »Rindenbrütern« unter den Borkenkäfern, von denen es in Mitteleuropa 119 Arten gibt. Die Gänge zur Eiablage legt er zwischen Rinde und Holz an. Ausgeschlüpfte Larven bohren sich vom Muttergang aus nach allen Richtungen zwischen Holz und Rinde weiter und erzeugen so die charakteristischen Fraßbilder. Mit zunehmendem Wachstum der Larven werden ihre Gänge breiter. Die Larven besitzen keine Beine. Sie sind ziemlich weichhäutig und ohne nennenswerte Färbung. Am Ende der Fraßgänge verpuppen sich die Larven, und die schlüpfenden Jungkäfer bohren sich von dort ins Freie. Die Borke befallener Fichten sieht dann wie mit Schroteinschlägen durchlöchert aus. ♀ bohren zunächst einen ein- bis dreiarmigen Längsgang unter der Rinde, den sie ganz frei von Bohrmehl halten. Am Einbohrloch machen sie eine Erweiterung, in der die Paarung stattfindet (»Rammelkammer« genannt). Die Rammelkammer legt 1 ♂ an. Alle im Laufe der nächsten Tage eintreffenden ♀ werden begattet (Polygamie). Jedes ♀ legt Eikammern an, von denen aus die Larven ihrerseits immer breiter werdende Gänge errichten. Puppenwiege am Ende des Larvenganges.
Nahrung: Jüngste Holz- bzw. Rindenschichten von Fichten, von Kiefern oder Lärchen, wobei verschleppte Pilze das Holz aufbereiten.

Pitygenes chalcographus Kupferstecher

M: 2 mm groß. Kenntlich am arttypischen Gangmuster. Wird auch **Sechszähniger Fichtenborkenkäfer** genannt.
Lr: Nadelwälder der gemäßigten und kühlen Zone Eurasiens.
Vb: Von Westeuropa bis Japan.
H: Jahr- und gebietsweise unterschiedlich. Bei reichem Angebot an geschädigtem Fichtenaltholz sehr häufig, bisweilen schädlich.
Fp: Die kurze Puppenruhe ermöglicht zwei bis drei Generationen pro Jahr. Gewöhnlich überwintern Käfer, mitunter Larven und Puppen.
Ng: Bast von Fichten und Kiefern.

Onthotomicus sp.

M: 0,5 cm groß. Typischer Borkenkäfer: klein, schwarz, behaart. Käfer schwer bestimmbar. Kennzeichen: Fraßbild.
Lr: Kiefernbestände. **Vb**: Großteil Europas.
H: Regelmäßig, manchmal massenhaft.
Fp: An den ersten warmen Februartagen erscheinen die Käfer aus ihren Winterquartieren unter der Rinde oder in Baumspalten. Nach der Befruchtung legen die ♀ etwa 10 cm lange Gänge an. Weisen sie einen »Knick« am Anfang auf, dann ist dieses »Krückstockmuster« kennzeichnend für den großen Waldgärtner *(Blastophagus piniperda)*, eine ähnliche Art.

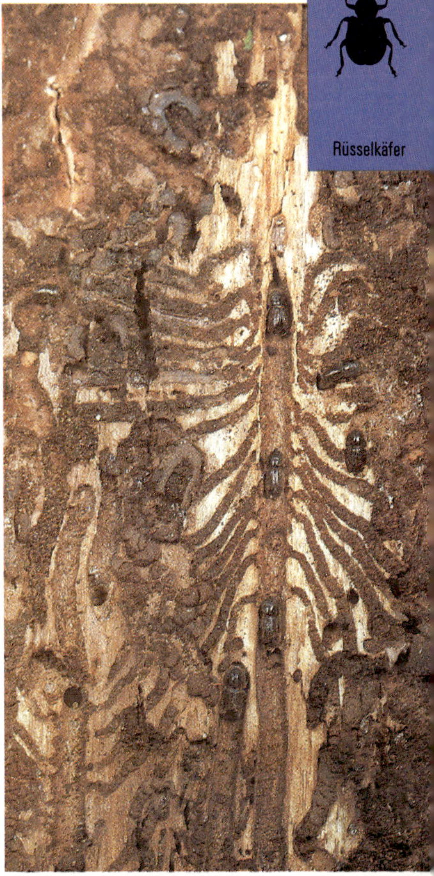

Agriotes lineatus Saatschnellkäfer

Merkmale: Gut 1 cm; der häufigste Vertreter der 15 in Mitteleuropa vorkommenden Arten der Gattung *Agriotes*. Körperfärbung der Käfer schwarzbraun, durch dichte, aber kurze Behaarung grau getönt. Typische länglich-schmale Körperform der Schnellkäfer. Schnellmechanismus gut ausgebildet. Der Käfer kann sich aus der Rückenlage mit einem »klick« mehrere cm hoch in die Luft schnellen. Dabei dreht er sich und landet auf der Bauchseite. Gut flugfähig.
Lebensraum: Waldränder, Kulturland, insbesondere Getreidefelder und Wiesen, aber auch Gemüsegärten.
Verbreitung: Von den Trockengebieten des Mittelmeerraumes bis an den Polarkreis.
Häufigkeit: In der Regel häufig bis mäßig häufig, aber in manchen Jahren und unter geeigneten Bedingungen auch Massenentwicklung in Getreidefeldern, wo die Larven (Abbildung) durch Wurzelfraß enorme Schäden verursachen können. Sie werden »Drahtwürmer« genannt.

Denticollis linearis

Merkmale: 1–1,2 cm. Typische Gestalt eines Schnellkäfers. Diese Gattung erkennt man an dem buckligen Halsschild, das stets schmäler als die Flügeldecken angelegt ist. Fühler lang und stark gezähnt. Schon bei der kleinsten Berührung springen die Käfer davon.
Lebensraum: Weidengebüsch, Eichenwälder, aber auch unter vielen anderen Sträuchern. Im Gebirge bis 1200 m.
Verbreitung: Große Teile Europas, Kleinasiens und Sibiriens.
Häufigkeit: Zwar weit verbreitet, doch meist nicht sehr häufig.
Fortpflanzung: Im Frühjahr schlüpfen die Käfer und verpaaren sich. Die ♀ legen die Eier in die obersten Bodenschichten. Die Larven graben sich tiefer in den Boden hinein.

Athous niger Schwarzer Schnellkäfer

Merkmale: 1,0–1,4 cm groß. Schlank mit einfachen Fühlern, die ungefähr halbe Körperlänge erreichen. Hinterrand der Vorderbrust ohne Ausschnitt; glänzend schwarz, Klauen nicht gezähnt; für die Unterfamilie typisch: Die Behaarung der Hinterschenkel ist nach vorn gerichtet.
Lebensraum: Laubwälder und Wiesentäler im Vorgebirgsbereich.
Verbreitung: Mittel- und Nordeuropa.
Häufigkeit: Häufig, besonders auf Blüten.
Fortpflanzung: Im späten Frühjahr kommen die ersten Käfer aus dem Boden, wo sie den Winter verbrachten. Verpaarung im Hochsommer. Als tagaktive Tiere kann man sie bei der Balz und Paarung auf Blüten beobachten. Eiablage in den obersten Bodenschichten. Hier leben und häuten sich die Larven bis zum Herbst mehrmals, ehe sie eine Puppenwiege bauen, in der sie sich verpuppen und überwintern. Larven sind als »Drahtwürmer« bekannt.
Nahrung: Larven fressen Wurzeln; Käfer besuchen Blüten.

Ampedus sanguineus Blutroter Schnellkäfer

Merkmale: 1,2–1,8 cm groß. Die auffallend rote Färbung der Flügeldecken und der schwarze Halsschild reichen als Bestimmungsmerkmal allein nicht aus, da in Europa noch zahlreiche andere so gefärbte Schnellkäfer leben.
Lebensraum: Wiesen, Waldlichtungen und -ränder, buschreiches Gelände, Laubmischwälder, bevorzugt in mittleren Höhen der Mittelgebirge.
Verbreitung: Gemäßigte Zone Europas und Sibiriens.
Häufigkeit: Regelmäßig und häufig, manchmal sehr häufig.
Fortpflanzung: Käfer trifft man das ganze Jahr: Die junge Generation schlüpft im August und stirbt im folgenden Juli nach Paarung und Eiablage. Larven leben in morschem Holz von Laubbäumen, meist in Eichen und Buchen. Während kleine Larven faulendes Holz fressen, jagen größere Holzkäferlarven und werden daher vom Forstmann geschätzt.

Larve

Apis mellifica Honigbiene

Merkmale: 1,3–1,5 cm groß. Brust besonders an den Seiten gelblich behaart. Diese Behaarung tritt auch an den Ringen des Hinterleibs deutlich hervor. Fühler etwa doppelt so lang wie der Augendurchmesser. Zunge ungefähr so lang wie der Kopf. Ausschließlich staatenbildend. Drei Kasten: Königin (fruchtbares ♀), Drohnen (♂) und Arbeiterinnen, welche die Hauptmasse des Bienenstaats ausmachen. Letztere sind kleiner. Sie besitzen im Gegensatz zur Königin besondere Drüsen zur Ausscheidung von Wachs und eine längere, zum Nektarsammeln geeignete Zunge. Der Stachelapparat an der Hinterleibsspitze fehlt den Drohnen. Er trägt einen kleinen Widerhaken, der beim Einstich in die elastische Haut eines warmblütigen Wirbeltiers steckenbleibt und mitsamt den Giftdrüsen herausgerissen wird. Hierin unterscheiden sich die Honigbienen ganz klar von den Wespen, die mehrfach stechen können und deren Stachelapparat dabei nicht verlorengeht.

Lebensraum: Lichte Wälder und Waldränder, Wiesen und Gärten. Die Zuchtform hängt ganz vom Menschen ab, der sie fast weltweit in geeignete Lebensräume verfrachtete.

Verbreitung: Kulturland der kühl-gemäßigten bis tropischen Regionen der Welt. Vom Menschen verbreitet. In Mitteleuropa gewöhnlich nicht frei (wild) vorkommend.

Häufigkeit: Je nach Eignung der Landschaft mäßig häufig bis häufig; vom Menschen kontrolliert (Imkerei).

Fortpflanzung: In den sogenannten Weiselzellen im Bienenstock wachsen die Königinnen der neuen Generation heran. Sobald die erste geschlüpft ist, tötet sie die übrigen, noch nicht geschlüpften Königinnen und begibt sich auf den Hochzeitsflug. Die schon eine Zeitlang geduldeten Drohnen, die im Lauf des Hochsommers schlüpfen, schwärmen ebenfalls. Es kommt zur Begattung, und die junge Königin kehrt in den Stock zurück, worauf in der Regel die alte diesen verläßt und mit einem Teil des Schwarms abzieht. Sie gründet einen neuen Bienenstock. Ein gut entwickeltes Volk kann über 50 000, unter Umständen mehrere hunderttausend Bienen enthalten. Die Königin kontrolliert das Verhalten der Arbeiterinnen mit Hilfe einer besonderen Königinnen-Substanz, die bei der Fütterung weitergereicht wird. Sie bewirkt, daß die Arbeiterinnen die Larven in ihren Zellen normal füttern und somit wieder Arbeiterinnen heranziehen. Geht die Königin aus irgendeiner Ursache zugrunde, so bemerken dies die Arbeiterinnen bald und bauen größere Zellen für Larven, die sie besonders gut füttern. Aus diesen wachsen nun wieder Königinnen heran. Den Ausschlag gibt die Qualität und die Menge der Nahrung, welche den Larven verabreicht wird. Eine Königin besitzt genügend Samenvorrat, daß sie im Lauf ihres 4–5jährigen Lebens über 100 000 Eier ablegen kann, die befruchtet sind. Aus unbefruchteten werden Drohnen.

Die Arbeiterinnen leben nur einige Wochen. In dieser Zeit durchlaufen sie ganz bestimmte Stadien der Arbeitstätigkeit, wie Reinigen des Stocks, Bau von Zellen, Füttern der Larven und Eintragen von Pollen oder Nektar. Danach sind sie verbraucht und sterben schnell. Die eigentliche Fortpflanzung wird daher nur von der Königin und wenigen Männchen, den Drohnen, getragen. Die Arbeiterinnen versorgen ihre Geschwister unterschiedlicher »Generationen«. Dabei legen sie für Zeiten ungünstiger Sammelverhältnisse, insbesondere für den Winter, Vorräte in Form von umgewandeltem Blütennektar an, der als Honig bezeichnet wird. Je nach Rasse gibt es fleißigere und weniger fleißige Honigbienen. Auch die Stechbereitschaft fällt recht unterschiedlich aus. Am ausgeprägtesten und gefürchtetsten ist sie bei den Afrikanischen Honigbienen. Die in Mitteleuropa vorherrschende Zuchtform gilt als friedlich.

Allgemeines: Honigbienen domestiziert der Mensch schon seit Jahrtausenden. Ursprünglich lebten sie wohl in Baumhöhlen, Nischen oder Erdhöhlen, wo sie ihre sechseckigen Wachswaben bauten. Die Imkerei bietet den Bienen gleich nach dem Schwärmen eine passende Behausung mit vorgebildeten Wabenunterlagen sowie regelmäßiger Pflege und Fütterung im Winter.

Die 1956 zu Versuchszwecken nach Brasilien eingeführte »Afrikanerbiene« breitete sich rasch über Südamerika aus, überquerte die Anden und erreichte 1983 Panama.

Siehe auch S. 278/79

Xylocopa violacea Blaue Holzbiene

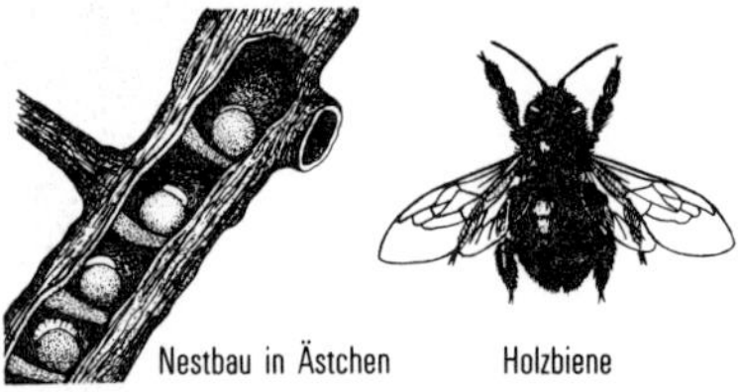

Nestbau in Ästchen Holzbiene

Merkmale: Knapp 3 cm groß. Blauschwarz glänzend, dunkel behaart. Größte heimische Bienenart.
Lebensraum: Sonniges Ödland.
Verbreitung: Südliches Mitteleuropa, Mittelmeerraum.
Häufigkeit: Inselartige Verbreitung. In Mitteleuropa selten.
Fortpflanzung: Mit den kräftigen Mundwerkzeugen beißen die ♀ in einen dürren Ast oder auch in Balken und Pfähle bis zu 30 cm lange Gänge, die in 15 Kammern aufgeteilt sind. In diese Kammern tragen sie so lange Pollen ein, bis sie randvoll sind. Zuletzt legen sie ein Ei hinein. **Nahrung:** Pollen und Nektar.

Panurgus calcaratus Trugbiene oder Zottelbiene

Merkmale: Knapp 1 cm groß. Schwer bestimmbare Biene mit stark verbreiteten Hinterbeinen und dicht behaartem Körper.
Lebensraum: Fliegt weit umher und kann deshalb fast überall, wo blühende Blumen oder Sträucher stehen, beobachtet werden. Am häufigsten sitzen sie in Blüten verschiedenster Habichtskrautarten (*Hieracium*) oder im Löwenzahn (*Taraxacum*).
Verbreitung: Ganz Europa.
Häufigkeit: Regelmäßig und häufig.
Fortpflanzung: Trugbienen leben einzeln, aber in Kolonien wie die Sandbienen. Bei der Nahrungssuche kriecht die Zottelbiene quer durch die Blüte, bis sie über und über mit Pollen bedeckt ist, die sie in ihren Bau trägt und dort mit den Beinchen abstreift. So wird die Höhle bis obenhin mit Pollen gefüllt, die die hier schlüpfenden Larven fressen; diese verpuppen sich und schlüpfen im kommenden Jahr.
Nahrung: Pollen von Köpfchenblütlern.

Andrena vaga Sandbiene

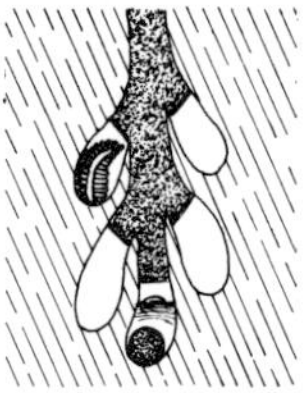

Unteres Ende eines Sandbienennestes

Merkmale: 2 cm groß; Brust weiß bepelzt, Körper sonst schwärzlich. Kegelförmige Sandhäufchen von etwa 3 cm Höhe kennzeichnen die Kolonien. Artenreiche, schwer bestimmbare Gruppe mit allein 125 Arten in Mitteleuropa.
Lebensraum: Wegränder, Dämme, Böschungen mit sandigem Untergrund.
Häufigkeit: Lokal häufig, meist in größeren Kolonien von Hunderten bis Tausenden.
Fortpflanzung: Die im Frühjahr geschlüpften Bienen paaren sich. Die ♀ graben dann etwa 30–50 cm tiefe Gänge, die sich am Ende in erweiterte Kammern verzweigen, in den lockeren Boden. Dorthin bringen sie Pollen, von denen sich die Larven ernähren. Die Aktivitätszeit beschränkt sich auf wenige Wochen im Frühjahr.
Nahrung: Pollen blühender Weiden.

Eucera longicornis Langhornbiene

Bauchsammler
Schienensammler

Merkmale: 1,5 cm groß. ♂ mit ungewöhnlich langen Fühlern. ♀ schwer bestimmbar. Sehr stark behaarte Beinchen. Die Langhornbiene gehört zu den Schienen- und nicht zu den Bauchsammlerinnen!
Lebensraum: Trockenrasen mit spärlicher Vegetation, sonnenbeschienene Hänge mit sandigem Untergrund.
Verbreitung: Fast ganz Europa. Wegen der speziellen Ansprüche an den Biotop jedoch nur an wenigen Stellen (inselartige Verbreitung).
Häufigkeit: Nicht häufig.
Fortpflanzung: Die Langhornbiene gräbt ihre Nester einzeln in den Boden. Die Höhlung weist mehrere Seitengänge auf. Jeder Gang wird mit Pollen und Nektar angefüllt und mit einem Ei »beimpft«. Die Larve frißt, häutet, verpuppt sich und schlüpft hier zur Biene.
Nahrung: Nektar von Wicken, Ochsenzunge.

Osmia bicolor Mauerbiene

Nest

Merkmale: Etwa 1 cm groß. Im Aussehen schwer bestimmbar. Art verrät sich durch ihr Verhalten: Mauerbienen mörteln mit Speichel vermischtem Lehm ihre Baue, die sie an ganz charakteristischen Orten anbringen: *O. rufa* an Ritzen von Gebäuden, *O. bicolor* in leeren Schneckenhäusern.
Lebensraum: Mischwälder, lichte Gehölze, selten in Gärten und Parks.
Verbreitung: Großteil Europas.
Häufigkeit: Regelmäßig, nicht selten.
Fortpflanzung: Die einzeln lebenden Mauerbienen, durchweg Bauchsammlerinnen, suchen ein leeres Schneckenhäuschen, in das sie ihre Eier ablegen, die sie mit Pollen und Nektar versorgen. Zur Tarnung decken sie das Häuschen mit Nadeln und Grashalmen zu. Die Zwischenwände bestehen aus zerkauten Blättern.
Allgemeines: Die 90 Vertreter aus der Familie der *Megachilidae* zeichnen sich durch besonders vielgestaltige Nestbauweisen aus.
In Mitteleuropa allein kennt man 30 Arten der Gattung *Osmia*. Einige von ihnen kennzeichnet der metallisch glänzende Hinterleib.

Anthidium punctatum Wollbiene oder Harzbiene

Merkmale: Etwa 1 cm groß. Alle 8 in Mitteleuropa vorkommenden Arten der Gattung *Anthidium* weisen eine schwarz-gelbe Ringelzeichnung auf, die an Wespen erinnert. Dennoch erkennt man sofort die Bienenzugehörigkeit. Genaue Artbestimmung schwierig.
Lebensraum: Offenes Gelände. Im Gras gräbt die Wollbiene ihre Baue in den Boden.
Verbreitung: Weit in Europa.
Häufigkeit: Inselartig, unregelmäßig.
Fortpflanzung: Im Flug erinnern Wollbienen an Schwebfliegen: Sie stehen über einer Blüte, saugen Nektar und schweben weiter. Gelegentlich zeigen sie diese Verhaltensweise auch über ihrem Bau. Ihre Nester legen sie aus Pflanzenwolle an, die sie mit den scharfen Mundwerkzeugen von Nadeln oder Königskerzen abraspeln. Einige Arten verwenden auch Harze, mit denen sie auf der Unterseite von Steinen ihre Eizellen ankleben; daher auch der Name Harzbiene.
Allgemeines: Nahe verwandt sind die Blattschneiderbienen (*Megachile*), die ein Blattstück ausschneiden und es zusammenrollen. Darin wächst die Larve heran. Die 13 in Mitteleuropa vorkommenden Blattschneiderbienen erkennt man an den Fußkrallen, denen dazwischenliegende Haftlappen fehlen.

Dasypoda plumipes Hosenbiene

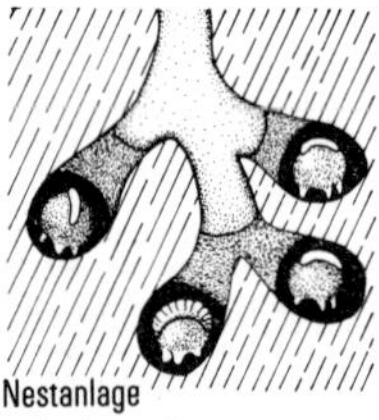

Nestanlage

Merkmale: Bis 1,5 cm groß. Besonders auffallend und zur Arterkennung gut geeignet ist die fuchsrote Behaarung der Schiene und des Fersenglieds der Hinterbeine, der sogenannten »Hosen«. Mit ihm können erstaunliche Mengen von Pollen und Nektar aufgenommen und transportiert werden. So bringen etwa 7 Transportflüge nahezu 300 mg Pollen, etwa so viel, wie eine Zelle zur Larvenversorgung benötigt.
Lebensraum: Auf sandigen, sonnenbeschienenen Böden mit spärlicher Vegetation.
Verbreitung: Großteil Europas.
Häufigkeit: Nicht überall.
Fortpflanzung: Das ♀ gräbt bis in 50 cm Tiefe einen Gang, der unten traubenartig auffächert. An jedem Ende bringt es einen 3beinigen Pollen-Nektar-Klumpen ein, auf den es das Ei ablegt. Die oben ausgescharrte Erde wird gleichmäßig verteilt, so daß man die Höhle nur schwer entdeckt. Die Art lebt gesellig, doch nicht sozial.
Allgemeines: Ähnlich häufig wie *D. plumipes* findet man *D. hirtipes*.

Bombus silvarum Waldhummel

M: 2 cm groß. Kenntlich an der schwärzlich-silbrigen Streifung.
Lr: Waldlichtungen, Waldschneisen in mittleren und niedrigen Lagen.
Vb: Außer Nordskandinavien in ganz Europa.
H: Früher häufig, doch aufgrund der intensiven Feldwirtschaft rückläufig. In der Niederung ganz verschwunden.
Fp: Die im Herbst befruchteten ♀ überwintern am Boden oder in Baumritzen. Im Mai erscheinen die ersten, wo sie an Kohldisteln, Taubnesseln und Ziest Futter suchen. Ihre Nester legen sie ober- und unterirdisch hauptsächlich in Mausnestern.

Bombus pratorum Wiesenhummel

M: Bis 2 cm groß. Nicht leicht zu erkennen. Kopf des ♂ gelb behaart, ebenso das Hinterleibsende.
Lr: Gärten, Buschflächen.
Vb: Sehr weit in Europa.
H: Regelmäßig.
Fp: Im Frühjahr errichten die ♀ sehr selten in oder auf den Erdboden, dagegen oft bei Häusern, Scheunen, aber auch hoch auf Bäumen in Vogelnestern (auch in Nistkästen) ihre Nester. Diese werden wie bei vielen Hummeln aus Moos errichtet und innen mit einer wasserundurchlässigen, festen Wachs- und Honigschicht versehen.

Bombus lapidarius Steinhummel

M: 2–2,5 cm groß. Gut kenntlich am dunklen Körper. Die beiden hinteren Tergite (4–6) sind rot. Durch Sonneneinstrahlung verfärbt sich die Hinterleibsspitze orange.
Lr: Weit verbreitet. Nimmt besonders in Stadtnähe ab. **Vb:** Gemäßigte Zone Europas und Asiens. **H:** Regelmäßig und häufig. **Fp:** Erste ♀♀ erscheinen im Sommer, manche erst im Spätsommer, wenn die Wiesenblumen blühen. Unter Steinhaufen bauen sie große Nester – bis über 300 ♀♀. Befruchtung erfolgt sehr bald. In ihrem Staat herrscht eine sehr ausgewogene Arbeitsteilung. Der Staat besteht nur eine Saison. Das befruchtete ♀ überwintert.

Bombus hortorum Gartenhummel

M: 2,4–2,8 cm. An drei gelben Binden und weißem Hinterteil zu bestimmen. Verwechslungsgefahr mit B. ruderatus, von der sie nur durch kürzeren Kopf und kürzere Haare zu unterscheiden ist.
Lr: Offene Flächen, Gärten, Vorstadtgebäude.
Vb: Großteils Europas. **H:** Häufig.
Fp: ♀ legen unterirdisch und in Vogelnestern auf Bäumen ihre Baue an. Sie sind nicht volkreich und haben oft nur eine kurze Saison (bis Juli, im August schon selten) in der Niederung.
Allg: Im Nest bisweilen **Schmarotzerhummel**, deren Nester auch in Maus- und Vogelnestern zu finden sind.

Bombus terrestris Erdhummel

M: 2,5–2,8 cm. Hummeln zeichnen sich durch ihre kräftige, stark behaarte Gestalt aus. Die meisten haben einen langen Rüssel, mit dem sie selbst in lange Blütenkelche gelangen. Sind die Kelche sehr lang und stehen andere Blüten nicht zur Verfügung, kann die Erdhummel die Blüte seitlich anstechen, um an den Nektar zu gelangen. ♀ sind etwas größer als die ♂. In seltenen Fällen können die 2 gelben Binden auch schwarz sein. **Lr:** Schon im März kann man die ersten Erdhummeln fliegen sehen. Sie ist damit die früheste Hummelart. **Vb:** Ganz Europa. **H:** Regelmäßig und häufig. **Fp:** und **Ng:** Siehe nächste Arten.

Bombus pascuorum (= agrorum) Ackerhummel

M: 2–2,2 cm. Nicht leicht zu bestimmen. Haare stehen struppig vom Körper ab. Körper häufig rötlich-grau. Hinterspitzchen muß orange enthalten. Unterseits hell. Auf der Thoraxmitte und auf dem Hinterleib mehr oder weniger schwarze Zeichen. **Lr:** Wiesen, Waldränder. **Vb:** Großteil Europas. **H:** Regelmäßig und häufig. **Fp:** ♀ bauen aus Moos und Wachs ein 1. Gelege. Beim Weiterbau und der weiteren Versorgung hilft die 1. Generation mit, so daß sich das ♀ ganz dem Eierlegen widmen kann. Die Arbeiterinnen teilen sich die Aufgaben: Innendienst und Außendienst.

Acantholyda erythrocephala Stahlblaue Kiefernschonungsgespinst-Blattwespe

Merkmale: 1–1,2 cm groß. Stahlblau.
Lebensraum: Streng gebunden an Kiefernbestände. Zur Eiablage werden 10- bis 15jährige Schonungen bevorzugt.
Verbreitung: Europa, fehlt im Süden.
Häufigkeit: Unterschiedlich, doch regelmäßig. Gelegentlich Massenauftreten.
Fortpflanzung: Im April bis Mai schlüpfen die Blattwespen. Die länglichen Eier werden paarweise an Nadeln in den oberen Baumkronen angeklebt. Bald nach dem Schlüpfen bauen die Larven ein Gespinst, jede Larve besitzt ihre eigene Röhre, das Gespinst ist auffallend kotarm. Zur Verpuppung seilen sie sich zum Boden ab, graben sich in den lockeren Humus ein und überwintern oft mehrmals, ehe sie sich im Frühjahr verpuppen. Puppenruhe mehrere Wochen. **Nahrung:** Kiefernnadeln.
Allgemeines: Schadfraß, nur an geschädigten oder schwachen Bäumen, führt zu Holzertragsminderung, aber nicht zum Absterben der Bäume.

Rhodogaster viridis Grüne Blattwespe

Merkmale: Gut 1 cm groß. Körper hellgrün. Artbestimmung schwierig, da die Familie der Echten Blattwespen (*Tenthredinidae*) mit weltweit 4000 und mitteleuropäisch einigen 100 Arten außerordentlich artenreich ist.
Lebensraum: Buschreiches Gelände, Laubmischwälder, Gärten und Parks.
Verbreitung: Gemäßigtes Europa und Asien bis Japan.
Häufigkeit: Regelmäßig und häufig.
Fortpflanzung: Den ganzen Sommer findet man Vollkerfe und Larven. An heißen Tagen jagen die Grünen Blattwespen zwischen Büschen und in der Krautschicht nach Insekten, die sie erbeuten und aussaugen. Als nützlich erweisen sie sich im Kampf mit den Kartoffelkäferlarven, denen sie gern nachstellen. Die Larven der Blattwespen – sogenannte Afterraupen, da sie im Gegensatz zu den ähnlichen Schmetterlingsraupen Brust- und Bauchfüßchen haben – ernähren sich von den Blättern der Erle, Pappel oder Weide, aber auch von Hahnenfußblättern.

Cimbex femorata Birkenknopfhorn-Blattwespe

Merkmale: 2,5 cm Körpergröße. Die Familie der Knopfhorn-Blattwespen (*Cimbicidae*) erkennt man an der keulenartigen Verdickung der Fühlerspitze. Fast alles stattliche Tiere mit unterschiedlicher gelb-schwarzer Zeichnung.
Lebensraum: Streng gebunden an Birken, daher nur, wo diese in größerer Anzahl stehen.
Verbreitung: Großteil Europas.
Häufigkeit: Regelmäßig, nicht schädlich.
Fortpflanzung: Larven erinnern an Schmetterlingsraupen, doch an den 3 Brustbein- und 8 Bauchfußpaaren einwandfrei zu bestimmen. Die 3–4 cm großen Raupen ruhen tagsüber zusammengerollt am Blatt und fressen sich abends in der Dämmerung, auf der Blattseite sitzend, bis zur Rippe des Blatts durch. Der Vollkerf »ringelt« Birkenästchen.
Allgemeines: Blattwespen (*Symphyta*) stellen systematisch eine schwierige Gruppe dar. Allein von den Knopfhorn-Blattwespen kennt man aus Mitteleuropa 6 Gattungen mit zahlreichen Arten.

Tenthredo mesomelas

Merkmale: 1–1,3 cm. Die Gestalt der Antennen ist unterschiedlich, doch meist kann man diese Art daran erkennen, daß das letzte Antennenglied doppelt so lang wie dick ist. Hinterleib schmal gelbgrün geringelt; Fühlerbasis an der Stirn ebenfalls gelbgrün.
Lebensraum: Gärten, Brachland, Wegränder. In den warmen Mittagsstunden suchen diese Blattwespen an Blüten nach Nahrung.
Verbreitung: Große Teile Europas und Kleinasiens; im Osten bis Japan.
Häufigkeit: Regelmäßig, nicht selten.
Fortpflanzung: Im Sommer kann man auf den Blüten gut den rhythmischen Balztanz der Blattwespen beobachten. Anschließend erfolgt die Verpaarung. Zur Eiablage stechen die ♀ den Stengel von *Arctium lappa* und *Polygonum persicaria*, aber auch andere Pflanzenstengel an. Die Larven fressen in der Dämmerung. Tagsüber halten sie sich ruhig. Doch bei Gefahr stellen sie sich gemeinsam auf und nehmen eine S-förmige Haltung ein. Daran unterscheiden sie sich deutlich von ähnlichen Schmetterlingsraupen.

Xiphydria camelus

Merkmale: 1–2 cm groß. Gut kenntlich an dem verlängerten Brustschild, auf dem der Kopf sitzt und leicht vom Körper absteht.
Lebensraum: Erlenbrüche, Auen, Birkenwälder. **Verbreitung:** Ganz Europa bis in den äußersten Süden. Östlich bis Sibirien.
Häufigkeit: Regelmäßig, doch nicht häufig.
Fortpflanzung: Biologie erinnert an die der Holzwespen (*Siricidae*). Larven bohren in Ästchen von Erlen Gänge und ernähren sich auch von den austretenden Säften. Dicht unter der Rinde verpuppt sich die Larve. Der Vollkerf bohrt ein kleines Loch und schlüpft nach außen. ♀ fallen durch ihren überlangen Stachel auf, mit dem sie Löcher in weiches Holz bohren, um darin ein oder mehrere Eier abzulegen. Dieser Vorgang ist recht kompliziert und dauert bis zu 2 Stunden. Insgesamt legt ein ♀ mehrere hundert Eier.
Nahrung: Zur Verdauung der Zellulose des Holzes verhelfen den Larven bestimmte Pilze. Bei der Eiablage beschmiert das ♀ das Gelege mit Darminhalt, der diese Pilzfäden enthält.

Urocerus gigas Riesenholzwespe

Merkmale: 1–4 cm groß. ♂ stets kleiner und schwieriger zu beobachten, da sie im Gegensatz zu den ♀ in den mittleren und oberen Baumkronen fliegen.
Lebensraum: Nadelwälder.
Verbreitung: Großteil Europas.
Fortpflanzung: Mit Hilfe ihres Legeapparats (siehe Schwarze Kiefernholzwespe) bohren ♀ etwa 1 cm tief unter die Rinde verschiedener Nadelhölzer Löcher und legen einige Eier hinein. Ein ♀ produziert bis etwa 1000 Eier während eines Sommers. Larven minieren im Holz. Sie graben einen ca 40 cm langen Gang, wobei sie die Sägespäne so fest zusammenpressen, daß man den Gang später kaum noch sieht. Da sich dabei auch die vom Menschen geschätzten Eigenschaften des Holzes nicht wesentlich verändern, verursachen die Larven der Riesenholzwespen im Gegensatz zu den zahlreichen, ebenfalls im Holz lebenden Käferlarven keinen Schaden. Verpuppung in einer Puppenwiege im Holz. Die Entwicklung dauert mehrere Jahre.

Xeris spectrum
Schwarze Kiefernholzwespe

Merkmale: 1,5–3 cm groß. Das ♀ erreicht mit seiner etwa körperlangen Legeröhre fast die doppelte Größe des ♂. Dunkelbrauner bis schwarzer Körper, wie bei fast allen Holzwespen (*Siricidae*) walzenförmig. Die Legeröhre ist ein komplizierter Apparat, mit dem das Tier selbst in harte Hölzer bis zu 1 cm tiefe Röhren bohren kann. Er besteht aus 2 Stechborsten, die abwechslungsweise ins Holz gestoßen werden. Ihr Ende ist sägeförmig ausgebildet, die Innenseite trägt kleine Schaufeln, mit denen das Sägemehl heraustransportiert wird.
Lebensraum: Nadelwälder.
Verbreitung: Europa, Sibirien, Nordafrika.
Häufigkeit: Regelmäßig.
Fortpflanzung: Über Balz und Paarung weiß man wenig, da sie vermutlich in den Baumkronen stattfinden. ♀ legen ihre Eier unter die Rinde von Fichte, Kiefer und Tanne, wobei gezielt geschwächte und kranke Bäume aufgesucht werden. Entwicklungsdauer 3–6 Jahre, je nach Witterung und Nahrungsangebot.

Sirex juvencus Kiefernholzwespe

Merkmale: 1,5–3 cm groß. Blauschwarzer Körper. Von der sehr ähnlichen Art *S. noctilio* an den orange-roten Fühlern zu erkennen. ♂ mit breitem rot-goldenen Ring am Hinterleib.
Lebensraum: Meist Kiefernwälder, ausnahmsweise in Fichtenbeständen.
Verbreitung: Fast weltweit verbreitet: Europa, Japan, Australien, Nordamerika bis Labrador und Neufundland.
Häufigkeit: Regelmäßig, nicht massenhaft.
Fortpflanzung: ♀ suchen zur Eiablage frisch gefällte, kranke oder verletzte Bäume auf, um mit Hilfe ihres Legestachels 8–10 Eier unter die Rinde zu bringen. Gesamtproduktion einige hundert Eier. Larven sind weiß, augenlos, mit Stummelbeinchen an der Brust, ohne Bauchfüße; bohren zunächst schmale, später breitere Gänge, die sie hinter sich wieder mit festgepreßtem Sägemehl auffüllen. Zur Verpuppung bauen sie einen kleinen Hohlraum dicht unter der Rinde, die Puppenwiege. Gesamtdauer der Entwicklung 3–6 Jahre.
Nahrung: Holz. Vollkerfe kleine Insekten.

Vespa crabro Hornisse

Merkmale: 2–3,5 cm groß. An Größe und Hinterleibszeichnung gut erkennbar. Hornissen sind Vertreter der soziallebenden Faltenwespen (*Vespidae*). Ihre Flügel sind stets mit einem kleinen Häkchen miteinander verbunden und werden in Ruhestellung gefaltet (daher Faltenwespen). Sie alle zeichnet ein wehrhafter Stachel aus, mit dem sie sich verteidigen und im Kampf den Gegner zu töten versuchen. Der Stich der Hornisse kann in seltenen Fällen auch für Menschen lebensgefährlich sein; je nachdem, wie empfindlich das Opfer ist oder an welcher Stelle der Stich trifft; der am Kopf wird problematischer sein als der am Fuß. Auch Rinder und Pferde können nach mehreren Hornissenstichen sterben. Dennoch sind solche Vorkommnisse selten, da Hornissen ausgesprochen friedliche Tiere sind und nur dann stechen, wenn sie sich äußerst bedroht fühlen, beispielsweise wenn man ihr Nest zerstört.
Lebensraum: Laubmischwälder, Gärten, Parks, buschreiches Gelände.
Verbreitung: Ganz Europa, gemäßigte Zone Sibiriens, Nordafrika, Nordamerika.
Häufigkeit: Unterschiedlich, meist regelmäßig. In warmen Jahren auch häufig.
Fortpflanzung: Die befruchteten ♀ überwintern, sie beginnen im Frühsommer mit dem Bau einer Wabe, die aus pergamentartigem Material besteht. Nach einigen Wochen übernehmen die geschlüpften, geschlechtslosen Arbeiterinnen die »Hausarbeit«: Putzen, Wabenbauen, Füttern. Die Königin konzentriert sich auf das Eierlegen. Am Ende der Saison ist das Volk auf etwa 5000 Hornissen angewachsen. Erst im Spätsommer entwickeln sich ♂ und ♀. Sie verpaaren sich im Herbst. Bei den ersten Frösten sterben Tausende: alle Arbeiterinnen und ♂ sowie die alte Königin. Nur die befruchteten ♀ ziehen sich ins Winterquartier hinter lockeren Rindenstücken, in Holzspalten oder in Baumhöhlen und in Hausdächer zurück.
Nahrung: Räuberisch von anderen Insekten bis Bienengröße. Nach Töten der Beute beißen sie den Kopf ab und lecken den Kropfinhalt aus.

Paravespula germanica Deutsche Wespe

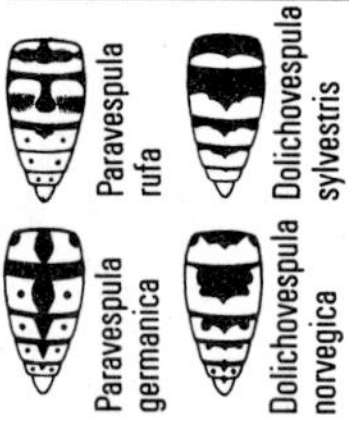

Merkmale: 1–2 cm Körpergröße. In Aussehen und Verhalten kleine »Ausgabe« der Hornisse. Von einer Reihe ähnlicher, ebenfalls häufiger Wespen in Mitteleuropa schwer zu unterscheiden.
Lebensraum: Gärten, Siedlungen, lichte Wälder.
Verbreitung: Gemäßigte und subarktische Zone Europas und Asiens, Nordamerika.
Häufigkeit: Regelmäßig und häufig, in warmen, schwülen Sommern sehr häufig.
Fortpflanzung: Überwinternde ♀ gründen in verlassenen Maulwurfs- oder Mauselöchern ihr Nest, indem sie einige Waben bauen und darin die 1. Generation von Arbeiterinnen heranziehen. Diese übernehmen im Lauf des Sommers die weitere Arbeit: das Heranschaffen von Nahrung, den Bau der Waben und das Reinigen der Zellen. Gegen Ende der Saison hat das Erdnest einen Umfang von 20–30 cm und besteht aus annähernd 3000 Tieren. Noch im Bau befruchten im Herbst die ♂ die ♀. ♂ entwickeln sich aus unbefruchteten Eiern der Königin, manchmal auch aus solchen der Arbeiterinnen. Eine Larve häutet sich dreimal und verpuppt sich in der Wabe in einem selbstgefertigten Gespinst.
Nahrung: Wespen sind Jäger, die andere Insekten und Kleintiere im Flug erbeuten. Die Beute wird zerkaut und zu kleinen Kügelchen geformt. Damit füttern die Arbeiterinnen Larven und Königin. Später im Jahr lecken sie den Saft reifer Früchte.
Allgemeines: Die gelb-schwarze Körperzeichnung dient als Warnfarbe vor möglichen Freßfeinden, die vor allem unter den Vögeln zu suchen sind. Doch diese lernen schnell: Ein Wespenstich ist auch für Vögel schmerzhaft. Eine Ausnahme bildet der Bienenfresser, der sich auf *Hymenopteren* als Nahrung spezialisiert hat: Mit einer gekonnten Schüttelbewegung des Kopfes wird die Wespe oder Biene getötet.

Siehe auch S. 13

Dolichovespula saxonica Sächsische Wespe

Merkmale: 1–1,8 cm groß. Zwar schwer bestimmbar, doch allgemein bekannt: Sie ist die Wespe der Dachböden und Gartenhäuschen! Leider werden viele ihrer Nester aus unbegründeter Furcht vor Stichen entfernt. Beläßt man diese Tiere, so kommt es kaum zu Zwischenfällen, da Wespen nur stechen, wenn sie sich bedroht fühlen. Der widerhakenlose Stachel der Wespen unterscheidet sich von dem der Bienen. Diese sterben nach einem Stich in einen warmblütigen Körper, da der Stachel hängenbleibt und beim Herausziehen aus dem Bienenkörper gerissen wird. Der Stachel der Wespen dagegen besitzt keine Widerhaken; er kann nach dem Stich leicht herausgezogen werden.
Lebensraum: Kulturland.
Verbreitung: Ganz Europa, Sibirien, Nordamerika.
Häufigkeit: Regelmäßig und häufig.
Fortpflanzung: Siehe Deutsche Wespe.
Nahrung: Insekten, Spinnen, die im Flug erbeutet werden. Saft von reifen Früchten.

Paravespula rufa Rote Wespe

Merkmale: 1–2 cm groß. Der rötliche Farbton über der schwarz-gelben Zeichnung des Hinterleibs ist das beste Kennzeichen der Roten Wespe (Name).
Lebensraum: Wiesen, Trockenrasen, sonnenbeschienene Hänge.
Verbreitung: Großteil Europas bis nach Westsibirien, Nordamerika.
Häufigkeit: Regelmäßig, nicht selten.
Fortpflanzung: Das ♀ gräbt in einer Erdröhre eine kleine Höhle, in der es die ersten Zellen für das spätere Nest baut. Nach wenigen Wochen können die herangewachsenen Arbeiterinnen diese Arbeit übernehmen. Sie legen ein Nest mit 3–5 Waben und einigen hundert Zellen an, das schließlich etwa faustgroß ist. Dem Nest drohen verschiedene Gefahren: Manchmal dringen Nestparasiten ein, die die Larven fressen; hin und wieder entdeckt ein Wespenbussard das Nest, das er mit seinen langen Beinen aufgräbt, um mit den Zehen die Waben herauszuziehen und dann die Larven zu verzehren. Wespenstiche können ihm nicht schaden.

Polistes gallicus Feldwespe

Merkmale: 1–1,5 cm groß. Zierliche Faltenwespe (*Vespidae*), nicht leicht zu bestimmen, aber die häufigste ihrer Gattung in Mittel- und Nordeuropa.
Lebensraum: Wiesen, buschreiches Gelände, Waldränder und -schneisen.
Verbreitung: Gemäßigtes Europa.
Häufigkeit: Regelmäßig, meist häufig.
Fortpflanzung: Mehrere befruchtete ♀ gründen gemeinsam ein Nest: An einem Stengel oder auf einem Stein errichten sie ein bestieltes, nicht umhülltes Nest, bestehend aus einer Wabe und wenigen Zellen. Schon kurz nach der Eiablage frißt das stärkste ♀ die Eier der anderen so lange, bis sich diese nur noch als Arbeiterinnen betätigen. Stirbt das stärkste ♀, rückt ein anderes nach. Zur Temperaturregelung im Nest siehe *P. nimpha*.
Nahrung: Räuberisch von kleinen Insekten und Spinnen, die sie töten, zerkauen und zu einer festen Kugel verarbeiten. Diese transportieren sie zum Nest und füttern damit Königin und Larven.

Polistes nimpha Feldwespe

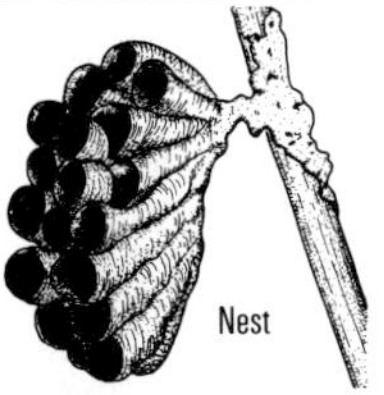

Merkmale: 1,2 cm groß. Sehr ähnlich *P. gallicus*.
Lebensraum: Warme Hänge mit Magerrasen, steiniges Gelände. Bevorzugt warme Stellen.
Verbreitung: Nördliche Grenze verläuft durch Süddeutschland, wo man diese Feldwespe an warmen Stellen findet. Häufig in Südeuropa.
Häufigkeit: Am Rand des Verbreitungsgebiets selten und inselartig, sonst regelmäßig und häufig.
Fortpflanzung: Siehe *P. gallicus*. Nest sieht gleich aus, Sozialverhalten ist wenig unterschiedlich. Interessant ist ihre Fähigkeit, die Temperatur im Innern des Nests zu regulieren: Bei großer Hitze bringen sie Wasser herbei, spucken dies auf die Wabe und befächeln es, damit es verdunstet. Die dabei entstehende Kälte dringt in das Nest ein. Bei Kälte zittern die Tiere mit den Muskeln zur Erwärmung.

♀ (Königin)

Philanthus triangulum Bienenwolf Ø

Merkmale: 1,2–1,8 cm groß. Typisches Aussehen einer Wespe. Kenntlich an dem großen Kopf und an den Fühlern, deren mittlerer Teil verdickt ist. Der Bienenwolf gehört zu den Grabwespen (*Sphecidae*), die weltweit 5000 Arten und davon knapp 300 in Mitteleuropa aufweisen. Diese Familie zeichnet sich durch interessante, hochspezialisierte Anpassung in ihrer Fortpflanzung aus. Alle Arten leben einzeln.

Lebensraum: Warme, trockene Magerrasen mit Steppencharakter.

Verbreitung: Großteil Europas, fehlt im Norden, sonst bis nach Sibirien.

Häufigkeit: War früher sehr viel häufiger. Am Rückgang des Bienenwolfs ist nicht der Mensch direkt schuld, sondern die Lebensraumzerstörung. Magerrasen wurden verbessert und in Felder umgewandelt. Extensiv genutzte Flächen findet man in begrenztem Maß noch im Osten. Insgesamt ist der Bienenwolf eine Seltenheit, und jedes Vorkommen *muß geschützt werden.*

Fortpflanzung: Mitte Juni graben sich die frisch geschlüpften Bienenwölfe aus ihrer Erdhöhle. In den warmen Mittagsstunden jagen sie auf Blüten nach den dort nektarsuchenden Honigbienen. Andere Beutetiere werden verschmäht. Wenn sie sich auf das Opfer stürzen, kommt es zum Kampf, wobei beide zu Boden fallen. Noch während des Sturzes versetzt der Bienenwolf seinem Opfer den giftigen Stich, der die Biene nicht tötet, sondern lähmt. Ist diese bewegungslos, drückt der Bienenwolf auf den Bauch der Biene, bis der süße Mageninhalt herausläuft, den er dann aufleckt. Die Orientierung zur Auffindung erfolgt über Auge und Geruchssinn: Zunächst fliegt der Bienenwolf eine Blüte an, rüttelt darüber, um festzustellen, ob eine Biene darauf sitzt. Ist dies der Fall, geht er tiefer, bis ihn der typische Honiggeruch trifft. Dann stürzt er sich auf das Opfer. Im Versuch läßt sich der Bienenwolf täuschen: Man legt ein bienengroßes Holzstückchen, das mit Honig beschmiert ist, auf eine Blüte. Wird dies von einem Bienenwolf entdeckt, verwechselt er es mit Sicherheit mit einer Biene.

Bienenwölfe leben einzeln. ♀ graben zur Fortpflanzung eine bis zu 1 m lange Röhre in den Boden, die in 5–7 Kammern endet. In jede Kammer bringt das ♀ 3 oder 4, maximal 6 Bienen. Zur Ernährung der zukünftigen ♀ benötigt der Bienenwolf eine Biene mehr als für ein ♂. Sind in einer Höhle genügend gelähmte Bienen eingetragen, dann legt das ♀ ein Ei darauf. Die weiße, madenförmige Larve ernährt sich von den Bienen. Sind alle Bienen aufgefressen, verpuppt sie sich. Dauer der Entwicklung beträgt 1 Jahr.

Da Grabwespen ihre Beute nicht töten, sondern nur betäuben, verhindern sie auf geschickte Weise das Verderben des Nahrungsvorrats, ehe er genutzt wird.

Während Bienenwölfe nur Honigbienen jagen, machen andere Grabwespen Jagd auf Tiere wie Wildbienen, Wespen, Spinnen, Schmetterlinge, Käfer, Blattläuse, Gottesanbeterinnen, Blattwespenlarven, Fliegen, Mücken und viele andere. Daran sieht man die Vielseitigkeit der Grabwespen. Die meisten Grabwespen sind auf eine oder wenige Beutetierarten spezialisiert und haben besondere Fang- und Transportmethoden entwickelt. Bienenwölfe umfassen die gelähmten Bienen mit den Beinen so, daß immer der Kopf nach vorn weist. Die Biene wird in die schon gebaute Höhle eingetragen. Beobachter wundern sich, wie sicher der Bienenwolf die Stelle anfliegt, wo die Höhle liegt. Dabei orientiert er sich offensichtlich mit den Augen: Er merkt sich die Stellung jedes Busches, jedes Grasbüschels und auch die Richtung der Halme in Nestnähe. Verändert man diese im Versuch, so findet er sein Nest nicht wieder. Der Nesteingang wird nach jedem Besuch als Schutz vor Freßfeinden verschlossen, insbesondere vor Käfern und auch vor Schlupfwespen, welche die Larven parasitieren würden.

Eine weitere interessante Anpassung ist die Verpuppung: Die Larve spinnt sich so ein, daß die Puppe auf einem Seidenstiel steht und dadurch nirgends den Boden oder die Wände berührt. So kann die Feuchtigkeit, die im Raum herrscht, nie zur Verpilzung der Puppe führen – eine Anpassung, die sich besonders in regenreichen Jahren bewährt!

Nahrung: Überwiegend Honigbienen. Daneben lecken sie auch Nektar von Blüten.

Ammophila sabulosa Sandwespe

Merkmale: 1,8–2,8 cm groß. Sehr schlanke Gestalt. Die beiden ersten Hinterleibssegmente stielartig. Mittelteil des Hinterleibs rostbraun, sonst glänzend dunkelbraun bis schwarz. Kann mit einigen anderen Grabwespen (*Sphecidae*) verwechselt werden. Außerordentlich artenreiche Gruppe.

Lebensraum: Warme Standorte mit sandigem Untergrund und spärlichem Bewuchs.

Verbreitung: Großteil Europas.

Häufigkeit: Inselartige Verbreitung. An geeigneten Biotopen nicht selten.

Fortpflanzung: Siehe Bienenwolf. Sandwespen trifft man von Juni bis Oktober. An sonnigen Tagen sitzen sie auf Blüten von Thymian (*Thymus*), der Witwenblume (*Knautia*) oder der Flockenblume (*Centaurea*), wo sie Nektar trinken. Nestanlage wie beim Bienenwolf. Zur Nahrungsversorgung fangen Sandwespen Schmetterlings- und Blattwespenraupen, die sie mit mehreren Stichen in den Bauch lähmen, mit den Beinen umfassen und in ihren Bau eintragen.

Cerceris arenaria Sandknotenwespe

Merkmale: 1–1,6 cm groß. Die 10 in Mitteleuropa lebenden Knotenwespenarten erkennt man an der knotenartigen Einschnürung der Hinterleibssegmente. Diese Arten unterscheiden sich weniger durch ihr Aussehen als durch ihre Lebensweise. Manche fangen Wildbienen, andere, wie beispielsweise die Sandknotenwespe, nur Rüsselkäfer.

Lebensraum: Sandböden mit spärlicher Vegetation und starker Sonneneinstrahlung. Südhänge.

Verbreitung: Weite Bereiche Europas.

Häufigkeit: Aufgrund der speziellen ökologischen Ansprüche nur inselartig verbreitet. Da diese Wespen gesellig leben, findet man meist mehrere beieinander.

Fortpflanzung: Jedes ♀ baut eine eigene Brutröhre, die es mit dem Hinterleib freischiebt. Am Eingang bleibt ein Erdhäufchen zurück.

Nahrung: Zur Ernährung der Larven werden gelähmte Rüsselkäfer eingetragen. Vollkerfe ernähren sich auch von Nektar.

Bembex rostrata Kreiselwespe

Merkmale: Bis 2,5 cm groß. Kräftige, auffallende Art. An der spitz nach vorn gezogenen Oberlippe gut zu erkennen. Körper schwarzgelb.

Lebensraum: Trockenrasen mit sandigem Untergrund. Blumenreiche Stellen deutlich bevorzugt. Wärmeliebende Art.

Verbreitung: Europa bis Südskandinavien, Kleinasien, Nordafrika.

Häufigkeit: Mitunter häufiger, sonst selten.

Fortpflanzung: Kreiselwespen fliegen von Juli bis August. Beim Graben der Höhle verwenden ♀ nur ihre Beine. Sie scharren den Sand weg, gehen bis in 1 m Tiefe und legen hier mehrere Bruthöhlen an, in die sie im Lauf der nächsten Wochen zahllose Schwebfliegen (*Syrphidae*) und Echte Fliegen (*Diptera*) eintragen. Die gefräßigen Larven müssen laufend mit frischer Nahrung versorgt werden. Kreiselwespen überfallen ihre Beute, lähmen sie mit einem Stich, umfassen sie mit den Beinen und tragen sie zur gut verschlossenen Höhle. Beim Öffnen des Eingangs legen sie die Beute nicht weg.

Sphex maxillosus Heuschrecken-Sandwespe

Merkmale: 1,5–2,5 cm groß. Typische Grabwespe. Schwer bestimmbar, ähnelt stark der Faltenwespe. Grabwespen falten im Ruhen jedoch nie die Flügel.

Lebensraum: Wiesen in Waldnähe. Wärmeliebende Art!

Verbreitung: Im Süden Mitteleuropas. Hauptverbreitungsgebiet: Mittelmeerraum, Kleinasien und Nordafrika.

Häufigkeit: In Mitteleuropa selten. Im Süden häufiger.

Fortpflanzung: Siehe Bienenwolf. Vollkerfe trifft man Nektar suchend in den warmen Sommermonaten in den Mittagsstunden auf den Blüten des Thymians. Ihr Nest liegt nur wenige Zentimeter tief im Sandboden, meist in Waldnähe. Von einem Hauptgang aus führen Seitengänge in die Brutkammern. Larven benötigen bis zur Verpuppung 5 Laubheuschreckenlarven, die vom Alttier gefangen, mit einem Stich gelähmt und dann in das nicht verschlossene Loch eingetragen werden. Die Art lebt gesellig.

Anoplius viaticus Wegwespe

Merkmale: 1–2 cm groß. Die 100 in Mitteleuropa lebenden Arten sind nur schwer bestimmbar. Sie alle sind braun-schwarz gezeichnet und können mit ihren langen Beinen ausgezeichnet laufen. Fliegen nur kurze Stücke.
Lebensraum: Wiesen mit sandigem Grund.
Verbreitung: Großteil Europas.
Häufigkeit: Regelmäßig und häufig.
Fortpflanzung: ♀ orientieren sich beim Beutefang mit ihrem Geruchssinn. Entdecken sie eine Spinne, so wird diese mit einem Stich gelähmt, ihre Beine werden abgebissen (damit sie bei etwaigem Aufwachen nicht weglaufen kann!), sie wird an den Spinndrüsen gepackt und im Rückwärtsgang zum Bau transportiert. Wegwespen graben Nischen in den Boden. Die Spinne (eine reicht für eine Larve) wird vergraben und mit einem Ei versehen. Gelegentlich graben Artgenossen die Spinne aus, fressen das Ei, legen selbst ein Ei darauf und vergraben sie wieder.
Nahrung: Vollkerfe ernähren sich nur von Pflanzensäften, ihre Larven von Spinnen.

Oplomerus spinipes Pillenwespe

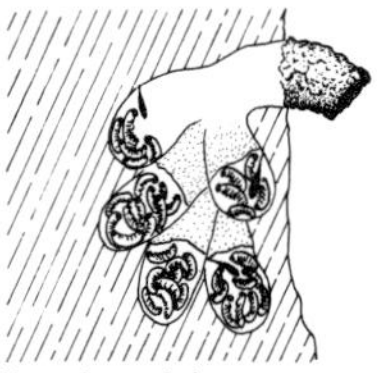
Nestanlage mit Larven

Merkmale: 1 bis 1,5 cm groß. Die schwarz-gelbe Zeichnung kann zur Artbestimmung nicht herangezogen werden, da sie individuell stark variiert und es viele, sehr ähnliche Arten bei uns gibt. Im Ruhen falten Pillenwespen die Flügel in Faltenwespenart zusammen, erinnern aber in ihrer Lebensweise eher an Grabwespen.
Lebensraum: Aufgelassene Lehmgruben, steile Lehmwände. Vollkerfe fliegen über Blumenwiesen.
Verbreitung: Inselartig in Europa.
Häufigkeit: Nicht allzu häufig.
Fortpflanzung: ♀ graben in steile Lehmwände Höhlen, die fingerförmig enden. Zahlreiche Rüsselkäferlarven (*Phytonomus*) werden eingetragen, die den Larven als Nahrung dienen. Mit Lehmklümpchen wird am Eingang eine Röhre gebaut, möglicherweise gegen Goldwespen.

Chrysis ignita Feuer-Goldwespe

Abwehrstellung

Merkmale: Etwa 1 cm groß. Intensiv gold- bis kupferfarben glänzend. Färbung variiert stark. In Mitteleuropa 60, zum Teil schwer bestimmbare Arten.
Lebensraum: In der Nähe von Pillenwespen: Lehmwände von Bachufern, Lehmgruben.
Verbreitung: Fast ganz Europa. Regelmäßig, stellenweise sehr häufig.
Fortpflanzung: An heißen Sommertagen sitzen Goldwespen auf den Blüten von Wilder Möhre, wo sie Nektar trinken. Eiablage stets in Nestern der Pillenwespe. Da sich die Larven wie die der Pillenwespen von Rüsselkäferlarven ernähren, entfällt für die Goldwespen die Brutversorgung. So findet man bei ihnen auch keinen oder nur einen verkümmerten Stachel. Zur Abwehr gegen Pillenwespen rollen sie sich zusammen. Überwinterung als verpuppungsreife Larve.

Chrysis trimaculata Goldwespe

Merkmale: Etwa 1 cm groß. Intensiv glänzende Kupfertöne auf dem Rücken; schwer bestimmbar. Siehe *C. ignita*.
Lebensraum: Lehmwände, Kiesgruben, morsche Weidepfähle, Lehmhäuschen.
Verbreitung: In wärmeren Zonen Europas.
Häufigkeit: Inselartig. Stellenweise häufig.
Fortpflanzung: Wie alle Goldwespen parasitieren sie in Nestern anderer – meist wehrhafterer – Wespen. Bei Gefahr rollt sich die Goldwespe zusammen und stellt sich tot. Dabei werden die weichen Bauchteile geschützt, während durch die harten Außenbereiche kein Stachel dringen kann. Einzige Abwehrreaktion der Wespe besteht darin, daß sie diese »Kugel« aus dem Nest hinaustransportiert. Die Larven der Goldwespen leben von den Larven der Wespen wie auch von der von ihnen eingetragenen Beute. Als fertig entwickelte Larven spinnen sie sich ein, überwintern und verpuppen sich im Frühjahr. Manche Goldwespenarten zeitigen mehrere Generationen im Jahr.
Nahrung: Goldwespen lecken häufig die zuckerhaltigen Ausscheidungen der Blattläuse.

Formica rufa Rote Waldameise

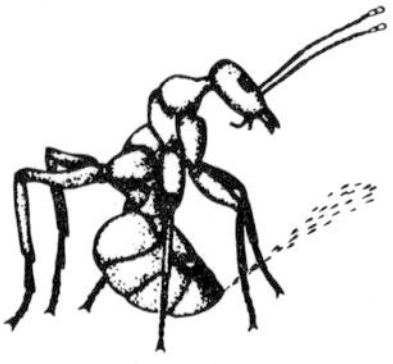
Ameise beim Säurespritzen

Merkmale: 0,5 bis 1 cm groß. Typischer Ameisenkörper. Sehr schwer bestimmbar!
Lebensraum: Laub- und Nadelwälder. Ameisenhaufen werden stets dort errichtet, wo Sonnenstrahlen bis zum Boden dringen können.
Verbreitung: Europa, fehlt im Süden. Gemäßigtes Sibirien, Nordamerika.
Häufigkeit: Regelmäßig. Früher sehr viel häufiger. Trotz intensiver Schutzmaßnahmen werden Waldameisen immer seltener. Man führt das darauf zurück, daß mit der Änderung des Säuregehalts der Luft und des Bodens bestimmte Pilze, mit denen die Ameisen in Symbiose leben, verschwinden und damit auch den Ameisen die Lebensgrundlage entziehen.
Fortpflanzung: Ameisen leben im Sozialstaat. In einem Ameisenhaufen gibt es im allgemeinen Hundert bis Tausende von Königinnen, und das ganze Volk kann aus bis zu einer Million Arbeiterinnen bestehen. Andererseits kennt man Ameisenburgen der Roten Waldameise, die nur eine Königin besitzen. Welche Ursachen zum einen oder anderen Extrem führen und welchen Vorteil die jeweilige Sozialstruktur hat, weiß man bis heute nicht genau. Jahreslauf der monogynen (eine Königin) und der polygynen (viele Königinnen) Ameisen: Schon im März legen die ♀ in einem bestimmten Bereich des Nestes große Eier ab, aus denen später die geflügelten, geschlechtlichen Tiere schlüpfen. Sie erhalten aus dem Kropf der Arbeiterinnen ein besonderes Futter, das die sich später entwickelnden Arbeiterinnen nicht mehr bekommen. Das Königinnenfutter enthält ein Sekret aus der Unterlippenspeicheldrüse. Ob eine Königin, ein Männchen oder geschlechtslose Arbeiterinnen geboren werden, entscheidet sich in den ersten Tagen durch die Hormonzugaben im Futter. Kurz nach dem Schlüpfen verlassen die geflügelten Ameisen den Bau zum Hochzeitsflug. Bei der Paarung erhält ein ♀ Samen für ein ganzes Leben: Er wird in einer Samentasche aufbewahrt, und bei der Eiablage befruchtet das ♀ die Eier selbst – oder es legt unbefruchtete kleine Eier, aus denen Arbeiterinnen oder ♂ schlüpfen. Der Ameisenbau ist teils ober-, teils unterirdisch angelegt. Alle Ameisenstadien – Königinnen und Arbeiterinnen – überwintern in ihm. Die Temperatur im Bau wird ziemlich konstant gehalten. Im Sommer sorgen bei starker Sonneneinstrahlung Kamine für ausreichende Lüftung. Bei Kälte werden die Pforten wieder geschlossen. Im Winter verlagern sich die Ameisen unter die Erdoberfläche, wobei der sich darübertürmende Bau als Schutz vor Frost dient. Nach dem Hochzeitsflug suchen die befruchteten ♀ bereits vorhandene Baue auf, um sich bei diesen einzunisten, oder aber sie gründen gemeinsam einen neuen Bau. Dabei suchen die ♀ einen morschen Baumstumpf oder einen alten Baum, wo sie im Lauf der folgenden Wochen mit Nadeln, Ästchen und Moos einen kleinen Haufen zusammentragen. Erst wenn eine Arbeiterinnengeneration herangewachsen ist, konzentrieren sich die ♀ ganz aufs Eierlegen.
Monogyne Königinnen dulden kein anderes ♀ in ihrer Nähe. Nach der Befruchtung dringen sie in einen Ameisenhaufen ein, der von **Sklavenameisen** *(Serviformica fusca)* bewohnt wird. Die Königin frißt und tötet die im Bau lebenden ♀ und wird nun von den Arbeiterinnen als neue Königin angenommen. Auch ihre Nachkommenschaft wird von den Sklavenameisen aufgezogen. Im Lauf des Jahres nimmt der Anteil der Roten Ameise zu und der der Sklavenameisen ab. Da jedoch eine einzelne Königin nie so viele Eier legen kann wie viele Königinnen zusammen, blutet das Volk langsam aus, und mit dem Sterben der Königin muß auch das Volk der Arbeiterinnen eingehen. Ameisenhaufen polygyner Ameisen jedoch werden Jahrzehnte alt und immer mächtiger.
Nahrung: Meist Insekten und sonstige Kleintiere. Als Vertilger von Forstschädlingen, wie Blattläuse und Spannerraupen, gelten sie allgemein als Nützlinge des Waldes. Ihre Lieblingsspeise ist aber der Honigtau: der zuckerhaltige Saft, den die Läuse ausscheiden. Ein starkes Ameisenvolk trägt im Lauf eines Sommers bis zu 500 kg Honigtau ein!

Bau

Abwehrstellung

Lasius niger Wegameise

M: 0,5–1 cm groß. Schwer bestimmbar!
Lr: Offenes Gelände.
H: Häufigste Ameise in Mitteleuropa.
Fp: Siehe Rote Waldameise. Die Nester der Wegameise liegen unter Steinen, alten Baumstubben, gefällten Bäumen. Sie beherbergen nur 1 ♀. Treffen bei der Koloniegründung mehrere ♀ zusammen, dann kämpfen sie so lange, bis nur noch eines übrigbleibt. Von Mai bis Juli schwärmen die geflügelten Geschlechtstiere.
Ng: Honigtau von Schild- und Blattläusen. Der Weg zwischen Blattlauskolonie und Ameisenbau wird mit einem Duftstoff markiert und manchmal auch überdacht.

Camponotus ligniperda Roßameise

Bauten im Holz

M: 1,5–1,8 cm groß. Schwer bestimmbar.
Lr: Mischwälder.
Vb: Gemäßigte Zone Europas.
H: Regelmäßig und häufig.
Fp: Nest unter Holzstubben oder im Boden. Polygyn. Zur Nestgründung stehlen die ♀ aus einem Bau der Roten Waldameise Eier. Diese ziehen sie als Arbeiterinnen auf, bis ihre eigenen herangewachsen sind.
Ng: Honigtau.

Manica rubida Stachelameise

M: Knapp 1 cm groß. Rotbraun oder gelb. Schwer bestimmbar. Die Familie der Stachel- oder Knotenameisen (*Myrmicidae*) zeichnet sich durch einen Stachel am Hinterleibsende aus. Der Stich ist für den Menschen äußerst schmerzhaft. **Lr**: Wälder aller Art, besonders in Vor- und Hochgebirgslandschaften. **Vb**: In der gemäßigten Zone Europas und Asiens. **H**: Regelmäßig und häufig.
Fp: Nester liegen in der lockeren Erde oder unter Steinen. ♀ gründen ohne fremde Hilfe im Sommer neue Nester. Polygyn. Flugzeit: Mai bis August. **Ng**: Honigtau. Blattlauskolonien werden nur mäßig verteidigt.

Myrmica rubra

M: 0,5 cm groß; wie alle Ameisen schwer bestimmbar. ♀ stets viel größer als ♂ und Arbeiterinnen.
Lr: Laub- und Nadelwälder.
Vb: Großteil Europas.
H: Regelmäßig und häufig.
Fp: Siehe Rote Waldameise.
Ng: Honigtau, gelegentlich räuberisch.
Allg: Mit 3000 Arten gehören Knotenameisen zur artenreichsten Unterfamilie der Ameisen. Bekanntester Vertreter ist die tropische Blattschneiderameise, die abgebissene Blattstückchen zur Pilzzucht verwendet und sich nur von den Fruchtkörpern dieser Pilze ernähren kann.

Lasius flavus Gelbe Wiesenameise

M: 0,2–0,3 cm. Einfarbig blaßgelb gefärbt.
Lr: Diese häufige Art stellt nur geringe Ansprüche an den Biotop, bevorzugt aber meist feuchtere Stellen.
Vb: Fast weltweit.
H: Regelmäßig und häufig.
Fp: Die gelbe Wiesenameise baut lehmige Nester oder lebt in Gesellschaft anderer Ameisen unter Steinen.
N: Hauptsächlich Honigtau von Blattläusen.

Smicromyrme rufipes Spinnenameise

M: 0,5 cm groß. ♀ stets ungeflügelt, laufen auf dem Boden, ♂ geflügelt, sitzen auf Blüten. Färbung variabel. Schwer bestimmbar.
Lr: Sandiges Gelände mit harter Vegetation.
Vb: Paläarktische Region.
H: Inselartig, doch nicht selten.
Fp: Spinnenameisen (Familie *Mutillidae* mit 8 Vertretern in Mitteleuropa und 2000 weltweit) leben parasitisch in Insektenbauten. *S. rufipes* legt die Eier in Nester verschiedener Grabwespen (*Sphecidae*). Die Larven ernähren sich von der Grabwespenlarve sowie von deren Nahrungsvorrat. Verpuppung im eigenen Gespinst.

♀

Biorrhiza pallida Eichenschwammgallwespe

Merkmale: 0,4 cm groß, Gallapfel bis 4 cm Durchmesser. Gallwespen (Familie *Cynipidae*) sind außerordentlich schwierig zu bestimmen, jedoch an den Gallen oft gut erkennbar.
Lebensraum: Eichen.
Verbreitung: Großteil Europas, Kleinasien.
Häufigkeit: Regelmäßig und häufig.
Fortpflanzung: Im Winter schlüpfen ♀ aus unterirdischen Gallen. Sie klettern zur Eiablage an der Eiche bis in die obersten Kronen. An den Spitzen entstehen kartoffelähnliche Gallen. Aus ihnen schlüpfen im Sommer geflügelte ♂ und teils geflügelte, teils ungeflügelte ♀. Nach dem Hochzeitsflug sterben die ♂. ♀ graben sich in den Boden zur Eiablage. Entwicklungsdauer 2 Jahre.
Nahrung: Gallerte, die sich in der Galle bildet.
Allgemeines: Die einzeln abgelegten Eier haben ein längliches Aussehen. Bei vielen Gallwespen treten regelmäßig parthenogenetische Generationen auf.

Diplolepis rosae Rosengallwespe

Rosengallwespe mit Galle

Merkmale: Etwa 0,5 cm groß. Die unter dem Namen »Schlafapfel« bekannte Galle kann gut zur Arterkennung herangezogen werden.
Lebensraum: Nicht nur an Wildrosen, sondern auch an zahlreichen Zuchtformen der Rosen.
Verbreitung: Fast ganz Europa.
Häufigkeit: Regelmäßig und häufig.
Fortpflanzung: Aus der vielkammrigen Galle schlüpfen nicht nur ♀, sondern viele Schlupfwespen, die einen Zugang in dieses harte Gebilde gefunden haben. Auf 100 ♀ Rosengallwespen kommt 1 ♂. Fortpflanzung fast rein parthenogenetisch, das heißt, die ♀ legen ohne Begattung entwicklungsfähige Eier ab.
Allgemeines: Viele Gallwespen führen ein parasitisches Leben in Gallen anderer Arten. Dabei treten auch sogenannte »Überparasiten« auf: Parasiten, die in Parasiten parasitieren.

Cynips quercusfolii Gewöhnliche Eichengallwespe

Merkmale: 0,3–0,5 cm groß. Ungeschlechtliche Tiere sind größer als geschlechtliche. Kugelförmige Gallen auf Eichenblättern verraten die Anwesenheit dieser Art.
Lebensraum: Streng gebunden an Eichen.
Verbreitung: Großteil Europas.
Häufigkeit: Regelmäßig, manchmal sehr häufig. Kein Schadfraß.
Fortpflanzung: Im Winter schlüpft ein ♀ aus seiner 2 cm großen, einkammrigen Galle. Sie legt die Eier einzeln an noch ruhende Winterknospen. Daraus schlüpfen im Sommer sehr kleine ♂ und ♀, die sich im anschließenden Hochzeitsflug verpaaren. Die nun abgelegten Eier bringen die bekannten Galläpfel hervor. Eiablage stets auf der Blattunterseite in die Blattnerven. Wie bei vielen Gallwespen regelmäßig auch ungeschlechtliche Fortpflanzung.
Allgemeines: In zahlreichen Gallen der Gallwespen stellen sich verschiedene Untermieter ein: Parasiten, die die Larve töten und sich anschließend von der inneren Gallerte ernähren.

Andricus fecundator

Merkmale: Knapp 0,2 cm groß. Die ananasähnlichen, etwa 2 cm großen Gallen verraten ihre Anwesenheit. Man findet sie auf verschiedenen Eichenarten.
Lebensraum: Eichenwälder, Gärten, Parks.
Verbreitung: Fast ganz Europa.
Häufigkeit: Regelmäßig und häufig.
Fortpflanzung: Generationswechsel: Im Winter schlüpfen ♀, die in männlichen Blüten ihre Eier legen. Die zapfenähnliche Galle enthält eine innere Galle, in der sich die eigentliche Entwicklung abspielt. Die im Sommer schlüpfenden ♂ und ♀ verpaaren sich. ♀ legen Eier, deren Larven unscheinbare Galle hervorbringen, aus denen ♀ schlüpfen, die sich ungeschlechtlich fortpflanzen.
Allgemeines: Die genaue Zahl der in Mitteleuropa heimischen Gallwespenarten ist noch nicht bekannt. Doch die meisten von ihnen leben auf Eichen. Ihr Körper ist meist beflügelt und seitlich abgeplattet. Die Flügeläderung ähnelt sich bei allen Gallwespen und unterscheidet sie von nahen Verwandten.

Rhyssa persuasoria
Pfeifenräumer oder **Holzschlupfwespe**

M: 2–3,5 cm groß. ♀ sind an dem körperlangen Legerohr, das auch zur Verteidigung eingesetzt wird, zu erkennen. Der Stich einer Schlupfwespe kann recht schmerzhaft sein, auch wenn dabei kein Gift eingespritzt wird.
Lr: Laubmischwälder. **Vb**: Großteil Europas. Nordamerika. **H**: Regelmäßig.
Fp: Die ♀ der Holzschlupfwespe suchen mit Hilfe des langen Legerohrs Larven von Pflanzenwespen, die in gefällten Bäumen leben, um ein Ei darauf abzulegen. Larven leben im Holz, verpuppen sich hier und schlüpfen im kommenden Jahr.

Dolichomitus dux
Zangenbock-Schlupfwespe

M: 20 mm. Sehr langer Legebohrer, der jedoch nicht die Ausmaße wie beim Pfeifenräumer erreicht. Körper schwarz, Beine rötlich.
Lr: Laubwälder.
Vb: Zentraleuropa einschließlich der Alpen.
H: Regelmäßig, gelegentlich häufig.
Fp: Diese Schlupfwespe parasitiert die Larven des Zangenbocks *(Rhagium inquisitor)*. Ihre Larve lebt ektoparasitisch, d. h. sie sitzt außen auf ihrem Wirtstier.
A: Die Parasitierung durch Schlupfwespen spielt bei der Bekämpfung von Schadinsekten eine zunehmend wichtigere Rolle in der biologischen Schädlingskontrolle.

Amblyteles armatorius

M: Etwa 2 cm groß. Auffallend schwarz-gelb geringelter Hinterleib. Dennoch schwer bestimmbar. Wie alle Schlupfwespen mit kräftigen Beinen. Gute Läufer und gute Flieger. Ohne Legerohr.
Lr: Mischwälder. **Vb**: Fast ganz Europa.
H: Regelmäßig. Bei günstigem Nahrungsangebot auch häufig.
Fp: Schlupfwespen spielen bei der Aufrechterhaltung des natürlichen Gleichgewichts eine wichtige Rolle: Nehmen bestimmte Schadinsekten ungewöhnlich zu, dann reagieren die Schlupfwespenarten, die auf diese Art spezialisiert sind, ebenfalls rasch.

Ephialtes manifestor

M: 3 cm lang. Schwer bestimmbar.
Lr: Mischwälder. Am liebsten hält sich diese Art auf umgestürzten oder gefällten Bäumen auf, wo man sie gut beobachten kann, wenn sie nach Bockkäferlarven sucht. Mit den Beinen tastet sie systematisch den Stamm von oben nach unten ab.
Vb: Großteil Europas. **H**: Regelmäßig.
Fp: Hat ein ♀ eine Bockkäferlarve aufgespürt, dann bohrt sie mit ihrem körperlangen Legerohr zielgerecht ein Loch ins Holz. Der Vorgang beansprucht 20–45 Minuten. Auf eine Larve wird stets nur ein Ei gelegt. Pro ♀ nur etwa 14 Eier.

Protichneumon pisorius
Riesenschlupfwespe

M: 2–3 cm groß. Kräftig, schwarz-gelb gezeichneter Körper, ohne Legerohr.
Lr: Nadelwälder, verwilderte Gärten und Parks. **Vb**: Fast ganz Europa. **H**: Regelmäßig.
Fp: Als Wirte dienen diesen Schlupfwespen größere Schwärmer- und Nachtfalterraupen. Da diese immer oberirdisch leben, können die ♀ auf einen langen Legebohrer verzichten. Die parasitierten Schmetterlingsraupen leben weiter bis zur Verpuppung. Doch nach der Puppenruhe schlüpft statt des Falters die Riesenschlupfwespe.
Ng: Imago lebt von Nektar und Honigtau.

Apanteles glomeratus
Kohlweißlings-Schlupfwespe

M: 0,3 cm groß. Glasige Flügel mit schwarzem Dreiecksfleck am oberen Rand. Schwer bestimmbar. **Lr**: Überall, wo Kohlweißlinge leben: Felder, Wiesen, Auen, Gärten, Parks. **Vb**: Ganz Europa.
H: Regelmäßig, teilweise sehr häufig.
Fp: Diese Schlupfwespe, auch Weißlingstöter genannt, parasitiert ausschließlich in Kohlweißlingsraupen, in die sie bis zu 150 Eier ablegt. Die Schmetterlingslarven sterben vor der Verpuppung, wenn die Schlupfwespenlarven den Körper verlassen und sich neben der Raupe in einem gelben Kokon verpuppen.

♂

♀

Grammotaulius atomarius Köcherfliege

Merkmale: 4 cm Spannweite. Gut ausgebildete Vorder- und Hinterflügel, die beim Flug durch eine Häkchenreihe verbunden sind und dadurch als Einheit wirken. Dennoch gibt es eine Reihe von Köcherfliegen, die in ihrem Leben mehr laufen als fliegen. Köcherfliegen stehen den Schmetterlingen nahe. Zum Unterschied zu jenen sind ihre Flügel behaart und nicht beschuppt. ♀ sind deutlich größer als ♂. Tagsüber sitzen Köcherfliegen ruhig und werden erst in der Dämmerung aktiv. Sie halten sich in Wassernähe auf, da ihre Larven im Wasser leben. Viele Arten von Köcherfliegenlarven schützen ihren weichen Hinterleib mit einem kunstvoll gebauten Köcher. An ihm kann man die Art oft leichter bestimmen als an den Vollkerfen. Zum Bau des Köchers verwenden die Tiere Ästchen, Steinchen, ein kleines Schneckenhaus und vieles andere mehr. Von den 5400 Arten können in diesem Band nur zwei Vertreter vorgestellt werden. Sehr viele treten in Mitteleuropa häufig auf. Zur genauen Bestimmung muß man Spezialliteratur oder einen Fachmann zu Rate ziehen.

Lebensraum: Buschreiches, feuchtes Gelände, Gärten, Parks, Auen, in bach- und flußbegleitender Vegetation, wo sie oft in großen Massen auftreten. Larven sind wasserlebend.

Verbreitung: Europa.

Häufigkeit: In den Sommermonaten oft in sehr großen Mengen. In den warmen Abendstunden tanzen Myriaden von Köcherfliegen über dem Wasser, wobei manche Arten an schnellfließende, andere an stehende Gewässer gebunden sind. Viele Arten stellen einen hohen Anspruch an die Wasserqualität, und so wurden sie mit zunehmender Wasserverschmutzung auch immer seltener. Manche Köcherfliegenart steht heute auf der »Roten Liste für bedrohte Tierarten«.

Fortpflanzung: Siehe *Chaetopteryx villosa*.

Nahrung: Manche Arten leben vegetarisch von Algen und winzigen Pflanzen, die sie am Gewässergrund abgrasen. Andere bauen Trichternetze, in denen sich winzige Tiere verfangen, die sie fressen. Eine Ausnahme bilden die Larven von *Rhyacophila*, die keine Gehäuse bauen.

Chaetopteryx villosa Winterköcherfliege

Merkmale: 2–3 cm groß; kräftig behaart, fliegt im Winter (Name). Wie alle Köcherfliegenarten nur vom Fachmann sicher zu bestimmen.

Lebensraum: Stehende und langsam fließende Gewässer (Larven). Die Winterköcherfliegen finden sich in Auwäldern, entlang der Flußufer und mitunter sogar in Siedlungen.

Verbreitung: Über fast ganz Europa, aber gebietsweise im Bestand schwankend.

Häufigkeit: Meist häufig bis sehr häufig.

Fortpflanzung: Entsprechend ihrer Flugzeit verpaaren sich die Winterköcherfliegen im Winter an milden Abenden ohne Frost.

Köcherfliegen haben eine Fülle faszinierender Anpassungen an das Wasserleben entwickelt. Sie neigen dazu, ziemlich gleichzeitig zu schlüpfen. Bei der großen Bestandsdichte, mit der ihre Larven im Wasser leben, kommt es daher in Schlüpfphasen zu regelrechten Wolken, wenn auch nicht so ausgeprägt wie bei Eintagsfliegen. Bei Paarung und Eiablage tänzeln sie in ganz charakteristischem Flug über der Wasseroberfläche. Dieses Verhalten lockt Forellen an, die nach ihnen schnappen. Angler machen sich das zunutze. Sie lassen ihre künstlichen Fliegen in ähnlicher Weise über der Wasseroberfläche schwirren. Die Köcherfliegen-♀ legen ihre von einer im Wasser aufquellenden Gallerthülle umgebenen Eier in Ringeln, Kugeln oder anderen, meist arttypischen Formen auf Wasserpflanzen und an Holz im Wasser ab.

Die Larven besitzen nur im Kopfbereich gepanzerte Körper. Der Hinterleib bleibt weich und wird zumeist in einem Köcher verborgen getragen. Er trägt oft Atemorgane in Form büscheliger Kiemen (Tracheenkiemen). Die Köcher können aus Steinchen, Holzstückchen oder Blättern gefertigt sein. Köcherfliegenlarven dienen vielen anderen Wassertieren, darunter Fischen und Wasservögeln, als Nahrung.

Allgemeines: Die meisten unserer heimischen Arten führen eine nächtliche Lebensweise. Tagsüber halten sie sich im Gebüsch, auf der Blattunterseite oder in Baumspalten und -ritzen versteckt. Fliegen in der Nacht oft in großen Mengen Lichtquellen an.

Köcherformen verschiedener Larvenarten und Fangnetz

Panorpa communis Gemeine Skorpionsfliege

Merkmale: 1,8 bis 2 cm groß, 2,5–3 cm Flügelspannweite. Vorderteil des Kopfes rüsselartig verlängert. Flügel reich geädert, mit unregelmäßigen Flekken. Hinterleib des ♀ spitz endend (Legeapparat); der des ♂ mit Gonopodium, dem männlichen Begattungsorgan, das steil und zangenartig nach oben steht und daher an den Skorpionsschwanz erinnert. Bei der Paarung umfaßt das ♂ das ♀ damit am Hinterleib.
Lebensraum: Feuchte Laubmischwälder, buschreiche Bachtäler, Sümpfe, Auen, auch in Gärten und Parks.
Verbreitung: Ganz Europa.
Häufigkeit: Regelmäßig, manchmal sehr häufig.
Fortpflanzung: Während der Begattung sondert das ♂ 7 Speichelkügelchen ab, die vom ♀ aufgeleckt werden. Diese eiweißhaltigen Sekretkügelchen stammen vermutlich jeweils von einem anderen Speicheldrüsenschlauch. Sie enthalten wichtige Aufbaustoffe für die Eier. Eiablage in festen Eipaketen (10–20 Eier) in die oberste Bodenschicht. Larve erkennt man an den 8 Bauch- und 3 Brustbeinpaaren. Diese Füßchen haben ein fingerförmiges Aussehen und sind sehr gut zur Fortbewegung in den Erdhöhlen, in denen die Larven leben, geeignet. Die düster gefärbten Larven können sogar »aufstehen«: Vier ausstülpbare Lappen am Hinterleib werden auf dem Boden angeheftet, und dann richten sich die Tiere senkrecht auf. Larven verpuppen sich in einer Erdhöhle. Überwinterung als verpuppungsreife Larve. 2 Generationen pro Jahr.
Nahrung: Zwar lecken Skorpionsfliegen gern Nektar und Honigtau, die zuckerhaltigen Ausscheidungen der Blattläuse, doch ihre Hauptnahrung besteht aus toten Insekten, Kleintieren und verrottendem pflanzlichen Material.
Allgemeines: Skorpionsfliegen sind nahe verwandt mit Winterhaft und Mückenhaft.

Boreus westwoodi Winterhaft oder Schneefloh

Merkmale: 0,3–0,4 cm groß. Erinnert in der Gestalt an eine Grille. Die Flügellosigkeit ist eine Anpassung an den Lebensraum. Man findet Winterhafte im ewigen Schnee, auf Gletschern und im Tiefland im Winter auf Eis und Schnee. Erst bei Temperaturen von −5° C werden sie aktiv. Ihre verwandtschaftliche Zugehörigkeit erkennt man an dem »Schnabel«, der ungewöhnlichen langen Ausbildung des Vorderkopfes, den auch die Skorpionsfliegen besitzen. Die langen Hinterbeine dienen der springenden und hüpfenden Fortbewegungsweise; daher der Name Schneefloh. ♀ erkenntlich am langen Legerohr.
Lebensraum: Im Winter in freien Fluren, Mischwäldern, Gärten und Parks.
Verbreitung: Ganz Europa.
Häufigkeit: Regelmäßig, manchmal häufig.
Fortpflanzung: Im Herbst erscheinen die ersten Winterhafte. Verpaarung nach einem strengen Ritual: Das ♂ betrillert zunächst mit den langen Fühlern das ♀, versucht es plötzlich mit dem Klammerapparat am Hinterleibsende zu packen und umfaßt mit seinen Flügelstummeln das ♀ hinter der Brust, läßt dann das mit dem Klammerapparat umfaßte Bein des ♀ wieder los. Erst danach erfolgt die Samenübertragung. Die Eier werden einzeln in die obersten Bodenschichten abgelegt, wo sie überwintern. Im Frühjahr schlüpfen die Larven, kenntlich an den Brust- und den fehlenden Bauchfüßen. Mit 0,7 cm Länge sind sie ausgewachsen. Als verpuppungsreife Larven überwintern sie im Boden. Erst im folgenden Spätsommer oder Frühherbst verpuppen sie sich dicht unter der Erdoberfläche in einer kleinen, selbstgegrabenen Kammer, deren Wände sie mit einer feinen Seidenschicht verfestigen. Die Spinndrüsen der Winterhaftlarven münden auf der Unterlippe.
Nahrung: Schneeflöhe suchen auf Eis und Schnee nach toten Kleininsekten, nehmen aber auch Moos und andere Pflanzen. Verdauung vor dem Mund: Sie geben Speichel auf die Nahrung, der sie in kurzer Zeit auflöst. Der Brei wird mit den Lippen aufgesogen. Larven fressen Moos und Würzelchen.

♂

Schnabelfliegen

Tipula oleracea Kohlschnake

Merkmale: 1,5–2,3 cm groß. Auffallend lange Beine, die an den Gelenken sehr leicht abbrechen und im Flug herabhängen. Sie sind am besten daran zu erkennen, daß sie ein gut ausgebildetes Flügelpaar tragen und Schwingkölbchen an der Stelle des zweiten. Die langen Beine eignen sich besonders gut zum Laufen und Festhalten im langen Gras.
Lebensraum: Wiesen, Hänge, feuchte Täler.
Verbreitung: Fast ganz Europa, mit stärkerer Häufigkeit im Westen. Nordafrika.
Häufigkeit: Regelmäßig und häufig.
Fortpflanzung: Eiablage im Boden. Ein ♀ produziert bis zu 1000 Eier in einem Sommer. Larven sind walzenförmig, fußlos, doch mit sehr kräftigen Mundwerkzeugen ausgestattet. Sie leben im Boden, wo sie sich nach 4 Häutungen verpuppen. Überwinterung in allen Stadien möglich. Pro Jahr 2 Generationen.
Nahrung: Wurzeln, Blätter, Ästchen. Während sie im Garten bei häufigem Auftreten Schäden anrichten können, spielen sie im Wald bei der Aufbereitung von Humus eine wichtige Rolle.

Tipula maxima Riesenschnake

Merkmale: 4 cm lang; größte heimische Schnake. Genaue Bestimmung erfolgt über das Flügelgeäder, das bei den einzelnen Arten feine Unterschiede aufweist. Mundwerkzeuge stark rückgebildet und nur noch zum Säfteauflecken geeignet. Diese Schnaken haben keine Ozellen; sie können also bei weitem nicht so gut sehen wie die echten Fliegen. Am Hinterleib kein Stachel! Die Furcht vor diesen harmlosen Tieren ist also völlig unbegründet.
Lebensraum: Feuchte bis nasse Wiesen, buschreiches Gelände, Gärten, Parks.
Verbreitung: Großteil Europas.
Häufigkeit: Regelmäßig und häufig.
Fortpflanzung: Siehe *T. oleracea*. Im Flug wirken die Tiere ungeschickt. Dämmerungsaktiv. Vollkerfe trifft man im Frühsommer, die zweite Generation im Spätsommer und Frühherbst, ähnlich wie die Kohlschnake. Allerdings unterscheiden sich die beiden Arten in ihrer Flugzeit, wenn sie im selben Lebensraum fliegen.
Nahrung: Vermoderndes, Pflanzliches.

Petaurista hiemalis Wintermücke

Merkmale: 0,5 cm groß. Ähnlich der Kohlschnake mit langen Beinen, aber erheblich kleiner!
Lebensraum: Wälder, Gärten, Parks, Wiesen, Täler, im Gebirge bis über 3000 m Höhe ansteigend.
Verbreitung: Ganz Europa.
Häufigkeit: In der kalten Jahreszeit dürften Wintermücken die häufigsten Insekten sein. Manchmal Schwärme in Millionengröße. Dämmerungs- und nachtaktiv.
Fortpflanzung: Im Herbst verpaaren sie sich nach einem eindrucksvollen Hochzeitstanz. Eiablage im Boden. Larven leben im Boden. Sie sehen wurmartig aus und tragen Atemöffnungen an beiden Körperenden. Sie suchen unter Blättern nach Nahrung. Verpuppung im Boden. Die Puppen sind gut an dem kleinen Horn auf dem Rücken zu erkennen. Vor dem Schlüpfen arbeitet sich die Puppe an die Oberfläche.
Nahrung: Verwesende pflanzliche Stoffe.
Allgemeines: Eine verwandte Art kommt nur in Fledermaushöhlen vor, wo sie Kot frißt.

Tipula crocata Wiesenschnake

Merkmale: 2,5 cm groß. Im Gegensatz zu der sehr ähnlichen Kohlschnake ist sie leicht gelblich gefärbt. Körperkennzeichen wie bei den anderen Schnaken. Auch die Wiesenschnaken sind ungefährlich, da sie weder stechen noch beißen können.
Lebensraum: Wiesen, Felder, Raine, Gärten, Parks, lichte Wälder; feuchte Niederungen.
Verbreitung: Großteil Europas.
Fortpflanzung: Flugzeit von August bis Oktober. Damit schiebt sie sich zwischen die von *T. oleracea*, um direkter Konkurrenz auszuweichen. Beide Arten stellen ganz ähnliche Ansprüche an ihren Lebensraum und zeigen auch ein sehr ähnliches Verhalten; Kreuzungen oder Verwechslungen werden durch die zeitliche Verschiebung der Flugzeit vermieden.
Nahrung: Larven leben im Boden und ernähren sich von Wurzeln. Bei einer Dichte von 400 pro m^2 können in einem Garten schon beträchtliche Schäden entstehen. Altlarven kriechen nachts aus dem Boden und benagen die oberirdischen Pflanzenteile.

Culex pipiens Stechmücke

Merkmale: Etwa 0,5 cm lange, schlanke Mücke mit glasigen Flügeln. Sie trägt beim Stechen den Körper stets waagerecht und tastet mit dem vorderen Beinpaar wie mit Fühlern ihre Umgebung ab. Zahlreiche ähnliche Arten leben in Europa.

Lebensraum: Stehende Kleingewässer oder flache, abgegliederte Buchten größerer Gewässer. Bereits Regentonnen im Garten oder wassergefüllte Eimer, die mehrere Wochen stehen bleiben, reichen für die Entwicklung der Stechmückenlarven aus.

Verbreitung: Ganz Europa bis in die Tundra und darüber hinaus in die angrenzenden Kontinente.

Häufigkeit: Jahreszeitlich unterschiedlich; in kleingewässerreichen Landschaften und Flußauen sehr häufig; gebietsweise im Sommer in solchen Massen, daß sie bei einem Aufenthalt im Freien zur Plage werden.

Fortpflanzung: Befruchtete ♀ überwintern in Kellern oder Höhlen. Im Frühling beginnen sie mit der Eiablage. Die Eier schwimmen in dichter Packung an der Wasseroberfläche. Die gestreckten Larven erkennt man an den seitlich abstehenden, nach hinten kürzer werdenden Borstenbüscheln. Mit besonderen Atembüscheln hängen sie schräg an der Wasseroberfläche nach unten und bewegen sich ruckartig. Die keulenförmige Puppe hängt ebenfalls mit zwei Atemröhrchen, den Hinterleib leicht gekrümmt, an der Wasseroberfläche.

Nahrung: Die Larven ernähren sich im Wasser von winzigen Algen und Kleinsttieren; die geschlüpften ♀ brauchen für die Eireifung meistens eine Blutmahlzeit von Vögeln oder Säugetieren. Die ♂ ernähren sich von Pflanzensäften. Die besonderen Stechborsten fehlen ihnen.

Allgemeines: Nahe verwandt mit der Gemeinen Stechmücke sind die Malariamücken der Gattung *Anopheles*, von denen auch in Europa Arten vorkommen. Man erkennt sie an der schräg nach vorne-unten gerichteten Körperhaltung beim Stechen. Ihre Larven hängen flach unter der Wasseroberfläche; die Puppen krümmen den Hinterleib stärker ein, und die Eier tragen Schwimmkammern. Um die Malaria-Parasiten übertragen zu können, müssen die Mücken zweimal stechen. Beim ersten Stich nehmen sie die Erreger aus dem Blut auf. Unter Zwischenschaltung komplizierter Vorgänge wandern die Erreger aus dem Darm in die Speicheldrüse der Mücke, wo sie sich nochmals teilen. Sticht sie erneut einen Menschen, dann überträgt sie beim Einspucken des Speichels die Malaria. Diese Speichelgabe ist notwendig, weil das Blut in der engen Röhre des Mückenrüssels nicht gerinnen darf. Stechmücken übertragen in Mitteleuropa normalerweise keine Krankheiten!

Chironomus plumosus Zuckmücke

Merkmale: Mit rund 1 cm Länge eine der größten der über 1000 in Mitteleuropa vorkommenden Arten von Zuckmücken. Man erkennt sie an der bucklig vorgewölbten Brust, unter der sich in Ruhestellung der Kopf fast ganz verbirgt. Er trägt bei ♂ lange, stark befiederte Fühler, aber keinen Stechrüssel! Zuckmücken gehören nicht zu den Stechmücken, sondern bilden eine eigene, sehr artenreiche und über nahezu alle Lebensräume verbreitete Mückenfamilie. Der Hinterleib überragt beim ♂ die Flügel deutlich.

Lebensraum: Gewässer und feuchte Uferzonen aller Art.

Verbreitung: Fast ganz Europa und in weiten Bereichen Asiens und Nordafrikas.

Häufigkeit: An nährstoffreichen Gewässern sehr häufig. Manche Arten schwärmen in riesigen Mengen.

Fortpflanzung: Paarung erfolgt aus dem gemeinsamen Schwärmflug auf einem Strauch oder noch im Flug. Gleich danach legen die ♀ die Eier aufs Wasser ab. Sie quellen und sinken zu Boden. Dort entwickeln sich die wurmförmig wirkenden Larven. Sie tragen am Hinterende neben dem Bauchfußpaar kurze Analschläuche. Sie stellen für Fische und Wasservögel eine wichtige Nahrungsquelle dar.

mit Eischiffchen

Larven

♂

♀

Simulium equinum Kriebelmücke

Merkmale: 0,2–0,5 cm groß. Klein, bucklig, meist schwarz. Große Flügel. Auch unter dem Namen **Gnitzen** bekannt. Artenreiche Familie. Schwer bestimmbar. Fast alle saugen Blut und hinterlassen bei den recht schmerzhaften Stichen punktförmige Blutergüsse unter der Haut. Gefürchtet als Rinderplage.
Lebensraum: In der Nähe schnellfließender Gewässer. Imagines können oft größere Strecken zum Wasser fliegen und so auch auf Viehweiden lästig werden, in deren Umgebung es keinen Bach gibt.
Verbreitung: In fast ganz Europa.
Häufigkeit: Regelmäßig, manchmal häufig.
Fortpflanzung: Von März bis September trifft man Kriebelmücken. Schwärme von ♂ tanzen in einem Thermikschlauch über einem Busch oder Baum. Pro ♀ mehrere hundert Eier.
Nahrung: Dicht gedrängt stehen Larven in der Strömung und nehmen die vorbeifließenden Nahrungspartikelchen auf. Fertig entwickelte ♂ saugen Pflanzensäfte, nur die ♀ brauchen Blut zur Eientwicklung.

Chloromyia formosa Waffenfliege

Merkmale: Knapp 1 cm groß. Körper metallisch glänzend. Hinterleib breit. Viele Arten tragen am Ende des Brustabschnitts auf dem Rücken dornartige Fortsätze, von denen die Familie (*Stratiomyidae* = Waffenfliegen) zwar den Namen hat, die aber sicher keine »Waffen« darstellen. In Mitteleuropa leben etwa 100 Arten.
Lebensraum: Wiesen, Gärten, Parks.
Verbreitung: Über ganz Europa.
Häufigkeit: Regelmäßig und häufig. Gelegentlich findet man in Komposthaufen größere Mengen von Larven.
Fortpflanzung: *C. formosa* legt die Eier einzeln auf weichen, feuchten Boden, besonders gern in vermoderndes Altlaub oder in Kompost.
Nahrung: Larven ernähren sich von vermoderndem, pflanzlichem Material. Sie leisten einen wichtigen Beitrag zur Humusbildung und sollten daher vom Gärtner in Komposthaufen gern gesehen werden.
Allgemeines: Die meisten der nah verwandten Arten leben im Wasser.

Bibio marci Haarmücke oder Märzfliege

Merkmale: 1–1,2 cm groß. Stark behaarte, schwarze, robust gebaute Fliege. Häufig sieht man ♂ mit ihren lang herabhängenden Hinterbeinen auf und ab tanzen.
Lebensraum: Waldränder, Gärten, Parks. Häufig in Wassernähe.
Häufigkeit: Regelmäßig, manchmal häufig.
Fortpflanzung: Während des »Hochzeitstanzes« finden sich die Geschlechter. Paarung im Flug, endet manchmal am Boden oder im Gebüsch. Bald danach legen ♀ in lockeren, humosen Boden ihre Eier. Larven leben gesellig im Boden in den lockeren Humusschichten oder im Wald unter der Blattschicht sowie in alten, morschen Baumstubben. Halberwachsene Larven überwintern. Sie sind so wenig kälteempfindlich, daß sie auch bei Frost nicht in größere Tiefen ausweichen müssen, wie dies zahlreiche andere Insektenlarven tun. Imagines fliegen im März und April. Kurz nach der Eiablage sterben sie. Pro Jahr 1 Generation.
Nahrung: Imagines ernähren sich von Nektar und Pflanzensäften. Larven benagen Wurzeln.

Symphoromyia immaculata Schnepfenfliege

Typische Ruhestellung

Merkmale: Die Schnepfenfliegen sitzen in ganz charakteristischer Weise mit dem Kopf nach unten gerichtet und schräg gehaltenem Körper sowie leicht abstehenden Flügeln. Die ♂ findet man oft in dieser Haltung an Hauswänden, Baumstämmen oder Zäunen.
Lebensraum: Gärten und Wiesen (Waldränder und Gebüschgruppen).
Verbreitung: Fast ganz Europa.
Häufigkeit: Mehrere Arten dieser Gruppe sind häufig, besonders die oft an Häusern zu beobachtende Gemeine Schnepfenfliege *Rhagio scolopaceus*.
Fortpflanzung: Die Eier werden einzeln in vermodernde Stoffe (Komposthaufen u. a.) gelegt. Hier entwickeln sich auch die Larven.
Nahrung: Die Larven fressen Regenwürmer und faulendes organisches Material.

Paarung

Thereva nobilitata Stilettfliege

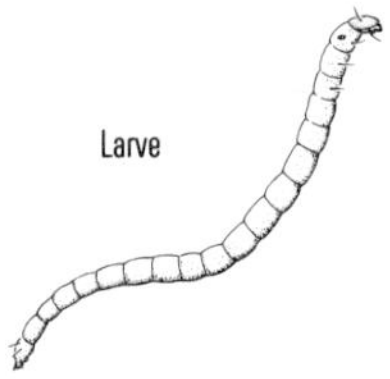

Merkmale: 0,8 bis 1,2 cm groß. Namengebend war der lang und spitz ausgezogene Hinterleib. Fast alle Arten der Familie der Stilettfliegen (*Therevidae*) sind dicht behaart und tragen lange, dünne Beine mit drei Haftlappen an den Füßen. Körper schwarz. Von den sehr ähnlichen Raubfliegen *(Asilidae)* unterscheiden sie sich dadurch, daß die Stirn nicht eingesenkt ist und die Augen deutlich hervortreten. In Mitteleuropa kennt man einige Dutzend Arten, die nur schwer bestimmbar sind, aber sehr unterschiedliche Lebensweisen haben.
Lebensraum: Wiesen, Gärten, Waldränder, Parks. Im Flachland bis im Gebirge in 2500 m Höhe anzutreffen.
Verbreitung: Großteil Europas.
Häufigkeit: Regelmäßig, stellenweise häufig.
Fortpflanzung: Flugzeit von Mai bis September. Stilettfliegen sind sehr geschickte Flieger. Ob sie allerdings im Flug andere Insekten jagen, ist nicht gewiß. Häufig sieht man sie auf Blüten sitzen, wo sie Nektar trinken. Oder sie ruhen sich in der Sonne auf heißem Sandboden aus. Eiablage ebenfalls im Sandboden oder in die Humusschicht unter altem Laub. Larven sind ungewöhnlich lang und schlank, weshalb sie im Volksmund den Namen »Weißer Drahtwurm« erhielten. Ihr Körper gliedert sich in 19 unterscheidbare Teile, wodurch die Wurmähnlichkeit noch unterstrichen wird. Da sie beinlos sind, müssen sie mit schlängelnden Bewegungen vorwärtskriechen. Im Herbst Verpuppung. Im Frühjahr schlüpfen die Stilettfliegen. Pro Jahr 1 Generation.
Nahrung: Während die Stilettfliegen vermutlich nur Nektar trinken oder an Dung saugen, ernähren sich die Larven überwiegend räuberisch von zahlreichen im Boden lebenden Kleintieren, vor allem von Insektenlarven und Puppen. Sie nehmen aber auch totes tierisches und vermoderndes pflanzliches Material auf.

Vermileo vermileo Wurmlöwe

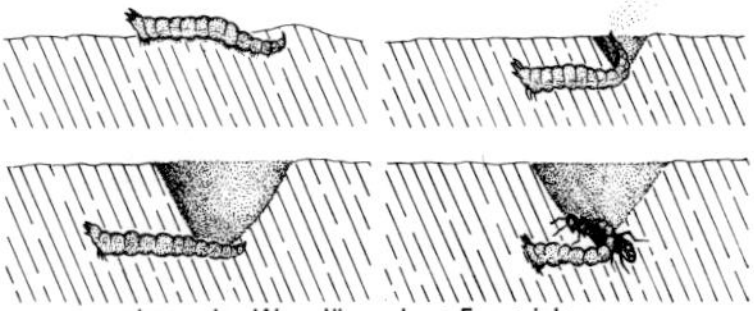

Larve des Wurmlöwen baut Fangtrichter

Merkmale: Gut 1 cm groß. Bekannter als die Fliege ist die Larve des Wurmlöwen. Sie gehört in die Familie der Schnepfenfliegen.
Lebensraum: Warme, trockene, sandige Flächen mit spärlicher Vegetation. Südhänge.
Verbreitung: Mittelmeerraum, fehlt nördlich der Alpen.
Häufigkeit: Im passenden Biotop regelmäßig.
Fortpflanzung: ♀ legen einzeln die Eier in den sandigen Boden. Die bald schlüpfenden kleinen Larven bauen sofort einen Trichter. Nachtaktiv. Fällt ein kleines Insekt in den Trichter, wird es sofort mit dem schlanken Vorderteil umringelt und mit dem »Haftfuß« gehalten.
Nahrung: Winzige Insekten; Ameisen.

Sylvicola (Phryne) fenestralis Fenstermücke

Merkmale: Etwa 0,6 cm lang. Diese Mücke ähnelt in der Körpergestalt den Schnaken (*Tipulidae*) und Wintermücken (*Trichoceridae*); die Beine werden aber nicht so lang. Die durchscheinenden Flügel tragen einige schwache, dunkle Querbänder im vorderen Bereich. Auffallend große Augen. In Mitteleuropa leben 10 bis 12 Arten von Fenstermücken. Die abgebildete Art *Sylvicola* oder *Phryne fenestralis* ist davon die häufigste.
Lebensraum: Abfallreiche Plätze im menschlichen Siedlungsbereich, zum Beispiel Kompost.
Verbreitung: Soweit bekannt, im größten Teil des gemäßigten Europas.
Häufigkeit: Mitunter recht häufig, wenn geeignetes Nahrungsangebot für die Larven vorhanden ist; sonst häufig bis selten.
Fortpflanzung: Die ♀ legen ihre Eier in faulendes Pflanzenmaterial, wo sich die Larven entwickeln.
Nahrung: Larven ernähren sich von sich zersetzenden Pflanzenstoffen.

Larve

Tabanus bovinus Rinderbremse

Merkmale: 2–2,5 cm groß; kräftiger Körper mit deutlichen Längsstreifen an den Brustseiten und geringeltem, breit angelegtem Hinterleib. Die Seiten des Hinterleibs sind intensiver rötlich gefärbt als bei der sonst recht ähnlichen, noch etwas größeren **Sudetenbremse** *(Tabanus sudeticus)*. Der Kopf trägt sehr große Komplexaugen und nur kurze Fühler. Mehrere ähnliche Arten von Viehbremsen treten auf.
Lebensraum: Weidegelände, Waldränder, Gärten und größere Parkanlagen. Im Gebirge bis etwa 2000 m auf Almen.
Verbreitung: Fast ganz Europa, Nordasien und Nordwestafrika. Inselartig.
Häufigkeit: In den meisten Gebieten des heutigen Vorkommens nicht mehr besonders häufig. In Mitteleuropa überwiegend einzeln oder in mäßiger Häufigkeit vertreten. Die Art war noch vor einem halben Jahrhundert wesentlich häufiger und oft eine große Plage für Rinder und Pferde. Die zunehmende Stallhaltung dürfte für den Rückgang verantwortlich sein. Daher kommt die Rinderbremse auch mehr lokal und nicht mehr flächig verbreitet vor.
Fortpflanzung: Ähnlich wie andere Bremsen brauchen die ♀ eine Blutmahlzeit, bevor die Eier ausreifen können. Die Larven entwickeln sich in feuchtem Boden, wo sie anderen Insekten(larven) nachstellen.
Nahrung: Blut von Rindern und Pferden. Bei einem einmaligen Saugen kann die Rinderbremse bis zu 1 cm³ Blut abzapfen. Selbst wenn mehrere gleichzeitig stechen, entstünde noch kein nennenswerter Blutverlust, auch wenn die Wunden eine Weile weiterbluten, weil die Bremse einen gerinnungshemmenden Stoff mit dem Speichel in die Wunde spuckt. Nur bei sehr starkem Auftreten von Rinderbremsen entsteht ein bedeutender Blutverlust, der sich auf die Arbeitsleistung oder auf die Milchproduktion auswirkt. Aber jeder Stich juckt und irritiert die Tiere sehr.

Haematopota pluvialis Regenbremse

Merkmale: Etwa 1 cm groß. Leicht erkennbar, auch wenn sie mit einigen der 100 in Mitteleuropa vorkommenden Bremsen verwechselt werden kann. Nur ♀ stechen. Die Stechborsten der Mundwerkzeuge sind noch schärfer als die der Stechmücken.
Lebensraum: Fast überall. Bis über 2000 m.
Verbreitung: Paläarktische Zone Eurasiens.
Häufigkeit: Regelmäßig, manchmal zahlreich.
Fortpflanzung: Nach einem kurzen Balzflug verpaaren sich die Bremsen am Boden. ♀ suchen danach Säugetiere – auch Menschen – auf, um die notwendige Menge Blut zu erhalten, die sie zur Eientwicklung brauchen. Orientierung zuerst optisch, später auch geruchlich. Eiablage in geschichteten Eipaketen an Pflanzen in Wassernähe. Larven leben im Wasser und atmen durch die Haut, so daß sie wochenlang nicht an die Oberfläche steigen müssen. Verpuppung stets im Boden. 2 Generationen.
Nahrung: ♂ saugen Nektar und Pflanzensäfte, ♀ trinken Blut, jagen auch Insekten.

Chrysops caecutiens Goldaugenbremse

Merkmale: 0,8–1,1 cm groß. Von einigen *Chrysops*-Arten kaum zu unterscheiden. Besonders schön und auffallend sind die leuchtend goldgrünen Augen.
Lebensraum: Siehe Regenbremse.
Verbreitung: Großteil Europas.
Häufigkeit: Regelmäßig, stellenweise häufig.
Fortpflanzung: Siehe Regenbremse. Wie bei allen Bremsen stechen nur die ♀, die das Blut zur Eiproduktion benötigen. Sie stechen nicht beliebig, sondern suchen sich einen bevorzugten Bereich aus: die Goldaugenbremsen meist die Kopf- und Nackenregion, die Regenbremsen mehr die Glieder.
Nahrung: Wie bei anderen Arten. Bei Bremsen kommt auch Kannibalismus vor.
Allgemeines: Der Stich ist schmerzhaft und blutet auch nach. Früher herrschte der Aberglaube, die Stiche machten blind. Das Nachbluten wird dadurch bewirkt, daß die Bremse einen Stoff hineinspritzt, der Blutgerinnung verhindert. Auf diese Art kann sie in kurzer Zeit mehr Blut aufnehmen.

Siehe auch S. 13

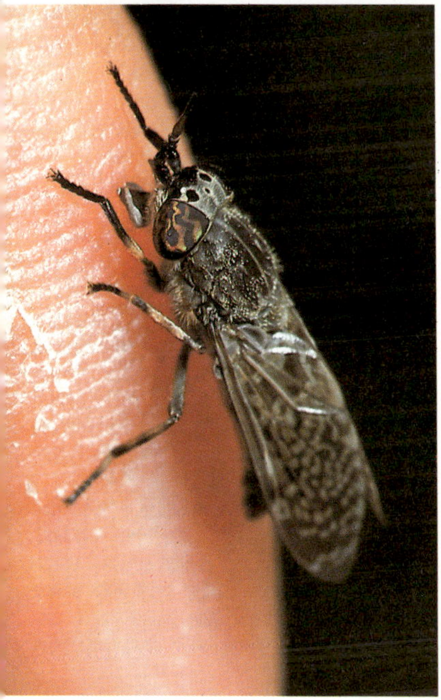

Asilus crabroniformis Hornissenjagdfliege

Merkmale: 1,5–3,0 cm groß. Der schwarzgelbe Hinterleib erinnert an eine Hornisse, ist jedoch ein Warnkleid und keine Nachahmung, da die Hornissenjagdfliege mit ihrem Stachel ebenfalls sehr wehrhaft ist. Typisch sind die für Raubfliegen stark behaarten Beine, mit denen sie ihre Opfer festhalten. In Mitteleuropa gibt es etwa 200 verschiedene Raubfliegenarten (*Asilidae*).

Lebensraum: Waldränder, Felder. **Verbreitung:** Großteil Europas.

Fortpflanzung: Fast den ganzen Sommer sitzen die Fliegen auf sonnenbeschienenem, gefälltem Holz. Taucht eine Fliege oder ein anderes Insekt auf, so greift die Jagdfliege in einem Sturzflug das Opfer an und tötet es mit ihrem giftigen Stachel. Danach saugt sie es mit ihrem langen Rüssel leer. Eiablage, Larven- und Puppenzeit siehe Mordfliege.

Nahrung: Larven leben von vermoderndem pflanzlichen und tierischen Material. Vollkerfe jagen Fliegen, Heuschrecken und Wespen.

Laphria marginata Mordfliege

Merkmale: 1,5–3,0 cm groß. Meist größer als *L. flava.* Körper dunkel bis schwarz. Dicht behaarte Beine. Schwer bestimmbar.

Lebensraum: Waldränder und Lichtungen.

Verbreitung: An geeigneten Plätzen in fast ganz Europa.

Häufigkeit: Regelmäßig, nicht allzu häufig.

Fortpflanzung: Vor der Paarung führen die Raubfliegen, zu denen *L. marginata* zählt, einen besonderen Balzflug aus: ♂ fliegen vor den ruhenden ♀. Dabei leuchten die hellen, rhythmisch bewegten Beine im einfallenden Sonnenlicht auf. Verläßt das ♀ den Platz, verfolgt es das ♂ mit einem stürmischen Flug, versucht es zu packen und zu begatten. Meist trudeln dabei beide zu Boden, wo die Paarung zu Ende geführt wird. Bald darauf legt das ♀ seine Eier in die oberen Bodenschichten. Die Larven bewohnen alte Insektengänge im Holz, wo sie Moder fressen.

Nahrung: Insekten wie Käfer, Bienen, aber auch Spinnen. Die Beute wird im Flug gepackt, getötet und ausgesaugt.

Laphria flava Mordfliege

Merkmale: 1,5–3,0 cm groß. Ihr dunkelgelber, dicht behaarter Hinterleib erinnert an eine Hummel. Der Kopf der Raubfliegen (*Asilidae*) ist frei beweglich; die Tiere können ausgezeichnet sehen.

Lebensraum: Lichte Laubmischwälder, bevorzugt in Lichtungen oder auf Waldwegen und an sonnenbeschienenen Plätzen.

Verbreitung: Fast ganz Europa, bis in über 2000 m Höhe ansteigend.

Häufigkeit: Regelmäßig, nirgends häufig.

Fortpflanzung: Vollkerfe trifft man von Frühjahr bis Herbst; am häufigsten von Juni bis Juli. ♀ legen unter loser Rinde oder unter altem Fallaub ihre Eier ab, wo die schlanken Larven ein minierendes Dasein führen. Ihre Gänge bohren sie nicht selbst, sondern bewohnen solche von Käferlarven. Verpuppung ebenfalls hier. Gesamtdauer manchmal mehrere Jahre.

Nahrung: Vollkerfe jagen Insekten aller Art. Ihr Rüssel und ihr Stachel vermögen sogar den harten Panzer von Pracht- und Rüsselkäfern zu durchbohren.

Mikiola fagi Buchengallmücke

Merkmale: 0,5 cm groß. Imago sehr schwach bestimmbar. Ihre Anwesenheit verrät die arttypische Galle, die auf der Blattunterseite von Buchen sitzt. Meist viele beisammen.

Lebensraum: Buchenwälder, Gärten, Parks.

Verbreitung: Großteil Europas.

Häufigkeit: Regelmäßig und häufig. Gelegentlich Schadfraß an Jungbuchen.

Fortpflanzung: Pro Galle 1 Larve, die im Herbst zu Boden fällt und sich dort verpuppt. Im Frühjahr schlüpfen die Mücken. Die Bildung der Galle wird durch Sekrete ausgelöst, die die Larve beim Fressen an den jungen Blättern in die Blattrippen abgibt. Das darin enthaltene Hormon verändert das normale Blattwachstum in arttypischer Weise.

Allgemeines: Die in Mitteleuropa lebenden mehr als 1000 verschiedenen Arten von Gallmücken (*Cecidomyiidae*) führen ein sehr unterschiedliches Dasein. Lange nicht alle bilden Gallen. Kennzeichnend sind lange Beine, behaarte Flügel und kolbenartig erweiterte Fühler.

Siehe auch S. 16

Bombylius major Hummelschweber

Merkmale: 0,8–1,2 cm groß. Der dicht goldbraun bepelzte Körper ahmt eine kleine Hummel nach, ist aber an dem einen Flügelpaar und den dahinter liegenden Schwingkölbchen leicht als Fliege zu bestimmen. Kennzeichnend ist die kolibriartige Flugweise der Wollschweber (*Bombyliidae*), von denen man mehr als 100 Arten in Mitteleuropa kennt.
Lebensraum: Waldränder, Gärten und Parks.
Verbreitung: Ganz Europa und Asien bis nach Japan; im Süden bis Nordafrika; Nordamerika.
Häufigkeit: Meist häufig.
Fortpflanzung: Flugzeit April bis Mai. ♀ legen die Eier in Blüten, die von *Andrena*-Bienen aufgesucht werden, oder schießen sie in die Nähe der Höhleneingänge dieser einzeln lebenden Erdbienen. Larven kriechen in den Bau, leben parasitisch von Bienenlarven und verpuppen sich hier.
Nahrung: Vollkerfe trinken Nektar. Larven ernähren sich parasitisch von verschiedenen Wildbienenlarven.
Allg: Wollschweber ruhen gerne auf Steinen.

Bombylius discolor Gefleckter Wollschweber

Merkmale: Etwa 1 cm groß. Erinnert im Aussehen an den Hummelschweber, doch von diesem an den Flügelflecken zu unterscheiden: die des Hummelschwebers sind zweifarbig hell-dunkel angelegt, die des Gefleckten Wollschwebers tragen, unregelmäßig verteilt, unterschiedlich große dunkle Punkte auf glasigem Untergrund. Der Gefleckte Wollschweber erinnert an ein kleines Hummelmännchen, doch an dem nur einen Flügelpaar gut zu erkennen.
Lebensraum: Gärten, Parks, Weg- und Wiesenränder. An sonnigen Tagen Nektar suchend. **Verbreitung:** Fast ganz Europa.
Häufigkeit: Regelmäßig, manchmal sehr häufig. **Fortpflanzung:** Siehe Hummel- und Trauerschweber. Larven parasitieren in Wildbienennestern.
Nahrung: Vollkerfe leben von Nektar, Larven von Pollen und anderen Larven. Fliegen schlüpfen aus einem dünnen Riß auf dem Rücken der Puppe (*orthorrhaph*).

Anthrax morio Trauerschweber

Merkmale: Etwa 1 cm groß. Sehr ähnlich *Bombylius major*, doch stets mit dunklem Körper. Typisch für die Wollschweber ist der fast körperlange Rüssel. Schwer bestimmbar.
Lebensraum: Blumenwiesen, Gärten, Parks, Weg- und Straßenränder.
Verbreitung: Im kühl-gemäßigten Eurasien.
Häufigkeit: Regelmäßig, gelegentlich häufig.
Fortpflanzung: Die Larven entwickeln sich in Schlupfwespenlarven, die ihrerseits in Kieferneulenpuppen leben. Solchen Überparasitismus findet man im Tierreich häufig, doch meist handelt es sich dabei um sehr kleine Insekten. Bei starkem Auftreten von Trauerschwebern verzögert sich die Bestandsentwicklung der Nonne, ein im Forst gefürchteter Nachtfalter.
Nahrung: Vollkerfe leben von Blütennektar, Larven im ersten Stadium vom Nahrungsbrei der Wirtslarve; im zweiten nimmt sie ein madenhaftes Aussehen an und frißt die Wirtslarve selbst. Danach Verpuppung. Die Puppe ist so beweglich, daß sie sich an die Erdoberfläche arbeiten kann.

Empis spec. Tanzfliege

Merkmale: Kleine bis mittelgroße Fliege, braun gefärbt. Sehr schwer bestimmbar. Bestes Gattungsmerkmal ist eine tiefe Einbuchtung am Augeninnenrand. Langer Rüssel zum Aussaugen von Beutetieren und lange, dünne, behaarte Beine kennzeichnen die Tanzfliegen, die sogar überkörpergroße Insekten schlagen.
Lebensraum: Gärten, Wiesen, Parks, lichte Laubmischwälder. Larven im Boden oder in Gewässern. **Verbreitung:** Ganz Europa.
Häufigkeit: Regelmäßig und häufig.
Fortpflanzung: Tanzfliegen haben ihren Namen von den Balztänzen, bei denen das ♂ dem ♀ ein Beutestück anbietet. Dieses stürzt sich sofort darauf und will mit ihm wegfliegen, doch das ♂ folgt und begattet das ♀ im Flug, während dieses das Beutetier aussaugt. Das Überreichen der Beute verhindert, daß das ♀ während der Paarung das eigene ♂ auffrißt. Häufig gesellen sich mehrere ♂ und ♀ zu einer Gruppenbalz.
Nahrung: Kleine Insekten und andere Kleintiere. Gelegentlich Kannibalismus.

Conops quadrifasciata Dickkopffliege

Merkmale: Etwa 1 cm groß. Ein Vertreter der etwa 80 in Mitteleuropa lebenden Dickkopffliegen (*Conopidae*). Weltweit sind mehr als 500 Arten bekannt. Auffallend und namengebend ist der aufgetriebene Kopf. Hinterleib am Grund stielartig eingeschnürt. Fast alle Dickkopffliegen haben ein wespenähnliches Aussehen.
Lebensraum: Blumenwiesen, Gärten, Waldränder.
Verbreitung: Fast ganz Europa.
Häufigkeit: Regelmäßig. Häufig neben ähnlichen *Conops*-Arten.
Fortpflanzung: Die Larven der Dickkopffliegen leben parasitisch im Hinterleib staatenbildender oder einzeln lebender Bienen und Wespen. Dazu legen sie die Eier am Hinterleib des Opfers ab. Die Larven dringen ein und verbleiben dort bis zur Verpuppung. Mit ihrem langen Rüssel trinken sie die Körperflüssigkeit ihres Opfers. Zur Atmung schließen sie ihre Stigmen (Atemöffnungen) an die des Wirts an und atmen so über die Tracheen der Biene. Verpuppung in den Resten des toten Wirts.

Eristalis tenax Mistbiene

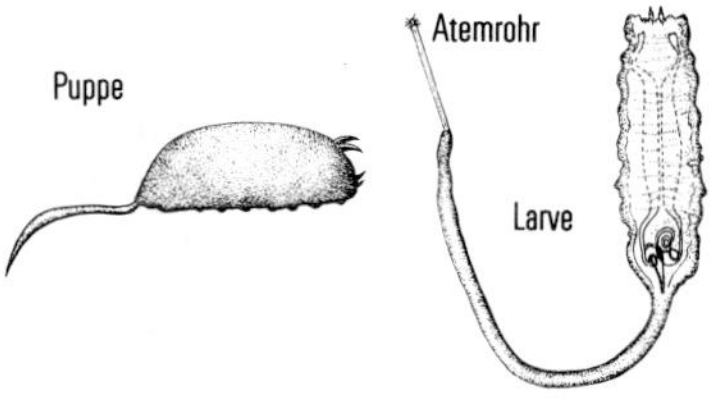

Merkmale: 1,5–2,0 cm groß. Erinnert etwas an eine Biene. **Lebensraum:** Gärten, Misthaufen, in Ställen und auf Dung. Kulturfolger. **Verbreitung:** Weltweit. **Häufigkeit:** Eine der häufigsten Schwebfliegen.
Fortpflanzung: Fliegen und Larven trifft man vom Frühjahr bis in den Herbst hinein an. Larven leben in sehr stark verschmutzten, sauerstoffarmen Gewässern, dort, wo kaum noch andere Tiere existieren können. Larven und Puppen atmen mit einem langen Rohr am Hinterende, das ihnen den Namen »Rattenschwanzlarve« gab. **Nahrung:** Larven filtern die schmutzige und nährstoffreiche Brühe und tragen somit zur Klärung von Abwässern bei.

Sicus ferrugineus Dickkopffliege

Merkmale: Mit 1–1,3 cm Größe gehört *Sicus* zu den mittelgroßen Dickkopffliegen, deren größte bis zu 3 cm groß wird. Ihr rostbrauner länglicher Körper zeigt nicht die sonst so typische Wespentaille der Dickkopffliegen.
Lebensraum: Wald- und Wegränder, Wiesen, Gärten.
Verbreitung: Europa und nördliches Asien.
Häufigkeit: Regelmäßig und häufig.
Fortpflanzung: Siehe *Conops vesicularis.* Mit akrobatisch wirkenden Flugleistungen heften die ♀ am Hinterleib von Stein- oder Erdhummeln ihr Ei fest, das, mit Häkchen und Dornfortsätzen ausgerüstet, sich im Pelz verhakt und von der Hummel ins Nest getragen wird. Larven leben parasitisch im Hummelnest von deren Vorräten und Larven. Verpuppung und Überwinterung im Hummelnest.
Nahrung: Dickkopffliegen kann man den ganzen Sommer auf Blüten sitzend finden, wo sie Nektar trinken. Ihre Larven ernähren sich vom Körpersaft anderer Insekten.

Syrphus ribesi Johannisbeerschwebfliege

Merkmale: Etwa 1 cm groß. Ihr gelb-schwarz geringelter Hinterleib erinnert an den einer Wespe. Damit täuscht diese harmlose Fliege Gefährlichkeit vor: Sie ist aber stachellos. Schwebfliegen können in der Luft stehen, wie ein Hubschrauber senkrecht nach oben und unten sowie rückwärts fliegen. Sie machen dabei so viel Flügelschläge, daß man die Flügel nicht mehr erkennen kann, sondern nur ihren Schatten sieht. Schwebfliegen sind die artenreichste Familie unter den Fliegen. In Mitteleuropa kennt man knapp 300 Arten!
Lebensraum: Wiesen, Gärten, Weg- und Waldränder. **Verbreitung:** Weltweit mit Ausnahme von Südafrika. **Häufigkeit:** Regelmäßig und häufig.
Fortpflanzung: ♀ legen häufig ihre Eier inmitten eines Geleges des Marienkäfers ab.
Nahrung: Die schlüpfenden Larven leben wie die der Marienkäfer von Blattläusen. Wegen der sehr hohen Gelegezahlen können bei starkem Blattlausaufkommen die Larven nützen.

Scaeva pyrastri Schwebfliege

M: Knapp 2 cm groß. Mit ihrem wespenähnlichen Aussehen typische Vertreterin der weltweit 4500 Arten Schwebfliegen und damit äußerst schwierig zu bestimmen.
Lr: Gärten, Wiesen, Wald- und Wegränder. Fliegen sitzen gern in der Mittagssonne auf weißen Korbblüten.
Vb: Fast ganz Europa, östlich bis Japan, südlich bis Nordafrika, Nordamerika.
H: Regelmäßig, manchmal sehr häufig.
Fp: Eier werden in der Nähe von Blattlauskolonien abgelegt. Larven leben ausschließlich davon. Sie stechen die Blattläuse an, werfen sie hoch und saugen sie schließlich aus.

Volucella pellucens Schwebfliege

M: 1,5 groß. In Aussehen und Verhalten täuschend ähnlich einer Erdhummel, doch bei genauerer Betrachtung an dem einen Flügelpaar als Fliege erkennbar. Schwieriger ist die Bestimmung der verschiedenen Schwebfliegenarten, die sich zum Teil sehr stark ähneln.
Lr: Wiesen, Gärten, Waldränder, Lichtungen.
Vb: Regelmäßig, häufig.
Fp: Ihre Larven leben in Hummelnestern, wo sie sich vom Abfall und von toten Hummeln ernähren. Nur selten wurde Brutparasitismus beobachtet. Verpuppung und Überwinterung im Hummelnest. Diese Schwebfliegen werden von den Hummeln nicht als Feinde erkannt.

Episyrphus balteatus Schwebfliege

Mit etwa 1 cm Größe und wespenähnlichem Körper typische Schwebfliege, die schwer bestimmbar ist, da allein in Mitteleuropa etwa 500 Arten leben. Eine große Anzahl von ihnen ist regelmäßig im Sommer an Blumen Nektar saugend zu beobachten. Manche von ihnen erreichen knapp 0,4 cm Größe, andere messen 3 cm. Die einen ähneln Hummeln, die anderen Bienen, Wespen oder gar Ameisen. Einerseits täuscht ihr Äußeres Gefährlichkeit vor, andererseits leben sie in Gemeinschaft ihrer Vorbilder und werden von diesen für Bienen, Ameisen usw. gehalten und im Bau geduldet, auch wenn sie sich von deren Brut ernähren.

Rhingia rostrata Kegelfliege

M: 1 cm groß. Gelber, kugelförmiger Hinterleib, Brust und Kopf schwarz. Glatt, ohne Haare. Schwer bestimmbar.
Lr: Viehweide, Mischwälder, an Dung.
Vb: Europa und Westasien. **H:** Häufig.
Fp: Larven leben an Kuhdung und tragen somit wesentlich zu dessen Zersetzung bei. Verpuppung und Überwinterung im Boden.
Ng: Vollkerfe saugen Nektar aus Blüten. Larven nähren sich am Kuhdung.
Allg: Kegelfliegen sind nahe mit Narzissenfliegen *(Lampetia)* und Zwiebelfliegen *(Eumerus)* verwandt, die, an Zwiebeln fressend, in Kulturen große Schäden verursachen können.

Volucella bombylans Hummelschwebfliege

M: 1–1,5 cm groß. Etwas größer als *V. pellucens*, dennoch leicht zu verwechseln. Beide ahmen mit ihrem pelzig behaarten Hinterleib eine Hummel nach. Die Ähnlichkeit ist so groß, daß nicht nur Hummeln, sondern auch viele Menschen sie nicht als Fliegen erkennen.
Lr: Blumenwiesen, Gärten, Weg- und Waldränder. **Vb:** Europa, Westasien.
H: Regelmäßig, meist häufig.
Fp: Larven leben in Hummelnestern, jedoch weniger parasitisch als kommensalisch, das heißt, sie sind Mitesser und leben von dem, was für sie abfällt. Pro Jahr 1 Generation.

Pipiza quadrimaculata Schwebfliege

M: 0,7 cm groß. Vertreterin der kleineren Schwebfliegen. Grundfärbung schwarz; auffallende rote Punkte.
Lr: Blumenwiesen, Weg- und Waldränder, auch in naturnahen Gärten und Parks.
Vb: Fast ganz Europa, Nordamerika.
H: Regelmäßig, gebietsweise auch häufig.
Fp: Ähnlich anderer Schwebfliegen; Einzelheiten kaum bekannt. Mit ganz unterschiedlichen Anpassungen ist in dieser artenreichen Fliegengruppe zu rechnen.
Ng: Blütennektar und Abfallstoffe (Larven).
Allg: Zahlreiche ähnliche Arten, die schwer bestimmbar sind, leben in Mitteleuropa.

Metasyrphus corollae Schwebfliege

Merkmale: Etwa 1–1,5 cm groß. Typische Schwebfliegenart. Fliegt sehr schnell.
Lebensraum: Blumenwiesen, Gärten, Wald- und Wegränder.
Verbreitung: Sehr weit in Europa.
Häufigkeit: Regelmäßig und häufig.
Fortpflanzung: *M. corollae* gehört zu den etwa 100 Schwebfliegenarten Europas, die sich ausschließlich von Blattläusen ernähren. Während sie im 1. Larvenstadium Lauseier bevorzugen, nehmen sie im 2. und 3. Stadium die Blattläuse selbst. Im Versuch fraß eine Larve von *M. corollae* in 8 Tagen etwa 700 Blattläuse (*Aphis fabae*)! Schon nach 8–14 Tagen – je nach Nahrungsangebot – verpuppen sich die Schwebfliegenlarven. Dabei verbleiben sie in der letzten Larvenhaut. Mehrere Generationen pro Jahr.
Allgemeines: Alle 300 in Mitteleuropa vorkommenden Schwebfliegenarten täuschen ein wehrhaftes Insekt vor: eine Biene, Wespe, Hummel oder gar eine Hornisse. So schützen sie sich wirksam vor Freßfeinden.

Hippobosca equina Pferdelausfliege

Merkmale: 0,8 cm groß. Der breite, flache Körper stellt ein typisches Merkmal der Lausfliegen dar, von denen in Mitteleuropa etwa 25 Arten auftreten. Enge Wirtsspezifität: So kann man eine Pferdelausfliege nie auf einem Schaf finden, denn dort lebt die Schaflausfliege. Auf Hirschen trifft man die Hirschlausfliege.
Lebensraum: Viehweiden.
Verbreitung: Weltweit.
Häufigkeit: Unterschiedlich, manchmal lästiger Parasit.
Fortpflanzung: Pferdelausfliegen verpaaren sich im Fell von Kühen und Pferden. ♀ bringen verpuppungsreife Larven, meist nur etwa 5, zur Welt. Larven und Puppen entwickeln sich am Boden zu Puppen, die überwintern.
Nahrung: Blut von Paar- und Unpaarhufern.
Allgemeines: Aufgrund der hochspezialisierten Lebensweise kennt die Lausfliege nur wenige natürliche Feinde und kann somit auf eine hohe Nachwuchsrate »verzichten«. Andererseits ist das Auffinden eines geeigneten Wirts überlebensnotwendig.

Myiatropa florea Schwebfliege

Merkmale: Etwa 1,5 cm groß. Hinterleib breit schwarz-gelb gestreift. Erinnert an den einer Hornisse. Auf dem Rückenschild gelbe Flecken auf dunklem Grund, angeblich »Totenkopfmuster«, das dem Totenkopfschwärmer nachgeahmt sein soll. Bei der Artenvielfalt der Schwebfliegen nicht leicht bestimmbar!
Lebensraum: Vom Frühling bis zum Herbst Flugzeit. Besonders aktiv bei Sonnenschein, wo sie auf Blüten Nektar suchen. Blumenwiesen, Gärten, Wald- und Wegränder.
Verbreitung: Fast ganz Europa und in der gemäßigten Zone Sibiriens.
Häufigkeit: Regelmäßig bis sehr häufig.
Fortpflanzung: Siehe vorhergehende Schwebfliegen. Während kleine Larven bevorzugt an Blattlauseiern fressen, ernähren sich größere von deren Larven. Der enorme Nahrungsbedarf und die rasche Generationsfolge machen diese Schwebfliege in Jahren mit Massenentwicklung von Blattläusen zu unschätzbaren Nützlingen. Spielen bei der Bestäubung von zahlreichen Pflanzen eine wichtige Rolle.

Oestrus ovis Schafbiesfliege oder Schafbremse

Merkmale: 1–1,2 cm groß. Vertreter der Dasselfliegen. In Mitteleuropa etwa ein 12 Arten. **Lebensraum:** Schafweiden.
Verbreitung: Weltweit verbreitet. **Häufigkeit:** Regelmäßig, manchmal sehr lästig.
Fortpflanzung: Nach einem rhythmischen Balztanz, an dem mehrere ♂ und ♀ beteiligt sind, erfolgen Paarung und die Abgabe von geschlüpften Larven in die Nüstern der Schafe. Larven wandern in die Stirnhöhle, wo sie sich vom Schleim ernähren. Schafe niesen häufig und magern stark ab. Beim Niesen lassen sich die verpuppungsreifen Larven herausspülen, fallen zu Boden und überwintern als Puppe im Boden. Ausgewachsene Larven erreichen die stattliche Größe von fast 3 cm Länge. Im Frühjahr, wenn die Schafe auf die Weide geführt werden, schlüpfen die ersten Schafbremsen. Stark befallene Schafe fallen neben der mageren Gestalt durch die »falsche Drehkrankheit« auf: Sie drehen sich bis zum Umfallen.
Nahrung: Larven leben vom Nasenschleim.

Hypoderma bovis Dasselfliege

Merkmale: 1,5 cm groß. Schwer bestimmbar.
Lebensraum: Viehweiden.
Verbreitung: Europa und gemäßigtes Asien.
Häufigkeit: Bei intensiver Rinderzucht lästiger Parasit. Sonst nur vereinzelt.
Fortpflanzung: Tauchen an einem warmen Sommertag Dasselfliegen auf der Weide auf, so reagieren die Rinder panikartig. Das bedeutet, daß sie normale Fliegen von Dasselfliegen sehr wohl zu unterscheiden vermögen. Dasselfliegen-♀ besitzen eine lange, teleskopartig ausstülpbare Legeröhre, mit der sie die Eier in der Wadengegend und am Hinterteil des Tiers ablegen. Die Larven wandern unter die Haut und bilden eine Fistel. Sie beißen ein Loch in die Rinderhaut, kriechen hinein und strecken die Atemöffnung nach außen. So entwerten sie das später von der Haut angefertigte Leder. Im Frühjahr verläßt die Larve durch die Öffnung die Haut, um sich im Boden zu verpuppen.
Nahrung: Leben von zerfallendem Gewebe, wahrscheinlich auch vom Blut des Wirts.

Stomoxys calcitrans Wadenstecher

Merkmale: 0,5–0,8 cm groß. Sehr ähnlich wie Große und Kleine Stubenfliege. Bei genauem Hinsehen erkennt man jedoch den eingeklappten oder beim ruhenden Tier den nach vorn gestreckten dünnen Stechrüssel. Im Sitzen heben sie im Gegensatz zu den Stubenfliegen ihren Vorderkörper nach oben an.
Lebensraum: Am häufigsten in der Nähe landwirtschaftlicher Anwesen. Auch in Städten.
Verbreitung: Weltweit.
Häufigkeit: Regelmäßig, gelegentlich häufig.
Fortpflanzung: Schon 4 Tage nach dem Schlüpfen verpaaren sich ♂ und ♀. Eiablage an Pferde- oder Rindermist. Das ♀ legt bis zu 600 Eier, wobei die Anwesenheit von ♂ und hohe Temperaturen die Gelegegröße stark beeinflussen. Gesamtdauer der Entwicklung vom Ei bis zur Fliege nur 14 Tage.
Nahrung: Verwesende organische Stoffe und Säugetierblut.
Allgemeines: Beim Stechen können gefährliche Krankheitserreger übertragen werden, wie Bakterien, Nematoden und Protozoen.

Musca domestica Große Stubenfliege

Merkmale: Knapp 1 cm groß. Trägt keinen Stechapparat. Bei ♂ stoßen die Augen auf der Stirn zusammen, beim ♀ nicht.
Lebensraum: Gebäude, Gärten, freie Flur.
Verbreitung: Weltweit.
Häufigkeit: Regelmäßig bis massenhaft.
Fortpflanzung: Schon im März erscheinen die ersten überwinternden Stubenfliegen an den Fenstern oder auf den Dachböden. Ein ♀ legt bis zu 150 Eier an verwesende Stoffe, auf Müllkippen oder auf Misthaufen. Schon bald darauf schlüpfen und entwickeln sich die Larven. Zur Verpuppung graben sie sich im Boden ein. Gesamtentwicklung verläuft ungewöhnlich rasch, so daß es unter mitteleuropäischen Bedingungen bis zu 5 Generationen pro Jahr kommt. Das ♀ legt kurz nach der ersten Eiablage einige weitere Male und produziert im Lauf von etwa 60–70 Tagen bis zu 1000 Eier!
Nahrung: Abfallstoffe, besonders zuckerhaltige Produkte.
Allgemeines: Kann Krankheiten übertragen.

Fannia canicularis
Kleine Stubenfliege oder Blumenfliege

Merkmale: Mit 0,5–0,7 cm Größe so groß wie der Wadenstecher, jedoch ohne Stechrüssel. Arttypischer horizontaler Zickzackflug; in Zimmern häufig Lichtquellen umkreisend.
Lebensraum: In menschlichen Behausungen von März bis Oktober. Auch in freier Natur.
Verbreitung: Weltweit.
Häufigkeit: Regelmäßig bis massenhaft.
Fortpflanzung: ♀ legen die Eier in feuchte Stellen, so in Jauchegruben, auf Misthaufen oder in verfaulendes tierisches oder pflanzliches Material. In seltenen Fällen fand man Larven im Enddarm und in der Harnblase von Menschen. Zur Verpuppung und Überwinterung graben sie sich in die obersten lockeren Bodenschichten ein. Pro Jahr mehrere Generationen. Die Larven haben eine bizarre Form: Sie sind rundum mit Dornen und Haaren besetzt.
Nahrung: Larven ernähren sich von verwesendem tierischen und pflanzlichen Material und tragen wesentlich zu dessen Beseitigung bei.

Scatophaga stercoraria Gelbe Dungfliege oder Mistfliege

Merkmale: 0,9–1 cm groß. Auffallend durch das Verhalten, frischen Dung anzufliegen und darauf herumzulaufen. Der Körper ist bedeckt mit einem dichten Pelz aus gelben bis rötlichgelben Haaren, die ziemlich »struppig« wirken. Die Flügel werden in Ruhestellung schräg aufwärts gedreht vom Körper abstehend gehalten und nicht dachförmig oder flach zusammengelegt wie bei anderen Fliegen. Der Kopf trägt schwarze Fühler. Auf den trübe durchscheinenden Flügeln befindet sich etwa in der Mitte des Vorderrands ein dunkler Fleck.
Lebensraum: Exkremente von Säugetieren, vor allem von Wiederkäuern; Misthaufen und Aborte.
Verbreitung: Weite Teile Europas, Asiens und Nordamerikas.
Häufigkeit: Meist häufig und zumeist in Gruppen an den Exkrementen.
Fortpflanzung: Dungfliegen spüren mit ihren sehr empfindlichen Geruchsorganen meist sehr rasch einen frischen Kuhfladen auf. Nach kurzer Nahrungsaufnahme beginnen die ♂ einen Balzflug, an dem sich bald auch die ♀ beteiligen. Zur Verpaarung fliegen sie ins Gras. Nach der Begattung läßt das ♂ das ♀ noch nicht los, sondern fliegt mit ihm zum Kuhfladen zurück, wo das ♀ seine Eier ablegt, während das ♂ andere zu vertreiben versucht. An den Eiern befinden sich beidseitig flügelartige Ausbuchtungen, die aus dem Dung herausragen und möglicherweise für die Eientwicklung eine wichtige Rolle spielen. Jedenfalls sinken die Eier nicht tiefer ein. Die Larven entwickeln sich dann sehr rasch im allmählich austrocknenden Kuhfladen. Verpuppung und Überwinterung erfolgen im Boden.
Nahrung: Während die Fliegen nur den »Saft« vom Dung lecken oder Jagd auf andere sich dort einstellende Insekten machen, ernähren sich die Larven von den pflanzlichen und bakteriellen Inhaltsstoffen des Dungs. Sie tragen zu dessen rascher Zersetzung und Einarbeitung in den Boden bei.

Lipara lucens Zigarrenfliege

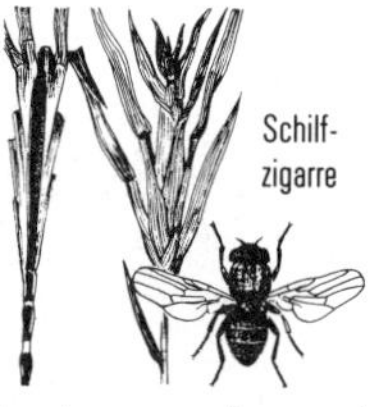

Schilf-zigarre

Merkmale: 0,7 cm groß. Flugunlustig. Bei einigen der in Mitteleuropa etwa 300 Arten von Halmfliegen (*Chloropidae*) starke Flügelreduzierung. Schwierige Artbestimmung, aber an den Fraßspuren der Larven zu erkennen: Die Zigarrenfliege lebt an Schilf, wo sie beträchtliche Schäden anrichten kann. **Lebensraum:** Schilf.
Verbreitung: Großteil Europas.
Häufigkeit: Regelmäßig, häufig.
Fortpflanzung: ♀ legen ihre Eier in die Knoten der Schilfstengel. Die schlüpfenden Larven spritzen ein Hormon in die Pflanze, das zu einer Stauchung des Triebs führt und das Blattscheidenwachstum fördert. So schwillt der Schilfstengel zu einer 25 cm langen und etwa 1,5 cm dicken »Zigarre« an. Hierin Verpuppung und Überwinterung.
Nahrung: Schilfmark.

Drosophila melanogaster Obstfliege, Taufliege oder Essigfliege

Merkmale: 0,2–0,4 cm groß. Kleine Fliege mit großen Flügeln, geringelter Hinterleib.
Lebensraum: Überall, wo gärendes Obst liegt, tauchen im Sommer und Herbst rasch die Taufliegen auf, um an den Obstsäften zu trinken.
V: Weltweit. **H:** Regelmäßig bis massenhaft.
Fortpflanzung: Auf vergärendem Obst treffen sich die Geschlechtspartner. Bei der Balz führen sie mit dem Körper und den Flügeln rhythmische Tänzelbewegungen aus. Darauf folgt die Begattung. ♀ legen bis zu 400 Eier, unter günstigen Temperaturbedingungen dauert die ganze Entwicklungszeit nur 2 Wochen.
Allgemeines: Die rasche Vermehrung, die kurze Entwicklungszeit, die geringe Anzahl an Chromosomen, deren bemerkenswerte Größe und die unproblematische Haltung dieser Fliegen sind die Ursache, daß *Drosophila* das »Haustier« der Genetiker wurde. Dieser kleinen Fliege verdanken wir die wohl grundlegendsten und wichtigsten Erkenntnisse moderner Genetik und Vererbungslehre.

Calliphora vicina Blaue Aasfliege oder Schmeißfliege

Merkmale: 0,7–1,2 cm groß. Kräftig, dicht behaart, blau schillernder Hinterleib. In Mitteleuropa leben einige hundert Arten, zum Teil sehr schwer bestimmbar!
Lebensraum: Menschliche Siedlungen, in der Nähe von Stallungen. In freier Natur auf Mist.
Verbreitung: Fast weltweit.
Häufigkeit: Regelmäßig bis massenhaft.
Fortpflanzung: Schmeißfliegen vermögen ausgezeichnet zu riechen, wobei Mischdüfte von jungen und gealterten Fliegen sowie von ♂ und ♀ unterschiedlich aufgenommen werden. ♀ legen ihre Eier auf tote Tiere, aber auch in offene Wunden oder auf Misthaufen. Entwicklungszeit 2–3 Wochen. Mehrere Generationen im Jahr. Verpuppung im Substrat.
Nahrung: Verwesende Pflanzen und Tiere.
Allgemeines: Schmeißfliegen spielen eine wichtige Rolle im Naturhaushalt, da durch ihre Freßtätigkeit absterbende und tote Stoffe sehr viel rascher zersetzt werden. Sie können auch Krankheitserreger übertragen.

Lucilia caesar Kaisergoldfliege

Merkmale: 0,8–1,2 cm groß. Brust und Hinterleib metallischgrün glänzend.
Lebensraum: Kulturlandschaft, besonders in Siedlungen; in der Nähe von Tierlosungen, Kadavern, auf Faulschlamm.
Verbreitung: Großteil Europas und Sibiriens.
Häufigkeit: Regelmäßig bis sehr häufig.
Fortpflanzung: Fliegen halten sich an stark duftenden Blüten, auf Stinkmorcheln, Dung, Losungen oder Kadavern auf, die sie geruchlich ausmachen. Hier nehmen sie Nahrung auf, verpaaren sich und legen auch Eier ab. Manche Goldfliegenlarven leben parasitisch in Wunden von Warmblütern. Ihre Entwicklung läuft ungemein rasch ab, so daß mehrere Generationen im Jahr die Regel sind.
Allgemeines: Mit einigen hundert Eiern pro ♀ könnte sich diese Fliege pro Jahr millionenfach vermehren. Doch Singvögel, Fledermäuse und vor allem Kälte und Regen verursachen so große Verluste, daß die Wahrscheinlichkeit für ein Ei, sich bis zur Fliege zu entwickeln, sehr gering ist.

Sarcophaga carnaria Graue Fleischfliege

M: Etwa 1,5 cm groß. Stattliche, dunkel bis schwarz gefärbte Fleischfliege aus der Familie der Aasfliegen (*Calliphoridae*), die mit einigen hundert Arten in Europa vertreten ist.
Lebensraum: Häufig in menschlichen Siedlungen, wo man sie oft auf Misthaufen sitzen sieht. In freier Natur halten sie sich auf stark duftenden Blüten auf.
Verbreitung: Großteil Europas und Afrikas.
Häufigkeit: Regelmäßig, manchmal häufig.
Fortpflanzung: Wie der Name besagt, leben Fleischfliegen auf altem Fleisch. Dort legen sie innerhalb weniger Tage Hunderte von Eiern ab, aus denen bei hohen Außentemperaturen schon wenige Stunden später Larven schlüpfen, die sich von verwesendem Fleisch ernähren und nach einer Woche verpuppen. Pro Jahr mehrere Generationen.
Allgemeines: Solcherart verdorbenes Fleisch darf auf keinen Fall gegessen werden, da man sich nicht nur eine lebensgefährliche Fleischvergiftung zuziehen kann, sondern die Larven auch Krankheitsüberträger sind.

Echinomyia fera Igelfliege

Merkmale: 0,9–1,6 cm groß. Kenntlich am schwarz-gelben Hinterleib. Vertreter der Raupenfliegen (*Tachinidae*), von denen etwa 500 Arten in Europa und mehrere tausend weltweit verbreitet vorkommen. Nur von den wenigsten wurde bisher die Biologie erforscht.
Lebensraum: Laubmischwälder. Tagaktiv. Besonders an sonnigen, windstillen Tagen lassen sich die waldbewohnenden Raupenfliegen fangen und beobachten.
Verbreitung: Gemäßigtes Europa.
Häufigkeit: Regelmäßig. Bei starkem Nonnenbefall (aus der Gruppe der Eulenfalter – *Noctuidae*) auch sehr häufig.
Fortpflanzung: ♀ legen die Eier an Futterpflanzen von *Lymantria dispar* und *L. monacha* sowie an Agrotis-Eulenfalter. Die kleinen Larven heften sich an die Schmetterlingseier, um in den Larven zu parasitieren. Solche Raupen nennt der Fachmann »tachiniert«.
Nahrung: Vollkerfe saugen Nektar aus Blüten und Honigtau. Larven leben parasitär in Eulenfalterraupen.

Pulex irritans Menschenfloh

Merkmale: 0,2–0,3 cm groß. Flügellos, Körper seitlich stark abgeflacht, blutsaugende, stechende Mundwerkzeuge, auffallend kräftige Hinterbeine, mit denen Menschenflöhe 35 cm weit und 20 cm hoch springen können; rund 100mal weiter als ihre Körpergröße. Umgerechnet müßte ein 1,65 m großer Mensch 165 m weit springen!
Lebensraum: Siedlungen des Menschen.
Verbreitung: Weltweit.
Häufigkeit: Dank moderner Hygiene gilt der Menschenfloh in zivilisierten Ländern als Rarität. Doch in den warmen Ländern tritt er stellenweise noch sehr häufig auf.
Fortpflanzung: Das ♀ legt bis zu 400 Eier. Larven klein, madenartig, beinlos; wachsen in Spalten, Bodenritzen, unter Tapeten und ähnlichen Nischen heran. Unter günstigen Bedingungen (warm und trocken) rasche Entwicklung mit mehreren Generationen im Jahr.
Nahrung: Larven leben von abgestorbenem organischem Material. Flöhe saugen Blut.
Allgemeines: Früher Pestüberträger.

Ceratophyllus Tierfloh oder Vogelfloh

Merkmale: Weltweit kennt man 1100 verschiedene Floharten, von denen nur eine an den Menschen gebunden ist. Alle anderen leben auf Hunden, Katzen, Schafen, Dachsen, Igeln, Wildkaninchen und vielen anderen Säugetieren sowie auf Vögeln. Die Bindung ist nicht absolut. So springen durchaus Katzen- oder Hundeflöhe auf Menschen, doch im allgemeinen nur, wenn der entsprechende Wirt fehlt. Flöhe sehen sich außerordentlich ähnlich. Sie werden an der Kopfform und deren Beborstung unterschieden.
Lebensraum: Flöhe leben auf Warmblütern, ihre Larven wachsen in Nestern heran, die man am Boden oder in Baumhöhlen und Nistkästen findet.
Verbreitung: Weltweit.
Häufigkeit: Regelmäßig, auch massenhaft.
Fortpflanzung: Im Gegensatz zum Menschenfloh weisen Tierflöhe einen Jahresrhythmus auf: vom Frühjahr bis zum Herbst 1 oder mehrere Generationen. Vollkerf überwintert.
Nahrung: Blut und verwesende Reste.

Strepsitera Fächerflügler

Flugbild

Merkmale: 0,1 bis 0,7 cm groß. Vorderes Flügelpaar beim ♂ stark reduziert, hinteres gut ausgebildet. Wird in Ruhestellung zusammengefaltet. Die flügellosen ♀ verbleiben in der letzten Larvenhaut und verlassen ihren Wirt nie. Weltweit kennt man etwa 250 Arten, davon 60 in Mitteleuropa. Sie gliedern sich in 2 Unterordnungen, den *Mengeoidea*, die in Silberfischchen parasitieren, und den viel häufigeren *Stylopoidea*, die in Bienen und Wespen parasitieren. Von Fächerflüglern befallene Insekten nennt man stylopisiert. *Strepsipteren* gehören zu den holometabolen Insekten, machen also die volle Umwandlung über Ei, Larve, Puppe und Vollkerf durch. Sie werden verwandtschaftlich in die Nähe der Käfer gestellt. Aufgrund der starken Reduzierung von wichtigen Körperorganen und der absoluten Anpassung an das parasitische Leben ist ihre Systematik heute noch unzureichend bekannt.
Lebensraum: Wiesen, Gärten, buschreiches Gelände. **Verbreitung:** Ganz Europa.
Häufigkeit: Regelmäßig und häufig. Dadurch, daß Fächerflügler kaum sichtbar aus dem Rükken von Bienen und Wespen hervorschauen, entgehen sie den meisten Menschen.
Fortpflanzung: ♂ werden in den Abendstunden aktiv. Sie suchen ein ♀, begatten es und sterben bald darauf. Ihre Lebenserwartung liegt bei wenigen Stunden. ♀ bringen 1000 und mehr Larven zur Welt. Diese verlassen den Wirt. Sie springen auf einer Blüte ab und erwarten dort eine andere Biene, um von dieser ins Nest eingetragen zu werden und sich dort in einer Larve festzusetzen. Hier viermalige Häutung und Verpuppung sowie Schlüpfen zum Vollkerf. Während sich die Wirtslarve verpuppt, vollzieht auch die Fächerflüglerlarve die Verwandlung. Sie schiebt das sackförmige Hinterende zwischen den Ringen am Hinterleib der Wespe hervor und wird dadurch sichtbar.

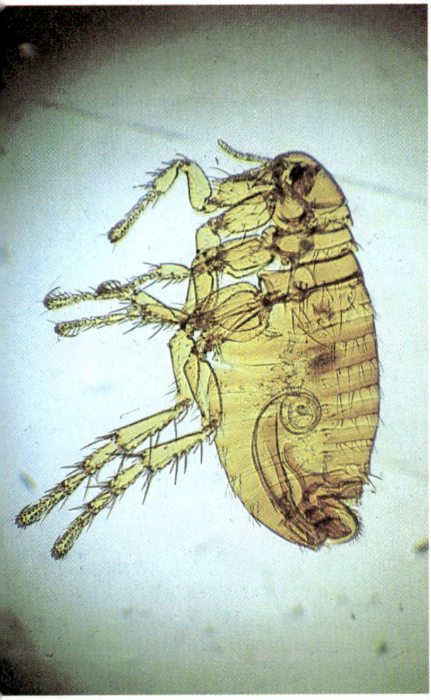

Stylopisierte Feldwespe
(Parasiten unter den Hinterleibsringen)

Stylops melittae ♀ auf Andrena

Euscorpius italicus Europäischer Skorpion

Merkmale: Etwa 4 cm lang. Unverkennbar. Schwanz mit blasenartig aufgetriebener Kapsel, die den Giftstachel trägt. Damit verteidigen sich bedrohte Skorpione: Sie schlagen ihn über den Rücken nach vorn und stechen mehrmals auf die Beute oder den Feind ein. Der Volksglaube, der Skorpion würde in höchster Not sich selbst stechen und Selbstmord begehen, kann schon deshalb nicht stimmen, da Skorpione gegen ihr Gift immun sind.
Auffallend und an einen Krebs erinnernd sind die verschiedenartig geformten Gliedmaßen: Die ersten (die *Cheliceren*) sind klein, sie dienen der Nahrungsaufnahme. Die zweiten (die *Pedipalpen*) tragen die kräftigen Scheren, mit denen das Tier die Beute festhält. Die 4 folgenden Beinpaare dienen der Fortbewegung. Im Körperbau stellen Skorpione einfache Spinnen dar, weshalb man sie in die Gruppe der Spinnentiere (*Arachnida*) stellt, die ihrerseits in den Stamm der Gliederfüßer (*Arthropoda*) eingeordnet werden. Weltweit in den Tropen und Subtropen etwa 600 Arten, nur wenige Arten im Süden Europas.
Lebensraum: Trockene, vegetationsarme Geröllhalden, wo sie tagsüber unter Steinen oder Baumstämmen ruhen. Nachtaktiv.
Verbreitung: Mittelmeerraum, Kleinasien.
Häufigkeit: Stellenweises Vorkommen.
Fortpflanzung: Paarung erfolgt nach einem kunstvollen Tanz, bei dem das ♂ das Samenpaket absetzt und das ♀ zu diesem hinführt. Die Jungen werden lebend geboren, 30–35 Stück. Sie kriechen auf den Rücken der Mutter und werden in den ersten Wochen von ihr umhergetragen und mit Nahrung versorgt. Eng zusammengerückt halten sich die Kleinen mit ihren Krallen so fest, daß sie auch bei Fangbewegungen der Mutter nicht herunterfallen.
Nahrung: Skorpione jagen kleine Gliedertiere wie Spinnen, aber auch Würmer, Fliegen und Käfer. Mit ihren Fangscheren ergreifen sie die Beute und töten diese nur, wenn sie sich zu heftig wehrt. Ansonsten führen sie diese zum ersten Beinpaar, den *Cheliceren*, mit dem sie die Nahrung in kleine Stücke reißen.

Araneus diadematus Gartenkreuzspinne

Merkmale: Bis 1,7 cm groß. An dem hellen Kreuz auf dem Rücken als Kreuzspinne leicht zu erkennen. Doch die Gruppe der Kreuzspinnen (*Araneidae*) enthält Hunderte von Arten, die schwer bestimmbar sind. Typisches Kennzeichen aller Spinnen sind die 4 Beinpaare am Kopfbruststück. Am Kopf sitzen die Mundwerkzeuge. Sie bestehen aus *Cheliceren* und *Pedipalpen*. Hinterleib stets beinlos, meist dick aufgetrieben. ♂ oft unscheinbar klein, ♀ sehr viel mächtiger durch den mit Eiern gefüllten Hinterleib. Weltweit kennt man 30 000 verschiedene Spinnenarten, doch dürften noch wesentlich mehr dazukommen, da die Feinsystematik mit Hilfe von Genitaluntersuchungen zahlreiche neue Arten aufdeckt. Bei Spinnen kennt man besonders viele Zwillingsarten, also Tiere, die sich so sehr ähneln, daß nur winzige Unterschiede verhindern, daß sie sich kreuzen.
Lebensraum: Sträucher, Bäume, Gärten.
Verbreitung: Ganz Europa, Sibirien.
Häufigkeit: Regelmäßig, örtlich sehr häufig.
Fortpflanzung: Siehe folgende Arten.
Nahrung: Kleintiere. **Allgemeines:** Der Biß der Kreuzspinne ist lange nicht so gefährlich wie sein Ruf: Er verursacht beim Menschen Rötung und lokale Anschwellung, jedoch nie den Tod. Spinnen sind wahre Künstler im Netzbau. Mit ihren Spinndrüsen erzeugen sie unendlich lange, feine, elastische und relativ reißfeste Fäden, mit denen sie Netze nach festen, angeborenen Regeln anfertigen, um darin ihre Beute zu fangen. Die Fähigkeit zum Bau des Netzes ist angeboren: Frisch geschlüpfte Jungtiere weben schon in den ersten Tagen kleine Netze, die denen ihrer Mutter gleichen. Kreuzspinnen leben in Radnetzen, die sie zwischen Blätter oder Stauden aufhängen. Der Bau läuft immer gleich ab: Zuerst werden Hilfsfäden gezogen, die später wieder gefressen werden, wenn sie überflüssig sind. Dann folgen ein Y und mehrere Hilfsspiralen, an denen die Fangspirale festgeheftet wird. Die Spinne klebt die Fäden der Fangspirale mit Klebetröpfchen zusammen, die nach 2 Tagen erhärten und stets erneuert werden müssen.

Araniella cucurbitina Kürbisspinne

Merkmale: 0,7 cm groß. Leuchtend grün, 4–5 dunkle Punktereihen auf dem Hinterleib.
Lebensraum: Mischwälder, buschreiches Gelände, alte Gärten und Parks.
Verbreitung: Gemäßigte Zone Eurasiens.
Häufigkeit: Regelmäßig und häufig.
Fortpflanzung: Im Mai und Juni trifft man an Waldrändern auf Büschen und Nadelbäumen Kürbisspinnen. Meist sitzen sie inmitten ihrer Radnetze (siehe *A. diadematus*) und lauern auf Beute. Nur zur Begattung nähert sich vorsichtig ein ♂. Ist das ♀ paarungswillig, verharrt es bewegungslos, bis die Begattung erfolgreich abgeschlossen ist. Danach muß das ♂ rasch verschwinden, um nicht vom ♀ aufgefressen zu werden. Dieses im Spinnenreich verbreitete Verhalten hat natürlich nichts mit Gattenmord zu tun, sondern ist für die Versorgung des ♀ sehr notwendig: Beute fällt nur selten an, und so wird – vereinfacht ausgedrückt – das ♂ zur Eiproduktion verwertet. Bei Nahrungsüberfluß beobachtet man das Verspeisen des ♂ sehr viel seltener.

Araneus quadratus Vierfleck-Radnetzspinne

Merkmale: Etwa 1 cm groß. Hinterleib kugelig mit 4 hellen Punkten auf rostrotem Grund. Diese Färbung und Zeichnung stellt eine wirkungsvolle Tarnung über dem herbstlichen Fallaub am Boden dar.
Lebensraum: Waldränder, Lichtungen, Gebüsch, Gärten und Parks.
Verbreitung: In den meisten Gebieten Europas und Nordasiens, besonders im Laubwald.
Häufigkeit: Mäßig häufig bis häufig.
Fortpflanzung: Paarungen erfolgen vorwiegend im September. Die ♂ sind viel kleiner als die ♀, die zumeist inmitten ihrer großen Fangnetze auf Beute lauern. Durchmesser dieser Netze etwa 60 cm.
Allgemeines: Kreuzspinnen fangen mit ihren Netzen unglaubliche Mengen von Insekten: Tagesbeute bis zu 500 Stück. Auf einem Hektar Laubwaldboden leben bis zu einer halben Million Radnetzspinnen, die im Lauf einer Saison mehr als 100 kg Insekten fangen.

Nuctenea umbratica Schattenkreuzspinne

Merkmale: 0,8–1,4 cm groß. Mittelbraune; dunkle, hell umrandete Rückenzeichnung.
Lebensraum: Tagsüber unter Rinde, in Holzritzen oder zwischen gefälltem Holz. Dieses Verhalten brachte der dämmerungsaktiven Spinne den Namen **Spalten**- oder **Schattenspinne.**
Verbreitung: Fast ganz Europa.
Häufigkeit: Regelmäßig und häufig.
Fortpflanzung: Zum Netzbau siehe *A. diadematus*; zur Verpaarung siehe *A. cucurbitinus*. ♀ verpacken ihre Eier in einen kleinen, festen Kokon, der sie vor Wind und Regen, aber auch vor Verpilzung schützt. Manche ♀ verteidigen zusätzlich ihre Eipakete gegen Feinde, indem sie sich in Nestnähe verstecken und aufpassen oder den Eikokon auf dem Rücken mit sich herumtragen. Letzteres machen vor allem Spinnen, die keine aufwendigen Netze anfertigen, sondern ihre Beute jagen. Manche Spinnen füttern ihre Jungen Mund zu Mund, andere verlassen sie bald nach dem Schlüpfen, von wo ab sie sich selbst versorgen müssen.

Aculepeira ceropegius Eichblatt-Radnetzspinne

Merkmale: ♂ 0,7 cm, ♀ 1,5–1,7 cm groß. Gut kenntlich an dem eichenblattartigen, hellen Muster auf dunklem Grund.
Lebensraum: Buschreiches Gelände, Äcker, Gärten.
Verbreitung: Fast ganz Europa.
Häufigkeit: Regelmäßig und häufig.
Fortpflanzung: Ihre Fangnetze findet man etwa 50 cm über dem Boden zwischen Büschen oder Getreidepflanzen. Die Spinne hängt im oberen Netzrand in einem eigens dafür gebauten Baldachin, der das Tier vor Regen und Sonne schützt. Dies ist besonders wichtig, da Eichblatt-Radnetzspinnen ihre Netze nicht im Schatten und in windgeschütztem Buschwerk errichten, sondern als wärmeliebende Art in praller Sonne auf freiem Gelände. Ihre Hauptbeutetiere dürften Kleinschmetterlinge, kleine Heuschrecken und Wiesenschnaken sein. Im Herbst Verpaarung und Eiablage. Überwinterung als Ei. ♀ verstecken ihre eingesponnenen Kokons in Ritzen und unter Rinden.

Eresus niger Röhrenspinne

Merkmale: ♂ 0,8–1,1 cm groß. Auffallend bunter Hinterleib und beide hinteren Beinpaare zinnoberrot. Darauf 4 große und 2 kleine, weiß gekernte und weiß umrandete schwarze Punkte, die möglicherweise die Warntracht eines Marienkäfers nachahmen. Kopfbruststück und die beiden vorderen Beinpaare schwarzweiß. ♀ 1–1,6 cm groß. Kopfbruststück okkergelb, übrige Zeichnung dunkel bis schwarz. **Lebensraum:** Trockene, heiße, vegetationsarme Sandböden. Diese Spinnen leben dort in selbstgegrabenen Höhlen.
Verbreitung: Inselartig, vor allem in Süddeutschland und in Mittelmeerländern.
Häufigkeit: Stellenweise häufig.
Fortpflanzung: Röhrenspinnen bauen keine Netze. Sie sitzen in ihrer Röhre und packen vorbeikommende kleine Insekten mit ihren Fangarmen. Paarung in der Röhre. ♂ werden nach der Paarung nie gefressen, wie dies vor allem bei Radnetzspinnen häufig geschieht. Röhrenspinnen leben gesellig: So kann man eine ganze »Kolonie« finden.

Micrommata rosea Grasgrüne Huschspinne

Merkmale: ♂ etwa 0,9 cm, ♀ bis 1,3 cm groß. Intensiv hellgrüne Körperfärbung, die ♂ mit rötlichem Rückenstreifen. Schnelle, huschende Bewegungsweise und ausdauerndes Lauern auf Blättern gleicher Grünfärbung, also insbesondere auf jungen, frischen Trieben.
Verbreitung: Weite Teile Europas und Nordasiens, besonders in der Laubwaldzone.
Häufigkeit: Nicht selten, gebietsweise auch durchaus häufig. Da diese Spinne wegen ihrer Tarnfärbung ziemlich schwer zu entdecken ist, unterschätzt man in der Regel ihre tatsächliche Häufigkeit.
Fortpflanzung: Mit vorsichtigen Tastbewegungen nähern sich die kleineren ♂ den ♀ und teilen ihnen durch bestimmte Verhaltensweisen mit, daß es sich bei ihnen nicht um Beuteobjekte handelt. Für solche, auf einfache Auslöser reagierende Spinnentiere stellt die Paarung stets ein ziemliches Problem dar.
Nahrung: Kleininsekten, die rasch ergriffen werden.

Pholcus phalangioides Zitterspinne

Merkmale: 0,5 cm groß. Ihre langen Beine erinnern an Weberknechte, daher der lateinische Artname *phalangioides*. Meist hängen Zitterspinnen in ihren zerbrechlich aussehenden Netzen kopfunter und bringen bei Gefahr das ganze Gebilde so stark zum Zittern, daß man die Spinne nur noch verschwommen erkennen kann. 2 Arten in Mitteleuropa.
Lebensraum: Gebäude, Mischwälder, Gärten.
Verbreitung: Fast ganz Europa, fehlt in Großbritannien.
Häufigkeit: Regelmäßig und sehr häufig.
Fortpflanzung: Während des Sommers tragen ♀ das Eipaket unter sich, um es so vor Gefahren zu schützen. Da sie die Eier mit ihren Fangarmen, den *Cheliceren*, festhalten, müssen die ♀ sie bei der Nahrungsaufnahme beiseite legen. Ihre Mundwerkzeuge sind so klein, daß sie nur flüssige Nahrung aufnehmen können. Deshalb spritzen sie Gift und auflösende Stoffe in die Beute und saugen diese dann aus.
Allgemeines: Das Gift wirkt auf die Beutetiere tödlich, nicht jedoch auf Menschen.

Diaea dorsata Braune Krabbenspinne

Merkmale: 0,5–0,7 cm groß. Leuchtend grün gefärbte Spinne, kenntlich an der braunen Oberseite des Hinterleibs.
Lebensraum: Gebüsch, Baumkronen, in Laubmischwäldern, alten Gärten und Parkanlagen.
Verbreitung: Westeuropa, östlich bis in den Kaukasus.
Häufigkeit: Regelmäßig, meist häufig.
Fortpflanzung: Kurz vor der Verpaarung fällt das ♀ in eine Art Starrezustand, der so lange anhält, bis die Kopulation vorüber ist. Zur Samenübergabe besteigt das ♂ das ♀, im Gegensatz zur Röhrenspinne, wo sich das ♂ unter das ♀ schiebt.
Nahrung: Insekten, die auf Blättern oder Blüten belauert und ergriffen werden.
Allgemeines: Krabbenspinnen sind Meister der Tarnung: Manche ahmen Blütenteile nach; mal sind sie grün, mal gelb, mal gemustert. Dazu halten sie ihre Vorderbeine krabbenartig flach vom Körper weg und können so auch seitwärts und rückwärts laufen. Manche Krabbenspinnen wechseln sogar ihre Körperfarbe.

Misumena vatia Veränderliche Krabbenspinne

Merkmale: ♂ 0,4 cm, ♀ 1,0 cm groß. Die langen Vorderbeine werden krabbenartig eng zusammengepreßt und waagerecht ausgestreckt. So vermögen sie seitlich, vorwärts und rückwärts zu laufen. Die Körperfarbe schwankt je nach dem Aufenthaltsort: In hellen Blüten erscheinen sie weiß und gelblich, in dunklen bräunlich. Ihre Farbe ändert sich auch mit der aufgenommenen Nahrung.
Lebensraum: Blumenwiesen, Gärten, Waldlichtungen. Krabbenspinnen findet man in Blüten sitzend, wo sie auf Insekten lauern.
Verbreitung: In der paläarktischen Region Europas und Asiens. **Häufigkeit:** Zwar sind Krabbenspinnen regelmäßig und häufig, doch die Tarnung ist so perfekt, daß nur ein geübtes Auge diese Spinnen entdeckt.
Fortpflanzung: Den ganzen Sommer findet man Krabbenspinnen. Verpaarung in Blüten. Eiablage im Herbst. Ei überwintert.
Nahrung: Bienen, Wespen, Fliegen und andere Nektar und Pollen suchende Insekten.

Lycosa tarentula Südeuropäische Tarantel

Merkmale: Etwa 3 cm groß, durch die langen, kräftigen Beine größer aussehend! Die Tarantel gehört zur sehr artenreichen Familie der Wolfsspinnen (*Lycosidae*); ausgesprochene Laufjäger oder Lauerer. Die Taranteln bauen im lockeren Boden Röhren, in denen sie lauern oder von wo aus sie ihre Angriffe auf Beute starten. Sie tragen kräftige Kieferzangen, mit denen sie Gift in ihre Beutetiere einspritzen.
Lebensraum: Vegetationsarmes, offenes Gelände; Triften und Brachflächen.
Verbreitung: Südeuropa.
Häufigkeit: In geeignetem Gelände durchaus nicht selten, lokal sehr häufig.
Fortpflanzung: Komplizierte Annäherung der Geschlechtspartner muß die Aggressivität zurückdämmen, bevor es zur Kopulation kommen kann.
Nahrung: Bodeninsekten.
Allgemeines: Der Biß der Tarantel bringt normal keinen Menschen in Lebensgefahr.

Salticus scenicus Zebra-Springspinne

Merkmale: ♂ 0,4 cm, ♀ 0,8 cm groß. Gut kenntlich an dem auffallenden Zebramuster ihres Hinterleibs und des Kopfbruststücks.
Lebensraum: Wärmeliebende Art: auf sonnenbeschienenen Felsen, heißen Trockenrasen, Hauswänden, Holzhütten.
Verbreitung: Ganz Europa, Sibirien bis Japan, Nordafrika, Nordamerika.
Häufigkeit: Regelmäßig bis sehr häufig.
Fortpflanzung: Springspinnen (*Salticidae*) bauen keine Netze und zeichnen sich durch besonders auffallende Farbmuster aus; meist übertrifft das ♂ das ♀ an Farbenpracht. Als Sichtjäger verfügen sie über ausgezeichnete Augen; daher kann man Balztänze beobachten, bei denen das ♀ sein ♂ an der Färbung erkennt. Buntheit muß also bei Spinnen nicht immer mit Tarnung und Warnung gleichgesetzt werden! Zu den Tänzen gehören aber auch chemische Reizstoffe, die das ♀ beruhigen.
Nahrung: Kleinste Tiere, die aktiv gejagt werden. Dabei hängt sich die Zebraspinne an einen Spinnfaden, um nicht abzustürzen.

Pardosa hortensis Gartenwolfspinne

Merkmale: 0,6 cm groß. Kleine, sehr flink am Boden laufende, braune Spinne, die keine Netze baut, sondern ihre Beute erjagt. Art schwer bestimmbar, da es sehr ähnliche Arten gibt, die zu den Wolfsspinnen (*Lycosidae*), eine der artenreichsten Spinnenfamilien, gehören.
Lebensraum: Wiesen, Felder, Gärten, Wälder.
Verbreitung: Ganz Europa.
Häufigkeit: Sehr häufig.
Fortpflanzung: Ende März kommen die ersten Wolfsspinnen aus ihrem Winterquartier aus Baumritzen oder Holzspalten alter Hütten. Doch erst im Juni trifft man ♀ mit ihrem Eipaket, das fest an den Spinnwarzen festgeklebt ist. Nach etwa 3 Wochen, wobei sich die Tiere im Kokon zweimal häuten, verlassen Jungspinnen die schützende Hülle. Dabei hilft die Mutter, indem sie die Schale durchbeißt. Noch weitere 10 Tage werden sie von der Mutter mit herumgetragen. Sie schützt sie so vor Freßfeinden, versorgt sie aber nicht mit Nahrung. Bis zu ihrer Selbständigkeit leben sie vom Dotter.
Nahrung: Kleininsekten.

Argyoneta aquatica Wasserspinne

Merkmale: 0,8–1,5 cm groß. Im Gegensatz zu fast allen anderen Spinnen übertrifft das ♂ das ♀ an Größe. Wie der Name besagt, leben Wasserspinnen unter Wasser. An diesem Verhalten können sie mit keiner anderen Art verwechselt werden. Sie bauen eine etwa 2 cm große Luftblase. Um sie mit Frischluft zu versorgen, müssen die Wasserspinnen regelmäßig an die Wasseroberfläche schwimmen. An der starken Behaarung und der lamellenartigen Hautoberfläche bleiben Luftbläschen haften, die nach unten getragen und in der Glocke abgestreift werden. Während ♀ stets zwischen Wasserpflanzen luftgefüllte Glocken errichten, um darin zu leben und kleine Wasserinsekten zu jagen, trifft man ♂ auch häufig zwischen luftgefüllten Pflanzenstengeln sitzend.
Lebensraum: Stehende oder langsam fließende Gewässer. Saubere, sauerstoffreiche Seen und Tümpel, die einen starken Pflanzenwuchs aufweisen, häufig in Moorseen.
Verbreitung: Gemäßigte Zone Europas, östlich bis Japan, auch in Neuseeland.
Häufigkeit: War früher zweifellos häufiger. Heute nur stellenweise. Die Wasserspinnen sind gesellig. In geeigneten Gewässern trifft man nicht selten mehrere beisammen an.
Fortpflanzung: Zur Eiablage verstärkt das ♀ das Dach der Unterwasserglocke, um darin an der Decke die Eier abzulegen und sie von unten zu bewachen. Erst nach der 4. Häutung verlassen die Jungspinnen die schützende Glocke. Bis dahin werden sie von der Mutter mit frischer Luft versorgt. Die Entwicklung dauert lang. Erst mit 2 Jahren werden Wasserspinnen geschlechtsreif. Überwinterung als Vollkerf.
Nahrung: Kleine Wasserinsekten, die sich im Netz verfangen und von den Spinnen ausgesaugt werden, nachdem sie zuerst mit einem Biß getötet und mit einer chemischen Substanz aufgelöst werden.
Allgemeines: Wasserspinnen erzeugen das stärkste Gift unter den heimischen Spinnen. Daß es dennoch zu keinen nennenswerten Unfällen kommt, liegt daran, daß nur wenig Menschen mit ihnen in Berührung kommen.

Pisaura mirabilis Raubspinne

Merkmale: 1,1–1,3 cm groß. Braune Spinne mit hellen Längsstreifen auf dem Rücken.
Lebensraum: Gärten, Parks, Wiesen.
Verbreitung: Europa und nördliches Asien.
Häufigkeit: In niederen Tallagen besonders häufig, sonst »normal« verbreitet.
Fortpflanzung: Um während der Paarung nicht aufgefressen zu werden, »beruhigt« das ♂ das ♀ mit einem Brautgeschenk, eine in Spinnfäden eingehüllte Fliege. Während sich das ♀ nach der streng ritualisierten Übergabe mit der Fliege befaßt, kopuliert das ♂. Juni bis Juli laufen ♀ mit ihrem Eikokon, den sie mit den Mundwerkzeugen (*Cheliceren*) festhalten, herum. Kurz vor dem Schlüpfen kleben sie mit Spinnfäden einige Blätter zusammen, heften darunter den grünblauen, kugelförmigen Kokon fest und bewachen ihn bis zum Schlüpfen der kleinen Spinnen. Noch weitere 8–10 Tage halten sich die Jungen, von der Mutter bewacht, in einer Spinnglocke auf, die diese unter dem Blattdach um den Kokon errichtet hat.
Nahrung: Kleinere Insekten; kein Netz!

Tegenaria atrica Hauswinkelspinne

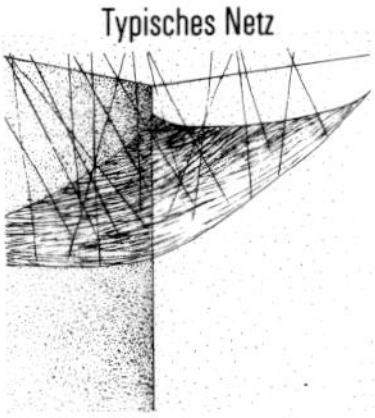

Merkmale: 1 bis 1,8 cm groß. Mittel- bis dunkelbraun, stark behaart.
Lebensraum: Gebäude, Höhlen.
Verbreitung: Europa; bis Sibirien.
Häufigkeit: Regelmäßig, manchmal sehr häufig.
Nahrung: Meist Mücken und Fliegen.
Allgemeines: Die Angst vor diesen Spinnen ist völlig unbegründet: Die Fangarme sind so schwach, daß sie die menschliche Haut nicht durchstoßen können. Hauswinkelspinnen bauen sich in Winkeln 50 cm lange, dreieckige Netze, die in einen Trichter münden, in dem sie sich aufhalten. Verstaubt das Netz, errichtet die Hausspinne darüber das nächste. Wegen dieser Netzkonstruktion wird sie den Trichterspinnen (*Agelenidae*) zugerechnet. Man kennt 2 sehr nah verwandte Hausspinnen, von denen *T. atrica* die größere und dunklere ist.

♀ ♂

Tetragnatha extensa Streckerspinne

Merkmale: 0,8–1,2 cm groß. Vertreter aus der artenreichen Familie der Streckerspinnen (*Tetragnathidae*). Sie erhielt ihren Namen von der Fähigkeit, sich lang und schmal an einen Ast oder auf ein Blatt zu drücken. Dabei legt sie die sehr langen Vorderbeine nach vorn, die hinteren nach hinten. Sie kann sich so schmal machen, daß man sie mit einer Stabheuschrecke verwechseln könnte.
Lebensraum: Auwälder, Bach- und Flußufer, an Seen und Tümpeln. Feuchtigkeitsliebend.
Verbreitung: Fast weltweit.
Häufigkeit: Regelmäßig bis häufig.
Allgemeines: Streckerspinnen zeigen ein sehr unterschiedliches Netzbauverhalten. So baut *T. extensa* ein loses Netz mit weiten Speichen, einer weiten Fangspirale und offener Nabe. Andere Streckerspinnen verzichten ganz auf Netzbau, oder es errichten nur Jungtiere rudimentäre Netze. Darin zeigt sich, daß die Fähigkeit, Netze zu weben, durchaus wieder verlorengehen kann, wenn sich die Spinne auf eine andere Jagdtechnik umstellt.

Clubiona trivialis Sackspinne

Merkmale: Etwa 0,7 cm groß. Von den etwa 70 ähnlichen Arten Mitteleuropas nur sehr schwer zu unterscheiden.
Lebensraum: Laubmischwälder, Gärten.
Verbreitung: Großteil Europas.
Häufigkeit: Regelmäßig bis sehr häufig.
Fortpflanzung: Die Begattung verläuft höchst kompliziert. Zunächst füllt das ♂ den Endabschnitt des vordersten Beinpaars mit seinem Samen. Dazu spinnt es ein kleines »Spermanetz«, auf das es einen Samentropfen ablegt, der sodann von den Pedipalpen aufgenommen wird. Erst danach ist das ♂ paarungsbereit. Die Geschlechtsöffnungen liegen auf der vorderen Bauchunterseite. Bei der Paarung schiebt das ♂ seine Samentasche in die weibliche Geschlechtsöffnung. Ein hochkomplizierter Bau nach dem Schloß-und-Schlüssel-Prinzip verhindert, daß verschiedene Arten zu erfolgreicher Verpaarung gelangen.
Nahrung: Sackspinnen schleichen in der Nacht kleine Insekten an, die sie mit dem ersten Beinpaar ergreifen.

Cheiracanthium punctorium Dornfinger ∅

Merkmale: Bis 1,5 cm groß. Der leuchtend gelbbraune Hinterleib warnt Feinde. Tatsächlich ist der Dornfinger neben der Wasserspinne und der Schwarzen Witwe die einzige Spinne, deren Biß schmerzhaft ist und zu Schwellungen, jedoch nicht zum Tod führt. Man erkennt ihn leicht an den fingerähnlichen Dornen des ersten Beinpaars. Damit hält er seine Beute fest. Dornfinger werden in die Familie der Sackspinnen (*Clubionidae*) gestellt.
Lebensraum: Heiße, spärlich bewachsene Sand- oder Steinböden. Wärmeliebende Art.
Verbreitung: In Mitteleuropa nur aus dem Kaiserstuhlgebiet bekannt. *Bedrohte Art!* Hauptverbreitungsgebiet liegt im Mittelmeerraum.
Häufigkeit: Selten, gebietsweise häufig.
Fortpflanzung: Tagsüber hält sich der Dornfinger unter einer Glocke auf, die er aus Gräsern oder Blättern errichtet hat. Dämmerungsaktiv. Das ♀ bewacht und betreut seine Eier und Jungen in ihrem Versteck. Nur ♀ sind in dieser Zeit angriffslustig und gefährlich.

Amaurobius ferox Kellerspinne oder Finsterspinne

Merkmale: Bis 1,5 cm groß. Dunkelbraunes, kräftiges Tier mit mehr oder weniger deutlicher Zeichnung auf dem Hinterleib. Systematisch werden Kellerspinnen in die Gruppe der Kräuselfadenspinnen (*Cribellatae*) gestellt. Sie besitzen ein Spinnsieb, das über den Spinndrüsen sitzt. Daraus pressen sie feine Kräuselfäden, die sie über ihr Netz legen und in denen sich die Beutetiere verfangen. Die Klebfadenspinnen (*Ecribellatae*) dagegen zeichnen sich durch ihre Klebfäden aus, in denen sich kleine Tiere verfangen und klebenbleiben. Um die Kräuselwolle besser auf dem Gewebe verteilen zu können, tragen diese Spinnen am vorletzten Fußglied einen Kräuselkamm.
Lebensraum: Mischwälder unter lockerer Rinde, in Spalten oder im Mulm am Boden. Häufig in Häusern und Stallungen.
Verbreitung: Ganz Europa.
Häufigkeit: Regelmäßig bis sehr häufig.
Fortpflanzung: Wie bei anderen Spinnen.
Nahrung: Räuberisch von Kleintieren.

Agroeca brunnea Feenlämpchenspinne

Merkmale: 0,5–0,9 cm groß. Die Feenlämpchenspinne gehört zu den Sackspinnen (*Clubionidae*), von denen in Mitteleuropa etwa 70 Arten auftreten. Sie sind schwer bestimmbar. Feenlämpchenspinnen bauen kein Netz, sondern jagen nachts aktiv nach kleinen Tieren.
Lebensraum: Wiesen, Auwälder, Feldgehölze, Waldränder und -lichtungen.
Verbreitung: In ganz Europa.
Häufigkeit: Regelmäßig bis sehr häufig.
Fortpflanzung: So wenig man die im verborgenen lebende Spinne beobachten kann, so auffällig sind ihre »Feenlämpchen«, die an einem feinen Spinnfaden hängenden Eikokons. Sie enthalten 2 Kammern: In der oberen liegen die Eier, in der unteren halten sich die geschlüpften Spinnchen einige Zeit auf, ehe sie nach außen schlüpfen.
Nahrung: Kleine Tiere, auch Spinnen, werden aktiv in der Dämmerung gejagt. Die Hauptbeute besteht aus Fliegen und Mücken. Damit sind die Feenlämpchenspinnen zu den nützlichen Tieren zu zählen.

Meta segmentata Herbstspinne

Merkmale: 0,7 cm groß. Hinterleib fein gelbbraun gezeichnet. Kuglig.
Lebensraum: Auwälder, Mischwälder, Gärten.
Verbreitung: Fast ganz Europa.
Häufigkeit: Im Spätsommer und Frühherbst örtlich die häufigste Spinne.
Allgemeines: Herbstspinnen bauen wie viele Klebfadenspinnen ausgedehnte Netze. Das der Herbstspinne erinnert an ein Kreuzspinnennetz. Doch im Gegensatz zu jenem ist die innere Öffnung frei. Viele Spinnen kann man an ihrem Netzbau erkennen, doch dazu gehört nicht nur Übung und Erfahrung. Es ist erstaunlich, welche Vielfalt in der Bautechnik und im Verhalten entwickelt wurde, um optimal überleben zu können. Manche Netze eignen sich zum Fang von Bienen und Wespen, andere für Fliegen und Mücken. Da viele Spinnenarten auf engem Raum leben, müssen sie die unterschiedlichsten Fangmethoden entwickeln.

Theridion sisyphium Kugelspinne

Merkmale: Mit 0,3–0,4 cm Größe sehr klein, doch an dem kugligen Hinterleib leicht den Kugelspinnen (*Theridiidae*) zuzuordnen, die weltweit mit 1300 Arten sehr artenreich vertreten sind. Bekannteste Kugelspinne dürfte die **Schwarze Witwe** *(Latrodectus mactans)* sein. Kugelspinnen sind mit wenigen Ausnahmen schwer bestimmbar. Typisch ist, daß sie in ihrem bodennahen Netz kopfunter hängen.
Lebensraum: Blumenwiesen, Waldränder, verwilderte Gärten und alte Parkanlagen.
Verbreitung: Großteil Europas.
Häufigkeit: Regelmäßig, häufig.
Fortpflanzung: Die ♀ betreuen nicht nur ihre Eier und einige Zeit die Jungen, sondern ernähren sie auch, solange sie sich noch im Mutternetz aufhalten, mit einem vorverdauten Nahrungsbrei durch Mund-zu-Mund-Fütterung.
Nahrung: Hat sich ein Insekt im Netz verfangen, so bürstet die Kugelspinne ein klebriges Sekret über die Beute, bis diese unbeweglich wird. So können Beutetiere bis in Bienengröße überwältigt werden.

Cyclosa conica Kreisspinne

Merkmale: 0,7 cm groß. Ähnlich den Radnetzspinnen, doch der Hinterleib reicht über die Spinnwarzen hinaus und verjüngt sich auffallend. *C. conica* erkennt man an einem Hökker, *C. oculata* dagegen an 3 konischen Auswüchsen. Letztere Art ist wesentlich seltener.
Lebensraum: Nadelwälder.
Verbreitung: Fast ganz Europa. Im Gebirge bis in große Höhen.
Häufigkeit: Regelmäßig und häufig.
Allgemeines: Kreisspinnen spannen ihre regelmäßig angeordneten Netze in 1,5–2 m Höhe zwischen Nadelzweigen. Ganz charakteristisch sind wie zufällig hängengebliebene Fremdkörper, die dem Netz zusätzliche Stabilität verleihen. Das Tier selbst sitzt bewegungslos mit eng angewinkelten Beinen zwischen 2verdickten Speichenfäden. Hat sich ein Beutetier verfangen, so erkennt es das am Zucken der Fäden. Die Spinne stürzt sich sofort auf die Beute und tötet sie mit einem Giftbiß, der allerdings so schwach ist, daß er nicht durch die menschliche Hornhaut dringt.

Argiope bruennichi Zebraspinne oder Wespenspinne

Merkmale: ♀ bis 2 cm groß, auffallend schwarz-gelb quergestreift. ♂ unscheinbar und winzig. Zebraspinnen bauen kräftige Netze mit stark verdickten Fäden, die zickzackförmig verlaufen und aufgrund ihrer stabilisierenden Wirkung »Stabilimente« genannt werden.
Lebensraum: Warme feuchte Täler, Auwälder.
Verbreitung: Ursprüngliche Heimat dürfte im Mittelmeerraum gewesen sein. Doch im Lauf dieses Jahrhunderts wanderte sie über die Alpen in den mittel- und nordeuropäischen Raum ein. 1940 gelangte sie nach England.
Häufigkeit: Im süddeutschen Raum regelmäßig und stellenweise häufig.
Fortpflanzung: Nach der Paarung legt das ♀ innerhalb von 2 Minuten 300–400 Eier, die es in einen Kokon, der aus mehreren Spinnfädenschichten zusammengesponnen wurde, verpackt. Der Kokon hängt in Bodennähe zwischen Gräsern. Dank seiner braunen Farbe ist er im verdorrten Gestrüpp hervorragend vor Freßfeinden geschützt. Eier überwintern.

Atypus affinis Tapezierspinne

Merkmale: ♀ bis 1,5 cm groß, ♂ wesentlich kleiner. Dunkelbraun. Mundwerkzeuge waagerecht, weshalb sie verwandtschaftlich zu den tropischen Vogelspinnen gezählt wird.
Lebensraum: Nur an warmen Plätzen.
Verbreitung: Inselartig. Hauptverbreitungsgebiet liegt im Mittelmeerraum.
Häufigkeit: Nur an wenigen Stellen häufig.
Allgemeines: Das ♀ gräbt eine 15–50 cm lange Röhre in den weichen Boden, deren Wände sie mit Spinnfäden auskleidet und befestigt. Die zunächst senkrecht in den Boden führende Röhre biegt im oberen Drittel waagerecht um und liegt horizontal auf der Erdoberfläche, ist aber ebenfalls völlig verschlossen. Ihre Beute ergreift sie mit ihren kräftigen Mundwerkzeugen durch das dichte Gewebe. Danach sägt sie die Wand der Wohnröhre durch, zieht die Beute nach innen und verschließt die Röhre wieder. Unverdauliche Reste werden nach außen abgegeben. Tapezierspinnen erreichen ein Alter von 8–9 Jahren. ♂ streifen vagabundierend umher.

Dolomedes fimbriatus Listspinne

Merkmale: Mit mehr als 2 cm Größe eine der größten deutschen Spinnen. Dunkelbraun mit aufgehellter Zeichnung. Auf der Unterseite des Hinterleibs verlaufen 4 helle Längsstreifen. Daran kann man sie von der ähnlichen Jagdspinne *Pisaura mirabilis* unterscheiden.
Lebensraum: Feuchtigkeitsliebend. Häufig in Wassernähe, an Bach-, Seen- und Flußufern, wo sie bei Gefahr übers Wasser davonläuft oder sogar wegtaucht.
Verbreitung: Großteil Europas.
Häufigkeit: Nicht häufig, doch regelmäßig.
Fortpflanzung: Jagdspinnen (*Pisauridae*), zu denen die Listspinne zählt, errichten keine Fangnetze, sondern jagen nach Beute. ♀ tragen den Eikokon zwischen den Mundwerkzeugen. Erst kurz vor dem Schlüpfen der Jungen hängen sie ihn an einer Pflanze auf und bewachen ihn bis zum Schlüpfen. Danach steigen die Spinnchen auf den Rücken der Mutter, die sie noch längere Zeit mit sich herumträgt und beschützt.
Nahrung: Räuberisch von kleinen Tieren.

Latrodectus mactans Schwarze Witwe

Merkmale: 0,8–1 cm groß. Bestes Kennzeichen ist die »Rote Eieruhr« auf der Bauchunterseite. Die in Italien häufige Form zeichnet sich durch 11–13 rote Flecken auf der Oberseite des Rückens aus, weshalb die Wissenschaft ihr den Namen die »Dreizehnpunktige«, *L. mactans tredecimguttatus*, gab. Den auch in anderen Sprachen verwendeten Namen »Schwarze Witwe« erhielt sie wegen ihrer Vorliebe, nach der Paarung das ♂ aufzufressen.
Lebensraum: Wärmeliebende Art, die man auf trockenen, heißen, sandigen und vegetationsarmen Flächen antrifft, wo sie in der Strauchschicht ihre Netze spinnt.
Verbreitung: Weltweit im Tropengürtel und im Subtropenbereich. In Europa nur im Mittelmeerraum.
Häufigkeit: Regelmäßig, auch häufig.
Fortpflanzung: Bei der Paarung nähert sich das ♂ äußerst vorsichtig einem ♀. Schon manches ♂ wurde das Opfer eines ♀, wenn ihm nicht rechtzeitig die Flucht gelang.
Nahrung: Räuberisch von kleinen Tieren.

Chelifer cancroides Bücherskorpion

Merkmale: 0,3–0,5 cm Körpergröße. Große Taster, die an einen kleinen Skorpion erinnern, mit denen die Afterskorpione (*Pseudoscorpiones*), zu denen auch der Bücherskorpion zählt, nur weitschichtig verwandt sind. Bewegen sich langsam von Ort zu Ort. Auch seitwärts.
Lebensraum: Wohnungen; in Schränken, Regalen, zwischen Ritzen, hinter Spalten. Im Freien unter Rinde, altem Laub und Moos. Häufig in naturkundlichen Sammlungen.
Verbreitung: Weltweit durch Verschleppung. Kein Schädling!
Häufigkeit: Regelmäßig bis sehr häufig.
Fortpflanzung: Ähnlich wie bei Spinnen übergeben die ♂ nach einem rituellen Tanz dem ♀ aus der Samentasche ein Samenpaket. ♀ tragen die Eier in einer kleinen Tasche, die an der Genitalöffnung angeklebt wird. Hier verbleiben und ernähren sich auch die kleinen Larven bis zu ihrer Selbständigkeit. Überwinterung in kleinen, allseitig umschlossenen Gespinsten.
Nahrung: Räuberisch von Milben, Springschwänzen und Staubläusen.

Opilio parietinus Wandkanker

Merkmale: Etwas kleiner als der gemeine Weberknecht. ♀ kenntlich an dem eiförmigen, grauen Hinterleib; der des ♂ ist gelblicher. Die Gruppe der Weberknechte umfaßt weltweit etwa 3200 Arten! Mit den langen Beinen bewegen sich diese Tiere geschickt zwischen Halmen und Stengeln. Bei Gefahr werfen sie die Beine ab!
Lebensraum: Gebäude, Schuppen, Weidezäune, Mauern. **Verbreitung:** Europa und Nordasien, Nordamerika.
Häufigkeit: Regelmäßig bis massenhaft.
Fortpflanzung: Von Ende August bis November kann man Wandkanker an sonnenbeschienenen Wänden beobachten. Sie sitzen mit weit gespreizten Beinen bewegungslos da. Paarung erfolgt durch Übergabe eines Samenpakets. Häufig wird danach das ♂ aufgefressen. Eier überwintern im Boden oder in Spalten, wo sie vom ♀ abgelegt wurden.
Nahrung: Pflanzliche und tierische Kost. Zwar jagen Wandkanker gelegentlich aktiv, doch meist leben sie von Totem und Vermoderndem.

Phalangium opilio Weberknecht

Merkmale: Knapp 1 cm groß. Die Familie der Weberknechte (*Phalangiidae*) ist leicht an den extrem langen und dünnen Beinen zu erkennen. Doch die meist häufigen 23 in Mitteleuropa lebenden Arten sind im Freiland nicht zu bestimmen. Faßt man einen Weberknecht zu fest an, verliert er leicht ein Bein.
Lebensraum: Im Hochsommer und Herbst häufig auf Gräsern, Büschen, Bäumen und Sträuchern. Auch an Hauswänden in Städten.
Verbreitung: Ganz Europa und Sibirien, südlich bis Nordafrika. Nordamerika.
Häufigkeit: Regelmäßig bis häufig.
Fortpflanzung: Von Mai bis November trifft man junge Weberknechte an. Nach der Paarung, die in ihrem Ablauf an die der Spinnen erinnert, vor allem dann, wenn – wie es häufig vorkommt – das ♀ nach der Begattung das ♂ auffrißt, legt das ♀ seine Eier in den Boden, in Felsspalten oder in vermodernde Baumstümpfe. Überwinterung als Ei oder frisch geschlüpftes Jungtier.
Nahrung: Vermodernde Pflanzen, tote Tiere.

Ischyropsalis helwigi Schneckenkanker

Merkmale: 0,5–0,7 cm groß. Kräftig ausgebildete Greiforgane, die länger als 1 cm sein können. Mit ihnen halten diese räuberisch lebenden Kanker ihre Beute fest. Frisch gehäutete Tiere tragen gelbe Beine mit schwarzen Mittelgliedern. Ältere Tiere sind schwarz.
Lebensraum: Feuchte Täler in Mittel- und Vorgebirgen. Baumstümpfe, auf feuchtem Laub oder unter Moos tagsüber ruhend.
Verbreitung: Laubwaldzone Europas.
Häufigkeit: Unregelmäßig, selten.
Fortpflanzung: Paarung, Eiablage und Jungenaufzucht ähnlich wie bei Spinnen, mit denen sie verwandt sind. In Mitteleuropa kennt man 2 ähnliche Arten.
Nahrung: Wie der Name besagt, haben sich Schneckenkanker auf Nackt- und Gehäuseschnecken spezialisiert. Mit ihren Klauenkiefern (*Cheliceren*) packen sie die Beute und reißen mit den Mundwerkzeugen kleine Stücke heraus. Weshalb Schneckenkanker so selten sind, ist bis heute nicht geklärt.

Parasitus fucorum (P. coleopratorum) Käfermilbe

M: 0,1 cm groß. Orangefarbener Körper. Stets auf der Körperunterseite von Käfern.
Lr: Gärten, Parks, Mischwälder. **Vb**: Europa.
H: Regelmäßig, meist häufig.
Fp: Paarung wie bei Spinnen, mit denen sie verwandt sind. Eiablage auf den Wirten. Nach 3 Häutungen ausgewachsen. *Deutonymphen* (Bezeichnung für die Milbenlarven) ähneln den ausgewachsenen Tieren. Bestes Unterscheidungsmerkmal: Larven tragen 3, junge Tiere 4 Beinpaare.
Ng: Käfermilben ernähren sich räuberisch von winzigen Lebewesen.

Trombidium holosericeum Sammetmilbe

M: 0,4 cm groß. Leuchtend orangerot gefärbt. Körper trägt feine Härchen, die ihm ein samtartiges Aussehen geben.
Lr: Bodenstreu von Mischwäldern, Gärten.
Vb: Großteil Europas. **H**: Regelmäßig. **Fp**: Den ganzen Sommer kann man die kleinen Tiere am Boden laufen sehen. Eiablage in den obersten Bodenschichten. Die 6beinigen Larven ernähren sich räuberisch von kleinen Insekten, besonders von Insekteneiern, die sie mit ihren Tasthaaren ausfindig machen. 2–3 Häutungen bis zur jungen Milbe mit 4 Beinpaaren. Larven leben als Außenparasiten auf Insekten.

Metatetranychus ulmi Rote Spinne oder Spinnmilbe

M: 0,1–0,2 cm groß. Leuchtend rot gefärbt.
Lr: Obstbäume und -sträucher.
Vb: Großteil Europas.
H: Regelmäßig, manchmal massenhaft.
Allg: Die Rote Spinne ist unter den Obstbauern, Blumen- und Kakteenfreunden ein gefürchteter Schädling. Ihre Bekämpfung mit Chemikalien hat zu Resistenz, nicht aber zur Ausrottung geführt. Deshalb setzt man heute zunehmend natürliche Feinde ein, wie den winzigen Marienkäfer (*Stethorus punctillum*) oder die Blumenwanze (*Anthocoris nemorum*), die sich auf Spinnmilben spezialisieren.

Ixodes ricinus Holzbock

M: 0,2–0,3 cm groß. Mit Blut vollgesogenes ♀ bis 1,1 cm groß! Schwarz. Der Holzbock saugt an warmblütigen Tieren, häufig auf dem Menschen. Sein Biß kann Lähmungserscheinungen und Hirnhautentzündung nach sich ziehen (Virusinfektionen).
Lr: Wälder aller Art, alte Gräben, Parks.
Vb: Weltweit. **H**: Regelmäßig.
Fp: Junge Larven klettern auf Gräser und Bäume. Lassen sich auf Tiere fallen, saugen 3–4 Tage Blut, fallen zu Boden, um sich zu häuten. Nächstes Nymphenstadium wiederholt den Vorgang. Häufig Wirtswechsel zwischen Reptilien und Säugetieren.

Hydrodroma spec. Wassermilbe

M: 0,1–0,2 cm groß. Leuchtend orangerot gefärbt. In Anpassung an das Wasserleben tragen ihre Beine lange Schwimmborsten, mit denen sie sich schnell und geschickt fortbewegen. Zahlreiche Arten. Schwer bestimmbar.
Lr: Gewässer aller Art, auch in mäßig verschmutzten, nährstoffreichen Seen und im Grundwasser.
Vb: Ganz Europa. **H**: Regelmäßig.
Fp: Paarung, Eiablage, Nahrung im Wasser.
Ng: Räuberisch von Kleinkrebschen aller Art. Wassermilben sind ihrerseits Nahrung für räuberische Insekten wie Stabwanzen, Wasserwanzen und andere.

Trombicula autumnnalis Erntemilbe

M: 0,3 cm groß. Nur mit Lupe und vom Fachmann zu bestimmen.
Lr: Wiesen, Felder, Weg- und Waldränder.
Vb: Europa. **H**: Gelegentlich massenhaft.
Allg: In günstigen Jahren treten Erntemilben massenhaft auf. Ihre Larven saugen Blut und befallen auch Menschen. Ihr Biß ruft außerordentlich starkes Jucken hervor. Viele der etwa 2000 in Mitteleuropa lebenden Milbenarten haben wirtschaftliche Bedeutung: so die Käfermilben, Schnabelmilben, Laufmilben, Meeresmilben, Mehlmilben, Käsemilben, Polstermilben, Krätzemilben (Krankheitserreger-Überträger!), Bienenmilben und viele andere mehr.

Paarung

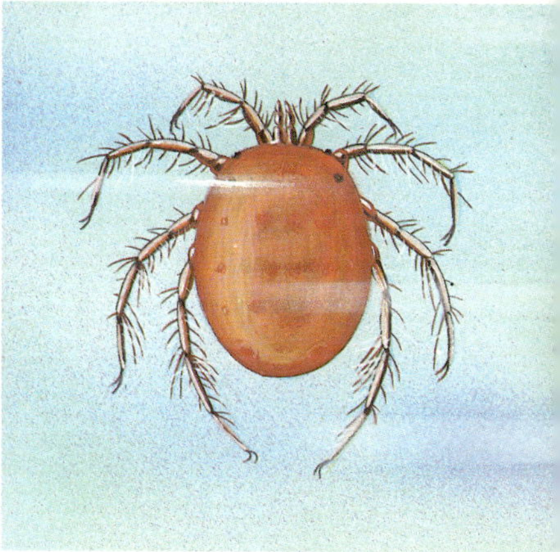

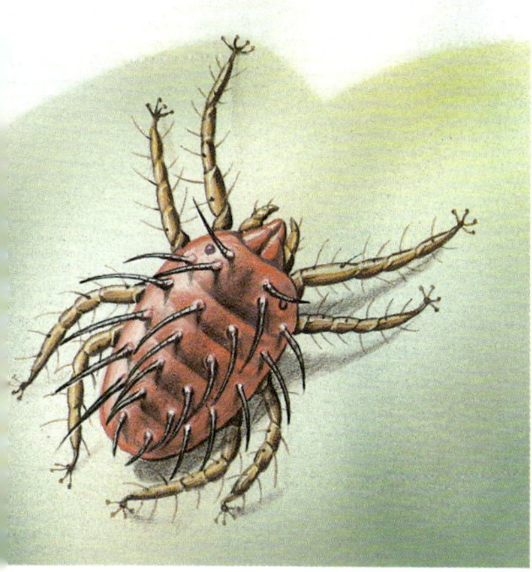

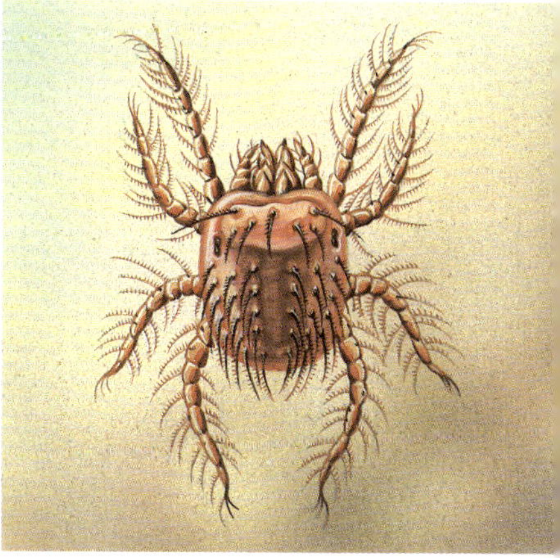

Blaugrüne Mosaikjungfer (S. 38)

Häutung

Paarung

Eiablage

(S. 100)

Metamorphose Maikäfer (S. 146)

Metamorphose Kartoffelkäfer (S. 172)

Schildwanze saugt Käfer aus

Drohnenfütterung

Bienenschwarm

Freie Bienenwabe

Baukette beim Wabenbau

Sterzelnde Pollensammlerin

Brutwabe

Geöffnete Brutzelle

Fachbegriffe

Abdomen – Hinterleib; dritter Körperabschnitt eines Insekts.

Antennen – Fühler am Kopf.

Art – Gesamtheit der Mitglieder eines Tierbestands, die zusammen eine Fortpflanzungsgemeinschaft bilden und ohne Einschränkungen fruchtbare Nachkommen erzeugen können. Bei Insekten stimmen die Mitglieder einer Art insbesondere im Bau der Geschlechtsorgane überein. Kreuzungen zwischen nahe verwandten Arten treten in aller Regel nur höchst selten auf und bleiben meist unfruchtbar.

Augenfleck – Augenartig gerundete Fleckenzeichnung auf Vorder- oder Hinterflügeln, die für Feinde abschreckend oder zumindest verwirrend wirkt.

Begattungsapparat – Äußere Geschlechtsorgane, die als Klammer- oder Verbindungselemente so angelegt sind, daß sie nur bei ♂ und ♀ der gleichen Art richtig zusammenpassen und daher für die Artbestimmung herangezogen werden können.

Biotop – Lebensraum; gewissermaßen die »Adresse« im Freiland, unter der die betreffende Art zu finden ist.

caudal – Am hinteren Körperende oder am Schwanz gelegen.

Chitin – Hauptbestandteil der festen Hülle des Insektenkörpers; eine sehr widerstandsfähige, oft elastische, dem Horn der Wirbeltiere vergleichbare Bildung (»Außenskelett«).

Dimorphismus – Auftreten von zwei unterschiedlichen Formen (Morphen) innerhalb der gleichen Art.

endemisch – Nur in einem bestimmten Gebiet vorkommend (und sonst nirgends!).

Familie – Gruppierung miteinander vergleichbar nahe verwandter Gattungen; im wissenschaftlichen Namen durch die Endung -idae gekennzeichnet.

Fennoskandien – Geographischer Raum, der Norwegen, Schweden und Finnland umfaßt.

Flora – Gesamtheit aller Pflanzenarten eines bestimmten Gebiets.

Flugzeit – Phase des Jahres, in der die betreffende(n) Art(en) fliegt(en).

Fühlerkeule – Verdicktes Ende eines Insektenfühlers (Antenne).

Gattung – Zusammenfassung sehr nahe miteinander verwandter Arten zu einer Verwandtschaftsgruppe. Im wissenschaftlichen Namen erscheint die Gattung (groß geschrieben) zuerst vor dem Artnamen (klein geschrieben). Die wissenschaftliche (= lateinische oder latinisierte) Bezeichnung für Gattung lautet »Genus« (Mehrzahl: Genera).

Genitalapparat – Siehe Begattungsapparat.

Holarktis; Holarktische Region – Tiergeographische Bezeichnung für Nordamerika, Europa (mit Nordafrika), Nord- und Zentralasien.

holometabol – Entwicklungsablauf bei Insekten mit vollständiger Verwandlung vom Ei über Larve und Puppe zum Vollinsekt (Imago).

hemimetabol – Entwicklungsablauf bei Insekten mit unvollständiger Verwandlung vom Ei über die Larve direkt (ohne Puppenstadium) zum Vollinsekt (Imago).

Imago (Mehrzahl: Imagines) – Vollinsekt oder Vollkerf, d. h. fertig entwickeltes, geschlechtsreifes Insekt nach dem letzten Larven- oder nach dem Puppenstadium.

Larve – 1. Zwischenstadium in der Entwicklung eines Insekts vom Ei zur Imago; meist das »Freßstadium«.

Mandibeln – Obere Kiefer-Beißwerkzeuge (Mundwerkzeuge) von Insekten.

Maxillen – Untere Kiefer (Mundwerkzeuge) von Insekten; wie die Mandibeln paarig angelegt.

Nearktis – Tiergeographischer Raum, der Nordamerika und Teile Mittelamerikas umfaßt.

Ocellus – Einzelauge (Mehrzahl: Ocellen).

Paläarktis, Paläarktische Region – Tiergeographischer Raum, der Europa, Nordafrika, Nord- und Zentralasien sowie Teile Vorderasiens umfaßt.

Palpen – Tastorgane am Mundbereich des Kopfs von Insekten.

Parasit – Tierischer oder pflanzlicher Schmarotzer an anderen Tier- oder Pflanzenarten, die dadurch geschädigt werden oder zugrunde gehen (bei der Symbiose nützen sich beide Arten gegenseitig). Der Parasit ist in der Regel kleiner als sein Wirt, dem er Nahrung entnimmt.

Polymorphismus – Vielgestaltigkeit innerhalb einer Art, z. B. verschiedene Farbmorphen, Kasten oder abgegrenzte Größenklassen.

Population – Gesamtheit der Angehörigen einer Art, die zusammen einen räumlich begrenz-

ten Landschaftsausschnitt bewohnen und eine Fortpflanzungsgemeinschaft bilden.
Puppe – Zwischenstadium in der Entwicklung holometaboler Insekten, in dem sich das letzte Larvenstadium zum Vollinsekt umwandelt.
Rasse – Population oder Populationsgruppe einer Art in einem geographischen Areal, die von anderen der gleichen Art in konstanten Merkmalen abweicht (= Unterart). Die Rasse/Unterart wird mit einem eigenen dritten Namen nach dem Artnamen in der wissenschaftlichen Bezeichnung aufgeführt.
Symbiose – Zusammenleben von Individuen verschiedener Arten zu beiderseitigem Vorteil.
sympatrisch – Vorkommen verschiedener Arten im gleichen Areal; Gegensatz allopatrisch; die Arten kommen nur in geographisch voneinander getrennten Räumen vor.
Thorax – Brustabschnitt des Insektenkörpers, zwischen Kopf und Hinterleib gelegen.

Literatur

BEIER, M., u. F. HEIKERTINGER
Fangheuschrecken
Neue Brehm-Bücherei 64
Ziemsen Verlag, Wittenberg, DDR, 1952

BRANDT, H.
Insekten Deutschlands III
Winters Naturwissenschaftliche Taschenbücher 29
Heidelberg 1960

BRAUNS, A.
Taschenbuch der Waldinsekten
2 Bde., G. Fischer, Stuttgart 1970

CHINERY, M.
Insekten Mitteleuropas
Parey, Hamburg 1973

ENGELHARDT, W.
Was lebt in Tümpel, Bach und Weiher?
Kosmos, Franckh, Stuttgart 1980

FOELIX, R. F.
Biologie der Spinnen
G. Thieme, Stuttgart 1979

GRZIMEKS TIERLEBEN
Insekten
Bd. 2, Kindler, München 1969

HARDE, K. W., u. F. SEVERA
Der Kosmos-Käferführer
Kosmos, Franckh, Stuttgart 1981

HÜSING, J. O.
Die Metamorphose der Insekten
Ziemsen Verlag, Wittenberg, DDR, 1963

JACOBS, W., u. M. RENNER
Taschenlexikon zur Biologie der Insekten
G. Fischer, Stuttgart 1974

JURZITZA, G.
Unsere Libellen
Bunte Kosmos Taschenführer 1978

LOCK, F.
Aus dem Leben der Spinnen
Schriften des Deutschen Naturkundevereins,
N. F. 10
Rau, Öhringen 1939

METZGER, R.
Kamelhalsfliegen
Neue Brehm-Bücherei 245
Ziemsen, Wittenberg, DDR, 1960

ROBERT, P.-A.
Die Libellen (Odonaten)
Kümmerly & Frey, Bern 1959

SCHIEMENZ, H.
Die Libellen unserer Heimat
Urania, Leipzig 1953

SCHREMMER, F.
Singzikaden
Neue Brehm-Bücherei 193, 1957
Wespen und Hornissen
Neue Brehm-Bücherei 298
Ziemsen, Wittenberg, DDR 1962

STRESEMANN, E.
Exkursionsfauna Bde. I, II/1, II/2
Volk & Wissen VEB, Berlin, DDR, 1957/1964/1969

WEIDNER, H.
Wanderheuschrecken
Neue Brehm-Bücherei 96
Ziemsen, Wittenberg, DDR, 1953

WICHARD, W.
Die Köcherfliegen
Neue Brehm-Bücherei 512
Ziemsen, Wittenberg, DDR, 1978

Bildautoren

o. = oben, u. = unten, M. = Mitte, l. = links, r = rechts

T. Angermayer: S. 23 o.r., 149 u.r.; Pletschinger: S. 21 u.r., 29 u.l., 49 u., 53 o.l., 57 u.r., 63 u.l., 65 o.l., 67 o.r., 67 u.r., 69 u.l., 69 u.r., 71 o.r., 73 o.l., 73 u.l., 73 u.r, 75 o.l., 75 u.l., 77 o.l., 77 u.l., 77 u.r., 81 o.l., 83 o.r., 93 o.l., 95 o.r., 95 u.l., 95 u.r., 97 o., 101 u.l., 101 u.r., 103 o., 107 u.l., 109 o.l., 109 o.r., 111 u.l., 115 o.r., 115 u., 117 o., 119 u.r., 123 o.l., 123 o.r., 125 o.l., 125 o.r., 127 u.l., 129 o.l., 129 u.l., 131 u.r., 133 u.l., 135 o.r., 135 u.l., 137 M.l., 139 o.l., 139 u.l., 139 u.r., 145 o.r., 145 u.l., 147 u., 149 o.r., 151 u.l., 153 u.l., 159 o.r., 159 u.l., 161 o.l., 161 u.r., 169 o.r., 169 u.r., 171 o.l., 173 o.l., 175 o.r., 175 u.l., 177 o.l., 177 o.r., 181 u.l., 183 u.r., 185 u.l., 185 u.r., 187 o.r., 187 u.l., 191 u.r., 193 M.l., 193 u., 195 o.l., 195 M.r., 195 u.r., 197 u.l., 201 u.l., 203 o.r., 203 u.l., 209 o.r., 209 u.l., 211 o.r., 211 u., 213 o.l., 213 o.r., 213 M.r., 215 o.r., 215 u.l., 217 o.l., 217 M.r., 217 u.l., 217 u.r., 219 o.r., 219 M.l., 219 M.r., 219 u.l., 221 o., 223 u.l., 225 o.l., 225 o.r., 225 M.l., 225 M.r., 225 u.l., 225 u.r., 227 u.l., 227 u.r., 229 o., 229 u.r., 231 u.l., 233 o.r., 233 u.l., 233 u.r., 235 u.r., 237 u.l., 239 o.l., 239 o.r., 239 u.l., 239 u.r., 241 o.r., 247 u.l., 247 u.r., 255 u.r., 257 o.r., 257 u.r., 259 o.l., 259 o.r., 259 u.r., 261 u.l., 263 o.l., 263 o.r., 263 u.r., 267 o.r., 269 o.l., 269 o.r., **Dr. H. Bellmann**: S. 41 u.l.; **Foldi**: S. 71 o.l.; **B. Geiges**: S. 59 u.l., 65 o.r., 111 u.r., 113 o.l., 131 o.l., 141 u.l., 141 u.r., 145 u.r., 151 o.r., 155 o.l., 171 u.r., 175 u.r.; **H. Heppner**: S. 141 M.l.; **G. Jurzitza**: S. 31 o.l., 31 o.r., 31 u.l., 31 u.r., 33 o.l., 33 o.r., 33 u.l., 35 o., 35 u.l., 35 u.r., 37 o.l., 37 o.r., 37 u.r., 39 o., 43 u., 45 u.l., 45 u.r., 47 o.l., 47 u.l., 47 u.r., 49 o.l., 49 o.r., 67 o.l., 79 u.r., 85 o.l., 107 o.l., 127 o.l., 137 o., 137 M.r., 137 u.r., 159 u.r., 165 u.r., 277 o.r., 235 o.r., 237 o.r., 237 u.r., 239 M.r., 241 o.l., 249 u.l., 261 o.r., 265 o.r.; **G. Kalden**: S. 79 o.r.; **W. Layer**: S. 51 u.l., 93 o.r., 107 o.r., 143 u.r., 151 o.l.; **Bildarchiv J. Lindenburger**: Bandelin: S. 195 M.l.,; Bellmann: S. 21 o.l., 21 u.l., 23 u.l., 23 u.r., 27, 33 u.r., 41 u.r., 55 u.l., 55 u.r., 57 o.r., 57 u.l., 61 u.l., 61 u.r., 65 u.l., 69 o.l., 73 o.r., 75 u.r., 79 o.l., 79 u.l., 81 o.r., 83 u.r., 89 u.r., 91 u., 99 o., 105 u.l., 109 u.r., 111 o.l., 111 o.r., 113 u.l., 113 u.r., 119 u.l., 125 u.r., 131 o.r., 139 o.r., 141 o.r., 156 o.r., 155 u.l., 159 o.l., 163 u.r., 167 o.l., 167 M.l., 169 o.l., 175 o.l., 179 o.l., 179 o.r., 179 u.l., 181 o.r., 183 o.l., 183 o.r., 191 u.l., 193 o.l., 193 o.r., 193 M.r., 197 o.l., 197 o.r., 199 o.r., 203 o.l., 203 u.r., 205 o., 207 o.l., 207 o.r., 207 u.l., 207 u.r., 209 o.l., 209 u.r., 213 u.r., 215 o.l., 217 o.r., 219 o.l., 219 u.r., 221 u., 223 o.r., 229 M.l., 229 u.l., 231 u.r., 235 o.l., 235 u.l., 239 M.l., 241 u.l., 241 u.r., 243 o.r., 243 u.l., 245 o., 245 u.l., 249 o.r., 249 u.r., 253 o.l., 253 o.r., 255 o.r., 263 u.l., 265 u.l., 267 o.l., 267 u.l., 267 u.r.; Bruckner: S. 247 o.l.; Cramm: S. 47 o.r., 61 o.r.; Groß: S. 53 o.r., 109 u.l., 171 o.r.; Jacana/Carrara: S. 141 o.l.; Jacana/Champroux: S. 163 o.l.; Jacana/Ermie: S. 127 u.r., Jacana/König: S. 157 o.r., 157 u.r., 261 o.l.; Jacana/Kerneis: S. 163 o.r.; Jacana/Labat: S. 63 o.; Jacana/Lorne: S. 23 o.l., 205 u. 259 u.l.; Jacana/Moiton: S. 37 u.l., 45 o.l., 135 u.r., 149 o.l., 167 M.r., 191 o.l.; Jacana/Tercafs: S. 133 o.r.; Jacana/Vrin: S. 265 u.r.; Happenhofer: S. 195 o.r.; Kapp: S. 53 u.l.; Kotzke: S. 77 o.r., 81 u.l., 95 o.l., 105 o.r., 107 u.r., 113 o.r., 121 o.r., 135 o.l., 137 u.l., 145 o.l., 155 u.r., 161 u.l., 169 u.l., 177 u.l., 179 u.r., 181 u.r.; Rohdich: S. 149 u.l.; Skibbe: S. 41 o.l., 41 o.r.; **A. Limbrunner**: S. 59 o., 123 u.l., 143 o., 185 o.r., 223 u.r.; **K. H. Löhr**: S. 251 u.; **The Natural History Photo Agency**: Callow: S. 105 o.l., 227 o.l., 261 u.r.; Cambridge: S. 63 u.r.; Dalton: S. 53 u.r., 85 u.r., 87 r., 99 M., 103 u.l., 129 o.r., 187 o.l., 195 u.l., 197 u.r.; Elkan: S. 249 o.l.; Fotheringham: S. 123 u.r., 243 u.r.; Preston-Mafham: S. 65 u.r., 71 u.l., 83 u.l., 199 o.l., 233 o.l.; Temps: S. 121 u.l.; Tweedie: S. 21 o.r., 89 u.l., 117 u., 119 o.r., 121 u.r., 125 u.l.; **Nature**: Lanceau: S. 93 u.l., 217 M.l.; Sauer: S. 183 u.l.; **H. Partsch**: S. 43 o.l., 101 o.r., 115 o.l., 153 o.r., 213 M.l., 261 M.l.; **M. Pforr**: S. 25 o., 25 u., 61 o.l., 85 o.r., 93 u.r., 103 u.r., 121 o.l., 131 u.l., 133 u.r., 153 u.r., 167 u.l., 167 u.r., 185 o.l., 199 u.r., 201 o., 201 u.r., 215 u.r., 231 o., 255 u.l., 269 M.l.; **Dr. E. Pott**: S. 87 o.l., 87 u.l., 89 o.l., 89 o.r., 115 M., 163 u.l.; **Bildagentur H. Prenzel**: F. Prenzel: S. 177 u.r.; Maier: S. 29 o.r., 39 u., 147 o., 223 o.l.; **T. Ruckstuhl**: S. 29 o.l., 29 u.r., 71 u.r., 75 o.r., 97 u., 101 o.l., 127 o.r., 129 u.r., 165 o.l., 173 u., 199 u.l., 213 u.l., 257 u.l.; **D. J. Reichhoff**: S. 171 u.l., 191 o.r.; **H. Schrempp**: S. 69 o.r., 237 o.l., 253 u.r.; **G. Synatzschke**: S. 187 u.r., 253 u.l.; **G. Steinbach**: S. 211 o.l.; **K. Wothe**: S. 45 o.r., 83 o.l., 85 u.l., 189, 245 u.r., 247 o.r.; **W. Zepf**: S. 43 o.r., 51 o.l., 51 o.r., 51 u.r., 59 u.r., 67 u.l., 91 o., 99 u.l., 99 u.r., 105 u.r., 133 o.l., 143 u.l., 151 u.r., 153 o.l., 157 o.l., 157 u.l., 161 o.r., 165 o.r., 165 u.l., 167 o.r., 173 o.r., 181 o.l., 251 o., 255 o.l., 257 o.l., 265 o.l.; Allgemeiner Teil: **T. Angermayer**: Pfletschinger: S. 6, 12 o.l., 12 o.r., 17, 273 o.r., 273 u., 274 o.l., 274 M., 274 u., 275 o., 275 u., 276 o.l., 276 o.r., 276 M.l., 276 M.r., 276 u.l., 276 u.r., 277 o.l., 277 o.r., 277 M.l., 277 M.r., 277 u.l., 277 u.r., 278 o.l. 278 o.r., 278 u.l., 279 o.l., 279 o.r., 279 u.l.; **H. Heppner**: S. 272 u.l.; **W. Layer**: S. 13 o.r., 13 u.; **A. Limbrunner**: S. 278 u.r.; **Bildarchiv J. Lindenburger**: Bellmann: S. 12 u.r., 13 o.l., 273 o.l., 274 o.r.,; **K. H. Löhr**: S. 272 o.; **Natrual History Photo Agency**: Cambridge: S. 12 u.l.; **Bildagentur H. Prenzel**: Hoffmann: S. 16 o.; **T. Ruckstuhl**: S. 16 u.; **H. Schrempp**: S. 279 u.r.; **G. Synatzschke**: S. 270 o.l., 270 o.r., 270 u.l., 270 u.r., 271 o.l., 271 o.r., 271 u.l., 271 u.r.

Register

A

B

C